高等职业教育“十四五”规划教材



# 动物遗传繁育

韩云珍　洪　渊　主编

中国农业大学出版社
·北京·

## 内容简介

本教材围绕畜牧生产的繁殖、育种岗位工作实际，结合国家家畜繁殖员大赛及职业资格证考试需求，紧跟行业技术进步和产业发展战略进行编写。

本教材主要内容包括动物繁殖、性状遗传及良种选育三大模块，总计 11 个项目，25 个任务实施点。其中模块一动物繁殖包括发情鉴定、繁殖控制、配种及妊娠与分娩，模块二性状遗传包括遗传物质与性状的遗传，模块三良种选育包括选种、选配、品系繁育、品种改良及品种资源保护。在品种资源保护项目中，融入第三次全国畜禽遗传资源普查相关技术要求，为开展种质资源保护提供技术规范。项目围绕“任务实施”，前有“知识准备”，后有“拓展学习”。每一项目明确素养目标、知识目标和技能目标，任务实施设置规范实训报告。同时为帮助学生加深理解和拓宽知识、技能，在相应节点以二维码形式配有视频、图片、文本等数字资源。

本教材既可作为高等职业院校畜牧兽医、畜禽智能化养殖及宠物养护与驯导等专业教学用书，也可以作为畜禽生产企业从事繁殖育种技术人员和基层畜牧行业管理人员的参考用书。

**图书在版编目(CIP)数据**

动物遗传繁育 / 韩云珍，洪渊主编. --北京：中国农业大学出版社，2024.12.
ISBN 978-7-5655-3364-8

Ⅰ.①Q953

中国国家版本馆 CIP 数据核字第 20242WX174 号

**书　　名**　动物遗传繁育

**作　　者**　韩云珍　洪　渊　主编

**策划编辑**　林孝栋　康昊婷　　**责任编辑**　康昊婷
**封面设计**　郑　川　李尘工作室
**出版发行**　中国农业大学出版社
**社　　址**　北京市海淀区圆明园西路 2 号　　**邮政编码**　100193
**电　　话**　发行部 010-62733489，1190　　读者服务部 010-62732336
　　　　　　编辑部 010-62732617，2618　　出　版　部 010-62733440
**网　　址**　http://www.caupress.cn　　**E-mail** cbsszs@cau.edu.cn
**经　　销**　新华书店
**印　　刷**　运河(唐山)印务有限公司
**版　　次**　2025 年 2 月第 1 版　　2025 年 2 月第 1 次印刷
**规　　格**　185 mm×260 mm　　16 开本　　17.5 印张　　435 千字
**定　　价**　52.00 元

# 编审人员


主　编　韩云珍（福建农业职业技术学院）

　　　　洪　渊（福建农业职业技术学院）

副主编　吴辉生（赣州职业技术学院）

　　　　樊　倩（福建农业职业技术学院）

　　　　郑素梅（福建农业职业技术学院）

　　　　马进勇（甘肃畜牧工程职业技术学院）

参　编　曾升坚（江西农业工程职业学院）

　　　　黄　晶（福建农业职业技术学院）

　　　　李淑云（赣州职业技术学院）

　　　　靳继鹏（宝鸡职业技术学院）

　　　　邓　政（福建傲农生物科技集团股份有限公司）

　　　　王秀爱（福建永诚农牧科技集团有限公司）

　　　　薛宏峰（福建永诚农牧科技集团有限公司）

主　审　阮国荣（福建农业职业技术学院）

　　　　丁能水（福建傲农生物科技集团股份有限公司）

# 前　言

随着新时代乡村振兴国家战略的全面推进，畜牧产业振兴亟须培养大量动物繁育高素质技术技能型人才。党的二十大报告指出，育人的根本在于立德。为贯彻落实党中央和教育部关于大力发展职业教育，坚持立德树人，深化“三教”改革，实施“岗课赛证”综合育人等指示精神，我们结合畜禽生产企业对繁育技术岗位的技能需求，组织相关教师深入企业一线，与行业技术骨干认真研讨，对涉及畜禽繁殖和育种技术的理论、技能进行梳理，按照既遵循知识体系连续、操作技能递进，又对接繁育岗位，模块任务相对独立的原则，联合江西农业工程职业技术学院、赣州职业技术学院相关教师及福建傲农生物科技集团股份有限公司、福建永诚农牧科技集团有限公司技术骨干等共同编写了《动物遗传繁育》。

动物遗传繁育是高等职业教育畜牧兽医、畜禽智能化养殖及宠物养护与驯导的专业基础课程，繁育技术也是畜牧生产过程中直接影响企业生产业绩和经济效益的核心技术。本教材在内容组织上，围绕繁殖、育种岗位工作实际，根据行业技术进步及产业发展要求，结合国家家畜繁殖员技能大赛及职业资格证考试要点，遵循理论铺垫、实操巩固、拓展提升的学习规律。在结构编排上，每个任务均按照知识准备、任务实施及拓展学习三个环节进行设计，同时配套相应的数字资源以及3～5道思考题，让学生深入学习和领悟。

本教材注重挖掘思政元素。在繁殖操作、性能测定等环节，强调精益求精的工匠精神；在品种培育、资源保护等环节，强调吃苦耐劳的精神品德；同时，适时介绍国内畜牧领域的劳模、院士及其感人事迹，培养学生的家国情怀，增强学生的文化自信。

参与本教材编写的人员既有长期从事动物遗传繁育教学和科研的双师型教师，也有来自畜牧生产和种畜禽繁育企业的技术骨干。其中前言由韩云珍编写，项目一和项目二由李淑云、靳继鹏、王秀爱编写，项目三和项目四由洪渊、马进勇、邓政编写，项目五和项目六由樊倩、郑素梅编写，项目七由吴辉生、薛宏峰编写，项目八由韩云珍、樊倩编写，项目九和项目十由曾升坚、郑素梅编写，项目十一由韩云珍、洪渊、黄晶编写。本教材由韩云珍、洪渊统稿。

本教材承蒙阮国荣教授和丁能水研究员主审，感谢他们对教材结构体系和内容提出的宝贵意见。由于编者水平有限，加之成稿时间仓促，书中难免存在不足之处，恳请专家和读者批评指正。

**编　者**

2024年8月

# 目　录

## 模块一　动物繁殖

## 模块二 性状遗传

## 模块三　良种选育

# 数字资源索引

二维码0-1 良种繁育技术课程简介
（微视频 讲师阮国荣）



# 模块一 动物繁殖

# 项目一
# 发情鉴定

**素养目标**

1. 培养精益求精的工匠精神及团队合作精神。
2. 培养学习概括能力，掌握生命规律，从而珍爱生命。
3. 培养应对突发状况的能力，既要掌握一般规律，又要理解特殊情况。

**知识目标**

1. 掌握雌雄动物的生殖器官特点及生殖生理知识。
2. 熟悉猪、牛、羊等常见动物发情症状。
3. 了解常见的生殖激素及其特点。

**技能目标**

1. 能根据动物发情症状，做好发情鉴定工作。
2. 能正确处理动物产后发情、乏情及异常发情状况。
3. 能正确使用生殖激素药物。

## 知识准备

## 一、生殖器官

### (一)雄性动物生殖器官的结构与功能

雄性动物生殖器官由睾丸、附睾、输精管、副性腺(精囊腺、前列腺、尿道球腺)、精索、尿生殖道、阴茎、包皮和阴囊等部分组成(图 1-1)。其中睾丸、附睾、输精管、副性腺及尿生殖道称为内生殖器官；阴茎、包皮及阴囊称为外生殖器官。

性腺：睾丸。

输精管道：附睾、输精管、尿生殖道。

副性腺：精囊腺、前列腺、尿道球腺。

二维码 1-1 公畜生殖器官及其生理机能(微视频 讲师樊倩)

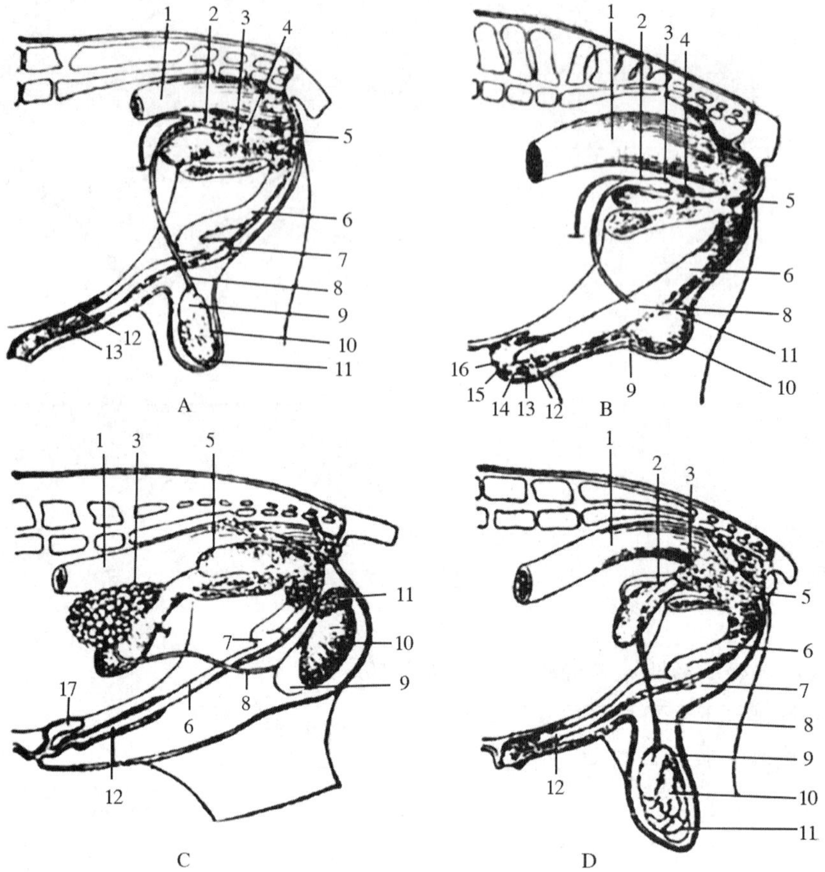


A.公牛　B.公马　C.公猪　D.公羊

1.直肠　2.输精管壶腹　3.精囊腺　4.前列腺　5.尿道球腺　6.阴茎　7.S状弯曲　8.输精管　9.附睾头　10.睾丸　11.附睾尾　12.阴茎游离端　13.内包皮鞘　14.外包皮鞘　15.龟头　16.尿道突起　17.包皮憩室

**图 1-1　公畜的生殖器官**

### 1. 睾丸

睾丸是成对的实质器官，位于阴囊内，呈现长椭圆形。睾丸分头、体、尾三部分。睾丸具有产生精子和分泌雄性激素的功能(图 1-2)。

### 2. 附睾

附睾附着在睾丸上，由睾丸输出管和附睾管构成，分为附睾头、附睾体和附睾尾三部分。附睾具有贮存、运输、浓缩和促进精子成熟的功能。

### 3. 输精管和精索

输精管为运送精子的细长管道，起始于附睾尾，沿腹股沟管从腹腔向后进入骨盆腔，末端开口于尿生殖道。

精索为扁圆的索状结构，其基部连于睾丸和附睾。精索在睾丸背侧较宽，向上逐渐变细，出腹股沟管内环，沿腹腔后部底壁进入骨盆腔。

### 4. 阴囊

阴囊为一个袋状皮肤囊，位于两股之间，具有保护睾丸和附睾的作用。阴囊借助腹股沟管与腹腔相通，相当于腹腔的突出部。

鞘膜包括总鞘膜和固有鞘膜。总鞘膜在肉膜内面，是腹膜壁层向阴囊内的延续。固有鞘膜由腹膜的脏层延续而成。它紧贴在睾丸、附睾和精索外面。总鞘膜与固有鞘膜之间的空腔称为鞘膜腔。

#### 5. 尿生殖道

尿生殖道为尿液和精液共同排出的通道。它起源于膀胱颈，沿骨盆腔顶壁向后伸延，绕过坐骨弓，再沿阴茎腹侧的尿道沟前行，开口于阴茎头，以尿道外口开口于外界。按所在位置分为骨盆部和阴茎部两部分，两部分以坐骨弓为界。

#### 6. 副性腺

副性腺包括成对的精囊腺、前列腺及尿道球腺。副性腺的分泌物有稀释精子、营养精子及改善阴道环境等作用，有利于精子的生存和运动。

精囊腺：一对，位于膀胱颈的背侧，输出管与输精管共同开口于精阜。

前列腺：位于尿生殖道起始部的背侧，有许多小口开口于尿生殖道内。

尿道球腺：一对，位于尿生殖道骨盆部末端，开口于尿生殖道的背侧。

#### 7. 阴茎与包皮

阴茎位于腹壁之下，起自坐骨弓，经两股之间，沿腹中线向前伸延至脐部。阴茎是雄性动物的交配器官，可分阴茎根、阴茎体和阴茎头三部分。

包皮为皮肤折转而形成的管状鞘，有容纳和保护阴茎头的作用。牛的包皮长而狭窄。包皮具有两对较发达的包皮肌。

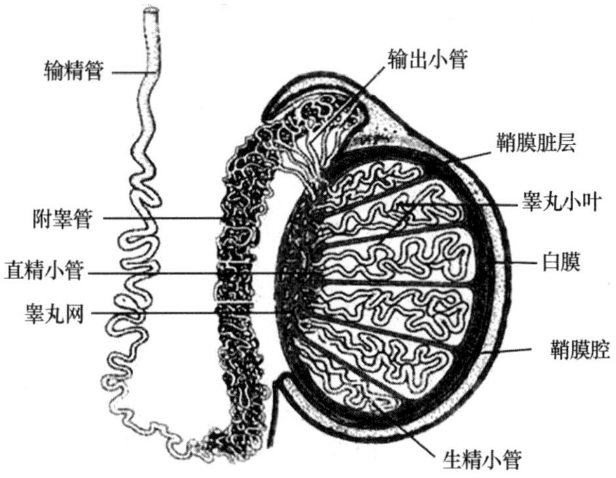


图 1-2　睾丸及附睾模式图

### （二）雌性动物生殖器官的结构与功能

雌性动物生殖器官由卵巢、输卵管、子宫、阴道、阴道前庭和阴门等组成。卵巢、输卵管、子宫和阴道称为内生殖器官，阴道前庭和阴门称为外生殖器官。

二维码 1-2　母畜的生殖器官及其生理机能（微视频　讲师樊倩）

性腺：卵巢。

输卵管:输卵管、子宫、阴道。

**1. 卵巢**

卵巢为成对的实质性器官,由卵巢系膜附着在腹腔的腰下部,肾的后下方或骨盆前口两侧。卵巢由被膜和实质构成。

**2. 输卵管**

输卵管是一对细长而弯曲的管道,位于卵巢和子宫角之间,有输送卵细胞的作用,也是卵细胞受精的场所。输卵管可分为漏斗部、壶腹部和峡部三段。

**3. 子宫**

子宫是胎儿生长发育和娩出的器官,成年母牛的子宫大部分位于腹腔内,在直肠和膀胱之间,前端与输卵管相接,后端与阴道相通,借韧带悬于腰下。子宫角较长,呈绵羊角状。子宫体短,壁厚而坚实。子宫颈向后突入阴道内的部分,称为子宫颈阴道部。子宫颈管呈螺旋状,平时紧闭,不易张开,子宫颈外口的黏膜形成明显的辐射状皱褶,形似菊花状。子宫体和子宫角的黏膜上有四排圆形隆起,称为子宫阜,牛 100 多个,羊 60 多个。妊娠子宫的位置大部分偏于腹腔的右半部。

**4. 阴道**

阴道位于骨盆腔内,背侧为直肠,腹侧为膀胱和尿道。前接子宫,后接尿生殖前庭。母牛的阴道长 20～25 cm,母鹿的阴道长约 20 cm。阴道壁很厚,阴道穹隆呈半环状。

**5. 阴道前庭和阴门**

阴道前庭既是交配器官,也是产道,呈扁管状。前端腹侧以一横行的黏膜褶——阴瓣与阴道为界,后端以阴门与外界相通,在阴道前庭的腹侧壁上有尿道外口。母牛的阴瓣不明显,在尿道外口的腹侧,有一个伸向前方的短盲囊,称为尿道憩室,给母牛导尿时应注意不要把导尿管插入尿道憩室内。阴门与阴道前庭构成母牛的外生殖器官,位于肛门腹侧,由左、右两片阴唇构成,两阴唇间的裂缝称为阴门裂。

## 二、生殖激素

### (一)生殖激素的概念及作用特点

**1. 生殖激素的概念**

激素是由内分泌细胞分泌的,量少但高效,用于调节机体生长发育和繁殖等生理活动的物质。分泌出来的激素通过血液或淋巴液带到特定的细胞、组织或器官中,激活或抑制机体的生理反应。所作用的细胞、组织和器官分别称为靶细胞、靶组织和靶器官。

生殖激素:与动物性器官、性细胞和性行为等的发生和发育以及发情、排卵、妊娠、分娩和泌乳等生殖活动有直接关系的激素,统称为生殖激素。生殖激素经常是由动物内分泌腺所分泌产生的,故又称为生殖内分泌腺激素。

**2. 生殖激素的作用特点**

(1)特异性,即某种激素只能对某些组织细胞或某些代谢过程发生调节作用。

(2)高效性，激素是一种高效能的生物活性物质，微量的生殖激素即可产生巨大的生物学效应。

(3)激素本身不是营养物质，不能产生能量，只对某些生理功能有促进或抑制作用。

(4)激素必须与其受体结合后才能产生生物学效应，生殖激素在动物机体中活性丧失很快，不同的激素在体内的分泌速度、作用快慢和灭活速度不同。

(5)生殖激素间具有协同或拮抗作用，生殖激素的生物学效应与动物所处的生理时期及激素的用量和使用方法有关。分子结构类似的生殖激素，一般具有类似的生物学活性。

二维码 1-3　生殖激素
(微视频　讲师洪渊)

## (二)生殖激素的分类

根据来源和功能生殖激素分为：神经激素、垂体促性腺激素、性腺激素、胎盘激素、外激素、其他组织器官激素(表 1-1)。

根据化学性质生殖激素分为：蛋白质类激素、多肽类激素、类固醇激素、脂肪酸类激素。

**表 1-1　生殖激素的名称、来源、化学性质及主要生理功能**

| 分类 | 名称 | 简称 | 来源 | 化学性质 | 主要功能 |
|---|---|---|---|---|---|
| 神经激素 | 促性腺激素释放激素 | GnRH | 下丘脑 | 十肽 | 促进垂体前叶释放促卵泡激素(FSH)和促黄体素(LH) |
| | 促乳素释放因子 | PRF | 下丘脑 | 多肽 | 促进垂体前叶释放催乳素(PRL) |
| | 催乳素释放抑制因子 | PIF | 下丘脑 | 多肽 | 抑制垂体前叶释放催乳素(PRL) |
| | 促甲状腺激素释放素 | TRH | 下丘脑 | 三肽 | 促进垂体前叶分泌促甲状腺激素释放素(TSH)和催乳素(PRL) |
| | 催产素 | OXT | 下丘脑 | 九肽 | 促进子宫收缩，促进排乳 |
| | 褪黑[激]素 | MT | 松果腺 | 胺类 | 抑制哺乳动物性成熟 |
| | 精产催素 | AVT | 松果腺 | 九肽 | 抑制性腺生长，抗利尿 |
| 垂体促性腺激素 | 促卵泡激素 | FSH | 垂体前叶 | 糖蛋白 | 促进卵泡发育，促进精子发生 |
| | 促黄体素 | LH | 垂体前叶 | 糖蛋白 | 促进卵泡成熟、排卵，形成黄体，促进雄激素分泌 |
| | 催乳素 | PRL | 垂体前叶 | 糖蛋白 | 促进乳腺发育与泌乳，促进黄体分泌孕酮 |
| 性腺激素 | 雄激素/睾酮 | A/T | 睾丸间质细胞 | 类固醇 | 维持雄性第二性征和性欲，促进精子发生和副性腺发育 |
| | 雌激素/雌二醇 | E | 卵巢、胎盘 | 类固醇 | 促进发情，维持雌性第二性征，促进雌性生殖道和乳腺管道发育，增强子宫收缩能力 |
| | 孕激素/孕酮 | P | 卵巢、胎盘 | 类固醇 | 抑制宫缩，维持妊娠，促进乳腺发育，低浓度与雌激素协同促进发情，高浓度抑制发情 |

续表 1-1

| 分类 | 名称 | 简称 | 来源 | 化学性质 | 主要功能 |
|---|---|---|---|---|---|
| | 松弛素 | RLX | 卵巢、胎盘 | 多肽 | 分娩时促进骨盆韧带(软产道)松弛 |
| | 抑制素 | INH | 卵巢、睾丸 | 糖蛋白 | 抑制垂体前叶分泌促卵泡激素(FSH) |
| 胎盘激素 | 孕马血清促性腺激素 | PMSG | 马属动物胎盘 | 糖蛋白 | 与促卵泡激素(FSH)和促黄体素(LH)作用相似,以 FSH 为主 |
| | 人绒毛膜促性腺激素 | HCG | 灵长类胎盘 | 糖蛋白 | 与促卵泡激素(FSH)和促黄体素(LH)作用相似,以 LH 为主 |
| 其他 | 前列腺素 | PG | 全身各组织 | 不饱和脂肪酸 | 溶解黄体,促进子宫收缩 |
| | 外激素 | | 外分泌腺 | | 不同个体间的化学通信物质,促进性成熟,影响性行为 |

### (三)生殖激素的主要功能及应用

#### 1. 神经激素

**促性腺激素释放激素(GnRH)**

(1)生理作用。促性腺激素释放激素对雄性动物有促进精子发生和增强性欲的作用;对雌性动物有诱导发情、排卵及提高配种受胎率的作用。

(2)GnRH 在生产中的应用。

①治疗雄性动物性欲减弱,精液品质下降。

②诱导母畜发情排卵。初情期前、产后乏情母畜用 GnRH 处理可促进发情并排卵。母猪发情期注射可增加排卵数和窝产仔数。母牛用 GnRH 和 $PGF_{2\alpha}$ 联合处理可提高超数排卵效果。在黄体期内大剂量或持续使用 GnRH 具有溶解黄体的作用,从而控制同期发情效果。

③治疗雌性动物卵泡囊肿和排卵异常等症状。

④提高配种受胎率。在母猪和母牛发情配种时,注射 GnRH 可明显提高配种受胎率。

**催产素(OXT)**

(1)生理作用。

①可以刺激哺乳动物乳腺上皮细胞收缩,促进排乳;在生理条件下,催产素的释放是引起排乳反射的重要环节。

②可以刺激子宫壁平滑肌收缩,促进分娩。

③刺激子宫内膜和黄体分泌 $PGF_{2\alpha}$,引起黄体溶解而诱导发情。

④有加压素的作用,即抗利尿和使血压升高。

⑤促进输卵管收缩频率增加,有利于两性配子运行。

(2)OXT 在生产中的应用。OXT 常用于促进分娩,治疗胎衣不下、子宫脱出、产后子宫出血和子宫内容物(如恶露、子宫积脓等)的排出等,分娩时可治疗排乳困难;在精液中加入催产素,可促进子宫收缩,有利于精子运行,利于受精。

**2. 垂体促性腺激素**

促性腺激素主要包括垂体前叶分泌的促卵泡激素和促黄体素，胎盘分泌的孕马血清促性腺激素和绒毛膜促性腺激素，以及垂体前叶和胎盘分泌的促乳素。

**促卵泡激素(FSH)**

(1)FSH 功能。

雌性动物：促进卵巢卵泡生长和发育，在促黄体素的协同作用下，刺激卵泡成熟并排卵；促进卵泡颗粒细胞增生和雌激素合成与分泌，刺激卵泡细胞上 LH 受体产生。

雄性动物：促进睾丸足细胞合成和分泌雌激素，刺激生精上皮发育和精子发生(在次级精母细胞及其以前阶段，FSH 起重要作用，此后由睾酮起主要作用)。

(2)FSH 在生产中的应用。

①提早动物的性成熟。

②诱发泌乳乏情的母畜发情排卵。

③超数排卵。

④治疗卵巢功能疾病。

⑤治疗公畜性欲不强、生精能力衰退、精液品质不良。

**促黄体素(LH)**

(1)LH 的生物学作用。在雌性动物中，LH 可促使卵巢血流加速，在促卵泡激素作用的基础上，促进卵泡成熟和引起排卵；刺激卵泡内膜细胞产生雄激素(为颗粒细胞合成雌激素提供前体物质)；促进排卵后的颗粒细胞黄体化，维持黄体细胞分泌孕酮。在雄性动物，LH 刺激睾丸间质细胞合成和分泌睾酮，促进睾丸、副性腺的发育和精子最后成熟。

(2)LH 在生产中的应用。常用于诱导排卵，治疗排卵障碍，卵巢囊肿，早期胚胎死亡或早期习惯性流产，母畜发情期过短、久配不孕，公畜性欲不强、精液和精子量少等。在临床上常以人绒毛膜促性腺激素代替，成本低、效果较好。

**催乳素(PRL)**

促进乳腺发育和乳汁生成，促进和维持黄体分泌孕酮，增强雌性动物的母性行为，抑制性腺功能发育。在奶牛生产中发现，产奶量高的奶牛配种受胎率比较低。因为高产奶牛中 PRL 含量较高，抑制卵巢功能发育，导致配种受胎率降低。

**3. 性腺激素**

**雄激素(A)**

(1)雄激素的生物学作用。

①在雄性胎儿性分化过程中，睾酮刺激中肾管发育成雄性内生殖器官(附睾、输精管等)；双氢睾酮刺激雄性外生殖器官(阴茎、阴囊等)发育。

②睾酮启动和维持精子发生，并延长附睾中精子寿命；双氢睾酮在促进雄性第二性征和性

## 三、母畜发情生理

二维码 1-4 母畜发情生理
（微视频 讲师洪渊）

### （一）发情

#### 1. 发情的概念

发情是指母畜发育到一定阶段达到性成熟后，在繁殖季节所发生的周期性性活动现象。当母畜生长发育到一定的阶段，其生殖器官与内分泌也会逐渐发生一系列周期性的变化，如卵巢上开始有卵泡发育成熟，体内生殖激素开始有规律地分泌，使母畜不断表现周期性的性活动和性行为的现象。

#### 2. 发情表现

母畜的发情表现（图 1-3）主要有：①卵巢上有卵泡发育并有成熟卵子排出。②生殖道黏膜充血，子宫颈和阴唇肿胀并流出黏液。③行为上兴奋不安，食欲减退，鸣叫跑栏，频频排尿，相互爬跨，寻求交配等。

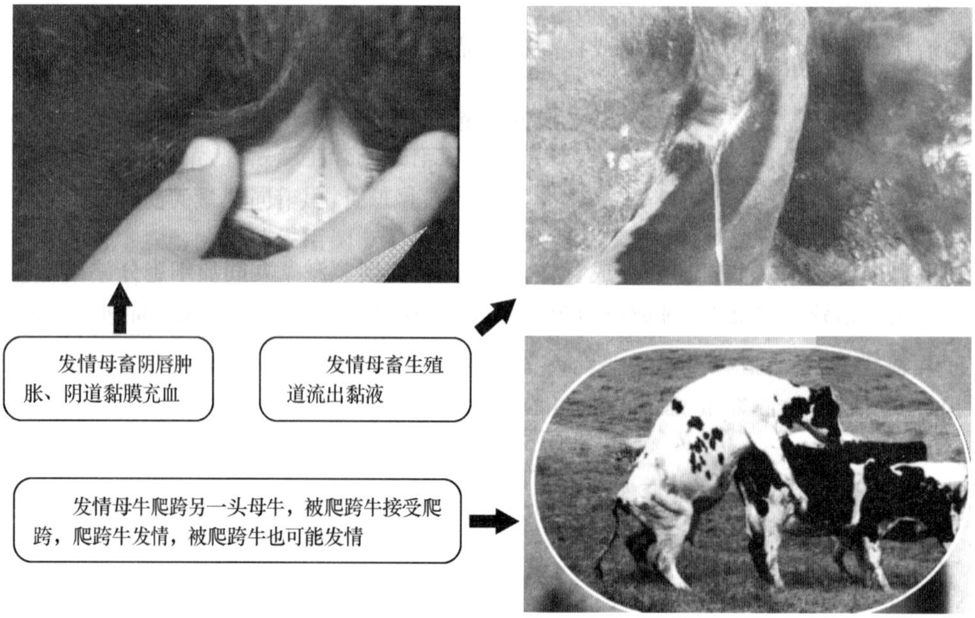


图 1-3 母牛的发情表现

### （二）发情周期和发情持续期

#### 1. 发情周期的概念和分期

发情周期是指雌性动物在初情期以后，卵巢上出现周期性的卵泡发育和排卵，并伴随着生殖器官及整个有机体发生一系列周期性生理变化，这种变化周而复始（非发情季节及怀孕期除外），直至性功能停止活动的年龄，母畜这种周期性的性活动称为发情周期。

根据发情动物外部行为表现和内部生理变化的规律，动物发情周期可分为发情前期、发情期、发情后期、间情期四期（图 1-4）。根据卵泡的发育、黄体形成过程，动物发情周期也可分为卵泡期和黄体期二期（图 1-5）。

(1)发情前期：上一周期的黄体萎缩退化，新卵泡开始生长发育，阴道和阴门黏膜轻度充血肿胀，生殖道内有少量稀薄黏液分泌。

(2)发情期：卵泡迅速发育，卵巢体积明显增大，生殖道黏膜充血肿胀明显，子宫黏膜显著增生，子宫的弹性增强而变硬实，子宫颈口松弛开张，子宫、阴道收缩性增强，腺体分泌活动加强，有大量透明稀薄黏液排出；阴唇呈充血、水肿、松软状态；母畜外表、精神状态和行为表现明显，性欲明显。

(3)发情后期：成熟卵泡排卵后开始形成黄体并分泌孕酮；子宫颈管逐渐收缩关闭，子宫内膜增厚，腺体分泌减少，黏液量少而黏稠，阴道黏膜增生的上皮细胞脱落；性欲逐渐消失。

(4)间情期：也称休情期，若已妊娠，卵巢上的黄体逐渐发育成熟并分泌孕酮，使子宫内膜增厚。如未妊娠，在间情期后期周期性黄体退化，此时恢复到正常状态。

(5)卵泡期：卵泡发育成熟并排卵，相当于四期分法中的发情前期和发情期。

(6)黄体期：黄体形成直至退化的时期，相当于四期分法中的发情后期和间情期。

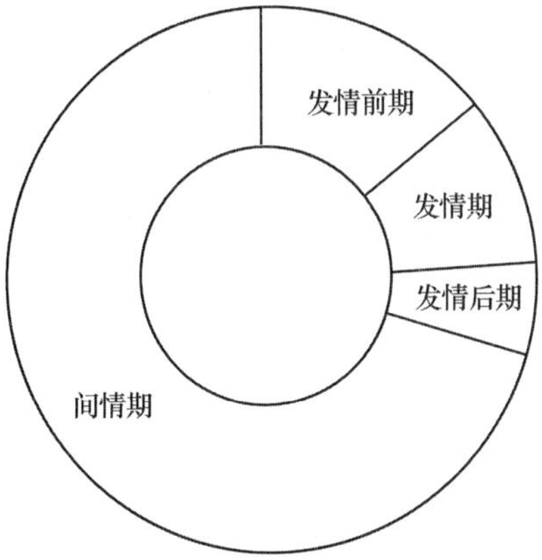

**图 1-4　四期分法**

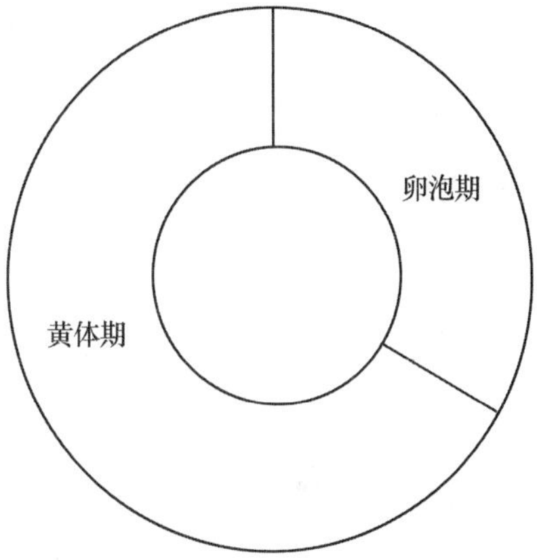

**图 1-5　二期分法**

### 2. 发情持续期

发情持续期是指母畜从发情开始到发情结束所持续的时间，相当于发情周期中的发情期。各种家畜的发情持续期为：牛 1～2 d，猪 2～3 d，羊 1～1.5 d，马 4～7 d。由于季节、饲养管理状况、年龄及个体条件的不同，家畜发情持续期的长短也有所不同(表 1-2)。

**表 1-2　各种家畜的发情周期和发情持续期**　　d

| 期别 | | 牛 | 马 | 驴 | 绵羊 | 山羊 | 猪 | 兔 |
|---|---|---|---|---|---|---|---|---|
| 发情周期 | 平均时间 | 21 | 21 | 23 | 17 | 20 | 21 | 16 |
| | 范围 | 18～24 | 15～25 | 14～36 | 12～21 | 12～24 | 18～23 | 15～17 |
| 发情持续期 | | 1～1.5 | 5～7 | 4～6 | 1～1.5 | 1～2 | 2～3 | 1～2 |

## (三)发情季节

母畜的发情可分为季节性发情和非季节性发情两种类型。

季节变化是影响发情周期的重要环境因素。有些动物如马、绵羊、骆驼、犬及一些野生动物等，一年中只在一定时期才表现出发情，这一时期称为发情季节，只有在发情季节内才能发情排卵。可分为季节性多次发情、季节性单次发情和全年多次发情。

**1. 季节性发情**

季节性发情是指母畜在特定季节才会出现发情，在其他季节中，卵巢处于相对静止状态，母畜不发情排卵的现象。季节性发情分为季节性多次发情与季节性单次发情。

（1）季节性多次发情。动物发情在每年的特定季节内出现，并在该季节中表现为多次发情。这种动物被称为季节性多次发情动物，如马、驴、绵羊。其中马的发情季节多为3—7月份；绵羊多为9—11月份。

（2）季节性单次发情。动物在一个发情季节里，一般只发情一次，这种动物被称为季节性单次发情动物，如犬、猫、骆驼、水貂等。但这些动物（如犬）随着生活环境和饲料条件改善已不完全呈现这一规律。多数野生动物、毛皮动物都是季节性单次发情。

**2. 非季节性发情**

非季节性发情又称全年性多次发情，是指动物的发情不受季节性的影响，在一年四季内均可出现发情并可配种的现象，如猪、牛。受气候影响，一些地区的猪、牛在一段时间发情较集中，而其他时间发情相对较少，如在我国东北，牛的发情在5—8月份较为集中，其他季节则较少。

**（四）影响发情周期的因素**

某些动物在长日照（白天时间逐渐延长的季节）或人工光照条件下，可提早发情或提高产蛋率，如蛋鸡、马和貂。绵羊和鹿的发情季节发生于光照时间最短的季节，即秋分至春分季节。气温、湿度和饲养管理水平也影响发情周期。

# 任务实施

## 任务一　猪的发情鉴定

### 一、任务说明

无论是后备母猪还是经产母猪，只有发情后才能排卵，经配种后方能受胎怀孕，繁殖后代。为此，掌握母猪的发情鉴定是开展养猪生产的首要技术。通过本任务的学习，掌握母猪发情鉴定的方法和技术要领，提高鉴定的准确性。

二维码1-5　猪的发情鉴定
（微视频　讲师洪渊）

### 二、任务内容

**（一）猪的发情周期特点**

全年可多次发情。其特点如下。

发情周期：18～23 d(平均 21 d)。

发情持续期：2～5 d(平均 2.5 d)。

产后发情配种：仔猪断奶后 3～10 d。

仔猪早期断奶：缩短生产周期，提高生产性能。

排卵时间：发情开始后的 24～36 h，长的达 70 h。

排卵持续时间：10～15 h，长的达 45 h。卵子在输卵管中仅能保持 8～12 h 的受精能力。

### (二)发情鉴定的方法

#### 1. 外部观察法

(1)精神状态与行为。母猪在发情前表现为：食欲减退甚至废绝，鸣叫，精神兴奋。爬跨同圈的其他母猪的行为。发情初期的母猪有爬圈行为，对周围环境的变化及声音十分敏感，一有动静马上抬头，竖耳静听，并向有声音的方向张望，在圈内来回走动或常站在圈门口。

(2)外阴部变化。非发情期母猪阴户不肿胀，阴唇紧闭，中缝像一条直线。进入发情期前 1～2 d 或更早，母猪阴门开始微红，以后肿胀增强，外阴呈鲜红色，有时会排出一些黏液。若阴唇松弛，闭合不全，中缝弯曲，甚至外翻，阴唇颜色由鲜红色变为深红或暗红，黏液量变少，且黏稠阴道的黏膜略呈暗红色且能在食指与大拇指间拉成细丝，即可判断母猪已进入发情盛期(图 1-6)。

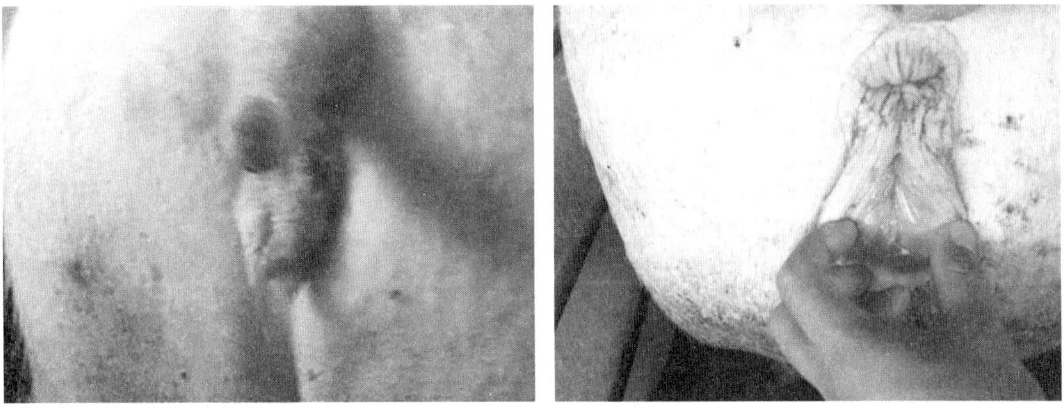

图 1-6　母猪发情外部观察法

#### 2. 压背试验

通常未发情或处在前情期前期和后情期的母猪会躲避人的接近。如果母猪不躲避人的接近，甚至主动接近人，如用手按压母猪后背或骑背，表现静立不动并用力支撑，或有向后坐的姿势，同时伴有竖耳、弓背、颤抖等动作，说明母猪已经进入发情期，这一系列反应称为静立反应。这时一般母猪会允许人接触其外阴部，用手触摸其阴部，发情母猪会表现肌肉紧张、阴门收缩。触摸侧腹部，母猪会表现紧张和颤抖。

人工查情法往往不能及时发现刚进入发情期的母猪，因为在没有公猪气味、声音、视觉刺激的情况下，仅凭压背试验，母猪出现静立反射的时间要晚得多。如果每天进行一次查情，当发现发情母猪时，可能已经错过了第一次配种或输精的最佳时间，所以当母猪进入前情期时，就应用一种颜色标记，以便及时进一步观察和压背试验。在配种时机掌握上，应考虑发现发情母猪的滞后性。

### 3. 试情公猪查情法

用公猪试情以母猪是否接受公猪爬跨为准，这是最有效的发情鉴定方法。

(1)试情公猪的选择。试情公猪应具备以下条件：最好是年龄较大，行动稳重，气味重；口腔泡沫丰富，善于利用叫声吸引发情母猪，并容易靠气味引起发情母猪反应；性情温和，有忍让性，任何情况下不会攻击配种员；听从指挥，能够配合配种员按次序逐栏进行检查，既能发现发情母猪，又不会不愿离开这头发情母猪，而无法继续试情。

(2)采用试情公猪查情的方法(图 1-7)。

试情次数：一般每天进行一次试情，应安排在清早，清早试情能及时发现发情母猪，也可以早晚两次试情。我国大多数猪场都采用早晚两次试情。

试情方法：为了让母猪能嗅到公猪的气味，并能看到公猪，应让试情公猪与母猪头对头试情，因为前情期的母猪也可能会接近公猪。为了准确判断母猪发情情况，应由另一位查情员对主动接近公猪的母猪进行压背试验。如果在压背时出现静立反射，则认为母猪已经进入发情期，应对这头母猪做发情开始时间登记，并对母猪进行标记。如果母猪在压背时不安稳，则为尚未进入发情期或已过了发情期。

采用试情公猪查情是养猪场最佳的查情方法。确定母猪是否发情的特征性表现是母猪在试情公猪前出现静立反射。但结合母猪外阴部肿胀及松弛状况、黏液量及黏稠度、阴道黏膜充血状态，会使对母猪发情阶段的判断更加准确。

图 1-7 试情公猪查情法

①检查母猪发情在饲喂后半小时和天黑前。

②检查发情时，保证公猪与母猪鼻对鼻的接触。背部按压检查时，发情的母猪在 5 min 内将做出反应；那些没有反应的母猪需要经 12～24 h 重新检查发情。

③如让成年公猪短时间接触发情母猪会使母猪站立，发情的征兆更明显。

④用那些可流出许多唾液的老公猪查情。如在栏内检查发情，一定要用木板等辅助，让公猪在几头母猪前运动。接触时间需要 5～10 min。

⑤当公猪接触母猪时，检查人员应在母猪栏后注意观察母猪的行为和表现，并现场记录。

⑥用压背的方法来确定站立发情。当对母猪实施压背时，争取让公猪面对面刺激母猪。

⑦当用压背的方法来确定站立发情，应限定 3～4 头母猪为一组。如赶动母猪，最好有

5 min 的时间让母猪安定下来。

⑧配种员所有工作时间的 1/3 应放在母猪发情鉴定上。

⑨每天进行两次发情鉴定，上下午各一次；检查采用人工查情与公猪试情相结合的方法。

⑩仔细观察站立发情的征兆。

## 三、项目准备

(1)处于休情期、发情前期、发情中期及发情后期的后备母猪或经产母猪各 1 头。

(2)试情公猪 1 头。

## 四、项目报告

**猪的发情鉴定**

品种：＿＿＿＿＿　耳号：＿＿＿＿＿　出生年月：＿＿＿＿＿　胎次：＿＿＿

**一、鉴定项目**

1.外部观察

(1)精神状态：平静□　兴奋□　敏感□　爬跨□　鸣叫□

(2)采食情况：正常□　减少□　废绝□

(3)外阴变化：

①颜色：正常□　偏红□　暗红□

②形状：不肿胀且紧密□　肿胀□　肿大松弛□

③黏膜：偏红□　鲜红□　暗红□

④黏液：无□　少且稀□　多且黏稠□　少但黏稠□

2.压背表现

一摸即跑□　可摸但稍压会走□　压背不走且配合□

3.公猪试情

无视□　静立□　亲近□

**二、鉴定结果**

未发情□　发情前期□　发情盛期□　发情后期□

鉴定人：

鉴定时间：

# 任务二　牛的发情鉴定

## 一、任务说明

二维码 1-6　牛的发情鉴定
（微视频　讲师洪渊）

准确的发情鉴定是成功进行人工授精、超数排卵及胚胎移植的关键。掌握母牛的发情鉴定是开展牛生产的首要技术。虽然牛的发情期较短，但发情时外部表现比较明显。通过本任务的学习，掌握母牛发情鉴定的方法和技术要领，提高鉴定的准确性。

## 二、任务内容

二维码 1-7　母牛的发情鉴定
（微课）

### （一）牛的发情周期特点

牛全年可多次发情，发情季节性不明显。其特点如下。

发情周期：黄牛 18～24 d（平均 21 d）；水牛 16～25 d（平均 21 d）。

发情持续期：黄牛 1～1.5 d，水牛 1～3 d。

产后发情：25～30 d。

产后配种：35～40 d。

排卵：均发生在发情结束后，黄牛在发情结束后 5～15 h，水牛在发情结束后 10～18 h，大多数母牛排卵发生在夜间，卵子保持受精能力的时间为 6～12 h。

### （二）发情鉴定的方法

#### 1. 外部观察法

（1）爬跨表现：常有其他牛尾随，但拒绝爬跨，时常尾随、爬跨其他牛（初期）。接受爬跨，被爬跨时站立不动，后肢叉开并举尾（少数怀孕初期或中期的母牛也有被爬不动的，但无其他发情表现），时常像公牛一样爱嗅其他母牛的阴户，且跃跃欲试地想爬上去（盛期）（图 1-8）。逃避爬跨，但有时仍爬跨其他牛。在背部、臀部有被爬过的印迹，背毛蓬乱，有时被口水、鼻液黏结，在臀部有泥土痕迹，说明接受过爬跨（末期）。

（2）外阴部变化：阴户充血、微肿。阴道流出的黏液透明，少而薄，不呈牵丝状（初期）。阴户肿胀。阴道黏液半透明，多而浓稠，呈牵丝状，在尾巴处粘连，如同透明的玻璃棒（盛期）。阴户肿胀开始减退，稍有皱纹（后期）。阴道黏液浑浊，呈乳黄色，少而厚，牵丝状稍差（末期）。

（3）精神变化：精神不安、敏感，人接近时站起，左顾右盼，常站立不卧，喜欢急急忙忙地走动。喜欢鸣叫，尤以初产母牛为甚（初期）。交配欲强烈，拴系的母牛两耳竖立，不时转动倾听，配种员走过时回头观望，手拨动尾根时无抗力，食欲减退，产奶量下降（盛期）。母牛逐渐转入平静（末期）。

图 1-8　公牛外部观察法

**2. 阴道检查法**

子宫颈口紧闭，呈菊花瓣状。发情时，阴道黏膜由于充血而潮红，表面光滑湿润，有黏液积存在阴道内，开膣器易插入；子宫颈口充血松弛、半开张，颈口处有大量黏液附着。

**3. 直肠检查法**

用湿润或涂有肥皂的手臂伸入直肠，手指并拢，手心向下，轻轻下压并左右抚摸，先在骨盆底上方摸到子宫颈，后沿子宫颈向前移直至子宫角，隔直肠壁用手指肚细致轻稳地触摸卵巢上卵泡发育、成熟与排卵情况，以此来判定发情程度，确定配种适期。这种方法准确率较高，但需要反复练习才能掌握。

母牛的发情鉴定还可以借助孕酮检测、阴道黏液状态、pH、电阻性及阴道黏膜细胞形态等进行综合判断。

## 三、任务准备

(1)处于休情期、发情前期、发情中期及发情后期的后备母牛或经产母牛各 1 头。

(2)牛的保定架。

## 四、项目报告

### 牛的发情鉴定

品种：＿＿＿＿＿　耳号：＿＿＿＿＿　出生年月：＿＿＿＿＿　胎次：＿＿＿

**一、鉴定项目**

1. 外部观察

(1)精神状态：平静□　兴奋□　敏感□　爬跨□　鸣叫□

(2)采食情况：正常□　减少□　废绝□

(3)外阴变化：

①颜色：正常□　偏红□　暗红□

②形状：不肿胀且紧密□　肿胀□　肿大松弛□

③黏膜：偏红□　鲜红□　暗红□
④黏液：无□　少且稀□　多且黏稠□　少但黏稠□

2. 卵泡发育情况

有少量的卵泡□　有成熟的卵泡□　有破裂的卵泡□

二、鉴定结果

未发情□　发情前期□　发情盛期□　发情后期□

鉴定人：
鉴定时间：

# 任务三　羊的发情鉴定

## 一、任务说明

二维码 1-8　羊的发情鉴定
（微视频　讲师洪渊）

准确的发情鉴定是成功进行人工授精、超数排卵及胚胎移植的关键。掌握母羊的发情鉴定是开展羊生产的首要技术。母羊的发情期短，外部表现不太明显。通过本任务的学习，掌握母羊发情鉴定的方法和技术要领，提高鉴定的准确性。

## 二、任务内容

### （一）羊的发情周期特点

羊的发情周期为季节性多次发情，一般在 9—10 月份(秋季)。

发情周期：12～24 d。

发情持续期：1～2 d。

产后发情配种：2～3 个月。

排卵时间：发情后期。

卵子排出后 15～24 h 内具有受精能力，受精部位在输卵管前端 1/3～1/2 处。

适宜输精时间：发情开始后 12 h。

### （二）发情鉴定方法

#### 1. 试情法

绵羊发情的持续时间较短，外表征状较不明显。因此，在群牧情况下，多采用公羊试情法进行发情鉴定(图 1-9)。试情的公羊与母羊的比例以 1∶40 为宜。试情公羊在整个配种期应和母羊分隔饲养，每天仅在早晚各放入母羊群中试情，每次不少于 40 min。正处于发情期的母羊见试情公羊入群后，会主动前来接近公羊，频频摆尾，温顺地接受公羊挑逗或爬跨。

母羊发情持续期平均 24～48 h，哺乳母羊略短；毛用品种比肉用品种的持续期长。排卵多出现在发情症状刚结束时或发情出现以后 20～33 h。

奶山羊的发情持续期平均为 1.5 d(1～2 d)，山羊发情表现为咩叫，兴奋不安，摇尾，外阴红肿并流出黏液，出现一时性食欲减退和泌乳量下降，喜接近公羊，当接触公羊时表现为呆立不动。

**图 1-9　公羊试情法**

## 三、任务准备

(1)处于休情期、发情前期、发情中期及发情后期的后备母羊或经产母羊各 1 头。

(2)试情公羊 1 头，羊的保定架。

## 四、项目报告

**羊的发情鉴定**

品种：__________　耳号：__________　出生年月：__________　胎次：______

**一、鉴定项目**

1. 外部观察

(1)精神状态：平静□　兴奋□　敏感□　爬跨□　鸣叫□

(2)采食情况：正常□　减少□　废绝□

(3)外阴变化：

①颜色：正常□　偏红□　暗红□

②形状：不肿胀且紧密□　肿胀□　肿大松弛□

③黏膜：偏红□　鲜红□　暗红□

④黏液:无☐ 少且稀☐ 多且黏稠☐ 少但黏稠☐

2. 公羊试情

无视☐ 静立☐ 亲近☐

二、鉴定结果

未发情☐ 发情前期☐ 发情盛期☐ 发情后期☐

鉴定人:

鉴定时间:

## 拓展学习

### 一、产后发情

产后发情是指母畜分娩后出现的第一次发情。在良好的饲养管理、气候适宜、哺乳时间短以及无产后疾病的条件下,产后出现第一次发情时间就相对要早一些;反之,就会推迟。母畜产后第一次发情时是否配种要根据不同的家畜和体况来决定,如体况较好,可以进行配种。

(1)母猪:大多数母猪在仔猪断奶后1周之内出现第一次正常发情。部分母猪在产后3~6 d出现发情,但多不排卵,大部分母猪在仔猪断奶后3~5 d正常发情配种。

(2)奶牛:母牛产后发情由于子宫尚未复旧,个别牛的恶露还没有流净,此时即使发情表现明显,也不能配种。一般在产后1个月左右出现,母牛多表现为安静发情。在产后第二次发情即产后45~60 d配种较适宜。

(3)母羊:发情季节不明显的母羊大多在产后2~3个月发情,不哺乳的可在产后20 d左右发情。一般在产后2~3个月即羔羊断奶后出现发情。

(4)母马:母马往往在产驹后6~12 d便发情,一般发情表现不明显,甚至无发情表现。与母猪不同的是母马产后6~12 d第一次发情时,有卵泡发育,且可以排卵,可以受精配种。在母马产后1周左右出现,且此时配种受胎率较高,俗称"配血驹"或"热配"。

(5)母兔:产后1~2 d就有发情,卵巢上有卵泡发育成熟并排卵。产后第一次发情配种俗称"血配"。

### 二、乏情及处置

乏情是指已达初情期的母畜不发情或卵巢无周期性功能活动,处于相对静止状态。有生理性乏情,如泌乳性乏情、妊娠性乏情、衰老性乏情;有季节性乏情;还有病理性乏情,如营养不良、应激、生殖疾病等引起的乏情。

母畜到达初情期后不发情或在发情季节卵巢处于相对静止状态,无发情表现。产生乏情的因素比较多。

(1)泌乳性乏情:母畜在泌乳阶段不出现周期性发情。

(2)妊娠性乏情:母畜在妊娠期不出现周期性发情。

(3)衰老性乏情:母畜由于衰老而表现不发情。

(4)季节性乏情:在非发情季节,母畜不出现周期性发情。卵巢卵泡停止发育,不分泌激素。

(5)营养性乏情:母畜由于营养不良,性功能活动停止。

(6)应激性乏情:母畜由于环境等应激性功能活动停止。

(7)生殖疾病乏情:母畜由于生殖器官或全身性疾病,母畜生殖功能活动停止。

## 三、异常发情及处置

在生产实践中,经常出现一些与正常发情规律不相符的情况,称为异常发情。异常发情主要有以下一些类型。

(1)安静发情:又称隐性发情、暗发情,是指母畜发情时外部表现不明显,但卵巢上有卵泡生长发育成熟、排卵的现象。导致安静发情的主要原因是卵泡膜所分泌的雌激素不足。安静发情的母畜如能及时配种,也可受胎。常见于第 1 次发情、带仔以及营养不良的母畜。

(2)假发情:是指母畜表现发情而卵巢上没有卵泡发育成熟的现象,如孕后发情,但母马情况特异。孕后发情是指母畜在妊娠期间又出现发情的现象。这是由非成熟卵泡分泌雌激素异常所致的,如进行配种,可导致母畜流产,甚至有时不配种也会引起流产。

(3)断续发情:是指母畜发情表现为时断时续的现象。断续发情多见于早春及营养不良的母马,是由卵巢上的卵泡交替生长发育或促卵泡激素分泌不足引起的。

(4)短促发情:是指母畜发情持续期短于正常持续期的现象。常见于乳牛,如不注意观察,往往错过配种时机。短促发情通常是由促黄体素(LH)分泌异常增多,导致卵泡膜破裂过快所致的。卵泡中途发育停止也可导致母畜出现短促发情。

(5)长促发情:是指母畜发情持续期长于正常时间的现象。与短促发情相反,可能是由促黄体素(LH)分泌不足,卵泡膜破裂过晚所致的。

(6)慕雄狂:母畜表现持续发情现象,对公畜特别敏感,遇公畜产生神经质反应。可能是由卵泡囊肿雌激素分泌异常(过多)所致的。主要发生于牛,在马和猪偶尔也有发生。患牛表现出持续而强烈的发情行为,或频繁发情,产奶量下降,经常从阴门流出黏液,阴门水肿,荐坐韧带松弛。一般多由卵巢囊肿引起。

(7)孕后发情:母马妊娠后由于胎盘产生 PMSG 可排卵。要注意判定正常发情与孕后发情,防止误配造成人为流产。牛也可能出现激素性流产。

### 思考题

1. 简述雌雄动物的生殖器官。
2. 列举常见的生殖激素。
3. 简述发情周期各时期的状态。
4. 简述猪、牛、羊发情鉴定常用方法及其关键技术。

# 项目二
# 繁殖控制

**素养目标**

1. 树立科学严谨的职业素养，坚定职业道德。
2. 坚持理论性和实践性相统一的理念，树立以理论指导并运用实践的思想。
3. 培养认真细致、精益求精的工匠精神。

**知识目标**

1. 了解发情控制技术的原理和注意事项。
2. 掌握激素的作用特点和给药方式。
3. 了解常见的人工激素种类及其使用。

**技能目标**

1. 掌握猪、牛、羊等常见家畜的诱导发情技术。
2. 掌握猪、牛、羊等常见家畜的超数排卵技术。
3. 同期发情技术。

## 知识准备

## 一、激素的作用特点与给药方式

### (一)生殖激素的作用特点

(1)激素必须与其受体结合后才能产生生物学效应。

(2)生殖激素在动物机体中活性丧失很快。

(3)微量的生殖激素即可产生巨大的生物学效应。

(4)生殖激素的生物学效应与动物所处的生理时期及激素的用量和使用方法有关。

(5)生殖激素间具有协同或拮抗作用。

(6)分子结构类似的生殖激素一般具有类似的生物学活性。

二维码 2-1 激素的作用特点及给药方式(微视频 讲师樊倩)

### (二)各类生殖激素的作用特点

#### 1. 促性腺激素释放激素(GnRH)

在临床上,使用GnRH类似物LRH-A1,治疗母牛卵巢静止和卵泡囊肿等症状时,剂量分别为200～400 μg和400～600 μg,效果良好。

①治疗雄性动物性欲减弱,精液品质下降。

②诱导母畜发情排卵。初情期前、产后乏情母畜用GnRH处理可促进发情并排卵。母猪发情期注射可增加排卵数和窝产仔数。母牛用GnRH和$PGF_{2\alpha}$联合处理可提高超数排卵效果。在黄体期内大剂量或持续使用GnRH,具有溶解黄体的作用,从而可控制同期发情效果。

③治疗雌性动物卵泡囊肿和排卵异常等症状。

④提高配种受胎率。在母猪和母牛发情配种时,注射GnRH,可明显提高配种受胎率。

#### 2. 垂体促性腺激素

(1)促卵泡激素(FSH):在动物生产及兽医临床上,FSH常用于以下几个方面:①提早动物的性成熟。对接近性成熟的雌性动物在孕激素配合应用下,可提早发情配种。②诱发泌乳乏情的母畜发情排卵。对产后4周的泌乳母猪及60 d以后的母牛,应用FSH可提高发情率和排卵率,缩短其产犊间隔。③超数排卵。为了获得大量的卵子和胚胎,应用FSH可使卵泡大量发育和成熟排卵,牛羊应用FSH和LH,平均排卵数可达10枚。④治疗卵巢功能疾病。FSH对卵巢功能不全或静止、卵泡发育停滞或交替发育以及多卵泡发育均有较好疗效。如母畜不发情、安静发情、卵巢发育不全、卵巢萎缩、卵巢硬化、持久黄体等(对幼稚型卵巢无反应)。其用量为:国产制剂,牛、马为200～450 IU,猪为50～100 IU,肌内注射,每日或隔日一次,连用2～3次。若与LH配合应用,效果更好。⑤治疗公畜性欲不强、生精能力衰退、精液品质不良。当公畜精子密度不足或精子活率低时,应用FSH和LH可提高精液品质。

(2)促黄体素(LH):① LH常用于诱导排卵、治疗排卵障碍、卵巢囊肿、早期胚胎死亡或早期习惯性流产、母畜发情期过短、久配不孕、公畜性欲不强、精液和精子量少等症。在临床上常以人绒毛膜促性腺激素代替,成本低、效果较好。②在治疗马、驴和牛卵巢功能异常方面,一般用FSH治疗多卵泡发育、卵泡发育停滞和持久黄体;用LH治疗卵巢囊肿,排卵迟缓,黄体发育不全;用两种激素(FSH+LH)治疗卵巢静止或卵泡中途萎缩。使用剂量:一般为一次肌内注射200～300 IU(牛、马),2～3次为一个疗程,每次间隔时间马、驴为1～2 d,牛为3～4 d。一般先用PMSG或FSH促进卵泡发育,然后注射LH或HCG促进排卵。FSH与LH合用可治疗卵巢功能静止或卵泡中途萎缩。③这两种激素制剂还可用于诱发季节性繁殖的母畜在非繁殖季节发情和排卵。④除用于超数排卵外,在同期发情处理过程中,配合使用这两种激素可增进群体母畜发情和排卵的同期率。

(3)催乳素(PRL):PRL具有十分广泛的作用。最明显的是PRL对乳腺的多种效应。有的哺乳动物,尤其是啮齿类的PRL对黄体的维持和分泌活性中有重要作用。交配、母性行为等生殖活动也有PRL的作用。

①泌乳。PRL能促进乳腺的生长发育、乳汁的合成和乳分泌的维持。乳腺小叶泡生长和发育需要PRL、雌激素、孕激素和糖皮质激素协同作用。妊娠期,导管的分支和腺泡的发育是孕酮和PRL或胎盘促乳素的作用。PRL对乳生成的作用是刺激氨基酸摄取、乳糖及乳脂合成。

②黄体功能。PRL对黄体功能的影响随动物种类和周期阶段而异。在啮齿动物，交配刺激后PRL有促黄体作用，缺乏交配刺激时则起溶黄体作用。在犬、灵长类（包括人），PRL也是促黄体因子之一。

③繁殖行为。PRL对雌性动物的性行为的作用还不是很确定。相反，在大鼠和绵羊中，PRL对雄性性行为却明显的有抑制作用。PRL诱导和维持双亲行为在哺乳动物的母性行为中研究最多，包括筑巢、成群、抱窝、哺育幼仔等；父性行为也需要PRL，这在鱼类和鸟类中表现明显。

④抑制性腺功能发育。在奶牛生产中发现，产奶量高的奶牛配种受胎率会降低，这是因为高产奶牛血液中PRL的水平较高，抑制卵巢功能发育，影响发情周期，导致配种受胎率降低；在禽类中，PRL通过抑制卵巢对促性腺激素的敏感性而引起抱窝。

（4）催产素（OXT）：OXT常用于促进分娩，治疗胎衣不下、子宫脱出、产后子宫出血和子宫内容物（如恶露、子宫积脓）的排出等。治疗排乳困难。使用注意：①使用OXT时，事先用雌激素处理，可增强子宫对催产素的敏感性。②使用OXT必须注意用药时期，在子宫颈口尚未开放、骨盆过窄以及产道有阻碍时忌用，否则会引起子宫壁平滑肌强烈收缩，导致胎儿死亡或子宫撕裂等。③大剂量注射可导致子宫高频抑制造成难产。

**3. 性腺激素**

（1）雄激素：①在雄性胎儿性分化过程中，睾酮刺激沃尔夫氏管发育成雄性内生殖器官（如附睾、输精管）；双氢睾酮刺激雄性外生殖器官（如阴茎、阴囊）发育。②睾酮启动和维持精子发生，并延长附睾中精子寿命；双氢睾酮在促进雄性第二性征和性成熟中起不可替代的作用。③雄激素刺激副性腺的发育（双氢睾酮对前列腺的分化形成起主要作用）。④睾酮作用于中枢神经系统与雄性性行为有关。⑤睾酮对下丘脑或垂体有反馈调节作用，影响GnRH、LH和FSH分泌。⑥睾酮对生殖系统以外的作用。如增加骨质生成和抑制骨吸收；激活肝酯酶，加快高密度脂蛋白的分解，脂质沉积加快。

雄激素的应用：①睾酮在临床上主要用于治疗雄性动物性欲低下或性功能减退，但单独使用不如睾酮与雌二醇联合效果好。②合成雄激素制剂，注射给母牛或阉牛，可使之作为试情牛。

（2）雌激素：雌激素是促使雌性动物性器官发育和维持正常雌性功能的主要激素。雌二醇是主要的功能形式，主要有以下生物学作用：①促进雌性动物的发情表现和生殖道生理变化。例如，促使阴道上皮增生和角质化；促使子宫颈管道松弛并使其黏液变稀薄；促使子宫内膜及肌层增长，刺激子宫肌层收缩，促进输卵管的增长并刺激其肌层收缩。这些变化有利于交配、配子运行、受精。刺激子宫内膜$PGF_{2\alpha}$的合成和分泌，使黄体溶解，发情期到来。诱导输卵管上皮的分泌活性。②有的动物（如猪），胚泡产生雌激素作为妊娠信号，有利于妊娠的建立。③雌二醇与促乳素协同作用，促进乳腺导管系统发育。④通过对下丘脑的反馈作用调节GnRH和促性腺激素分泌。雌二醇的负反馈作用部位在下丘脑的持续中枢，正反馈作用部位在下丘脑的周期中枢（引起排卵前LH峰）。因此，在促进卵泡发育、调节发情周期中起主要作用。⑤少量雌二醇促进雄性动物性行为。在雄性动物的性中枢神经细胞中，睾酮转化成雌二醇，是引起性行为的机制之一。但大量的雌激素使雄性动物睾丸萎缩、副性器官退化会造成不育。⑥对骨代谢的影响。肠、肾、骨等组织有雌激素受体。雌激素作用于这些组织会促进钙的吸收、减少钙的排泄、抑制骨吸收，强化骨形成，抑制长骨增长。

雌激素制剂的应用：有多种雌激素制剂在畜牧生产和兽医临床上应用，其中最常用的是己烯雌酚和苯甲酸雌二醇。

①治疗母畜不发情：注射已烯雌酚或雌二醇可使雌性动物表现发情，但不一定引起排卵，故受孕率很低。

②治疗母牛持久黄体：通过 $PGF_{2\alpha}$ 的合成引起黄体退化、母牛发情。

③在牛和羊可用雌激素引产。但在猪可用雌激素进行同期发情。因为雌激素在母猪具有促黄体作用，故先用雌激素处理保持黄体期，然后统一停用雌激素并注射 $PGF_{2\alpha}$ 即可引起黄体退化，母猪同期发情。

④雌激素与催产素配合可治疗母牛子宫疾病（如慢性子宫内膜炎、子宫积脓或积水）。因为两者协同促进子宫收缩，增加子宫内膜血液循环，增强子宫内膜的防御功能。

⑤利用雌激素制剂进行治疗。

(3)孕激素：已有许多种合成孕激素制剂用于医学和畜牧、兽医领域。主要制剂有醋酸甲羟孕酮(MAP)、醋酸甲地孕酮(MA)、16-次甲基甲地孕酮(MGA)、炔诺酮、氯地孕酮(CAP)、氟孕酮(FGA)等。这些合成的孕激素制剂并不都属于类固醇。在人类医学上，它们主要用于避孕。在畜牧兽医上它们有如下用途。

①作为同期发情的药物。

②与其他激素如 HCG 合用，治疗母畜不发情或卵巢囊肿。

③与雌激素和皮质类固醇联用，可诱导母羊的母性行为。

(4)松弛素(RLX)：经典学说认为 RLX 主要有两方面的作用。一是抑制妊娠期间子宫肌的收缩，以利于妊娠维持；二是作用于靶器官的结缔组织，使骨盆韧带扩张、子宫颈变松软，以利分泌。最新研究表明，RLX 不仅仅是一种妊娠激素，它在卵泡发育、排卵、胚胎附植以及发动分娩时间等方面都有作用；而且，为了发现重组 RLX 产品的药理作用的需要，人们不断研究寻找 RLX 新的作用靶组织。

①对胶原的作用：不仅循环系统的 RLX，而且生殖道局部产生的 RLX 都对胶原的改变有作用。RLX 可能作为调节胶原溶酶局部产量的诸多激素之一，胶原溶酶的作用是在卵泡破裂之前破坏卵泡壁的胶原，因而参与排卵。RLX 对胶原的作用还表现在子宫颈和胎膜，这与分娩时子宫颈扩张直接相关。

②对卵泡发育的作用：卵泡 RLX 的另一个作用是作为生长因子，促进颗粒细胞增生。

③对子宫和子宫颈平滑肌的收缩有抑制作用。

④对子宫内膜、蜕膜的作用：RLX 可能对子宫内膜细胞向蜕膜细胞转化有重要作用。

⑤前列腺和精液中的 RLX：前列腺分泌的 RLX 不进入循环系统，而是进入精浆，对精子活力有影响。

在 20 世纪 30 年代以前，人们以为脂溶性的类固醇激素是唯一调节垂体前叶腺体分泌的性腺激素。直到 1932 年，McCullagh 在牛睾丸提取物中发现一种水溶性物质对垂体 RLX 的分泌具有反馈性抑制作用，从而提出了“抑制素”的概念。1976 年从卵巢卵泡液中分离出了与睾丸液抑制素类似的物质，为了区别，曾称为“卵泡抑制素”，后来统称为抑制素。1986 年和 1987 年从卵泡液或睾丸液中分别发现了两种抑制素相关肽，即激活素和卵泡抑素。

### (三)常见激素的给药方式

#### 1. 阴道栓塞法

泡沫或棉团经灭菌后，浸吸一定量药液，塞在子宫颈附近；药液不断被阴道黏膜所吸收，经过一段时间后取出。

**2. 埋植法**

将成形的药剂或装有药物的带孔容器，埋植于母畜皮下组织，经一定时期后取出，埋植药物被缓慢吸收，可用于群体处理，比较简单。

**3. 注射法**

每日将定量的药物进行皮下或肌内注射，经过一定时期后停止给药。这种操作烦琐复杂，但剂量准确。

**4. 口服法**

每日将一定量的药物均匀拌在饲料中，单个饲喂更准确，经过一段时间后同时停药。这种方法适用于栏舍饲养，群体饲喂容易导致个体不均匀，而且费时费力。

## 二、人工激素

**1. 烯丙孕素**

烯丙孕素属于一种口服孕激素类似物，用于抑制母猪发情，如孕力宝(图 2-1)。烯丙孕素主要是对下丘脑或垂体前叶有负反馈作用，抑制促软泡素和促黄体素的释放，从而抑制卵泡发育，但不会阻止正常黄体溶解；主要在肝脏代谢，通过胆汁排泄清除、清除半衰期约 14 h，休药期 18 d。避光、密封保存。

图 2-1　孕力宝

饲喂方法：每日饲喂 5 mL/头，下午饲喂，连续 18 d。可直接口服法(口服枪直喂，先驯化 2～3 d，然后喂药，适用于大栏和定位栏)；也可以添加在饲料中使用。

适用动物：有发情记录的后备母猪、超期后备母猪的同期发情控制、长期不发情母猪治疗，批次化生产调整过程中，早断奶母猪情期调整空怀、返情、流产母猪的治疗和批次化生产中情期调整。

**注意事项：**用于至少发情过一次的性成熟母猪，饲喂期间，避免应激，不得接触公猪、免疫、调栏；每头动物单独给药，确保每日给药剂量；有急性、亚急性慢性子宫内膜炎的母猪慎用。

**2. 血促性素**

孕马血清促性腺激素，如血促性素(图 2-2)。主要作用：刺激卵泡发育和成熟，对公畜可促进睾丸间质细胞分泌雄激素。促进性器官、副性征的发育、成熟，使隐睾病畜的睾丸下降，促进精子生成。肌内注射后血浆半衰期约为 35 h，有效作用时间约为 70 h。

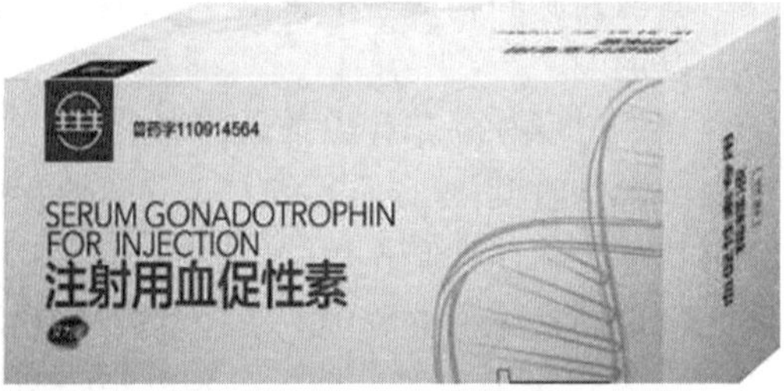

图 2-2　血促性素

**注意事项：**本品溶液极不稳定，且不耐热，遮光、密闭、在凉暗处保存，应在短时间内用完，最好现配现用。

### 3. 戈那瑞林

促性腺激素释放激素，如戈那瑞林，是天然结构的激素，由 10 个氨基酸组成，作用于垂体，主要作用是促进卵泡成熟和排卵，促进黄体生成。在猪体内的半衰期 2～10 min，作用时间为 3～5 h，不会产生免疫应答。应注意密封、在凉暗处保存。

### 4. 氯前列醇钠（PG）

PG2α 的类似物，如氯前列醇钠（图 2-3），作为黄体溶解物质，引起功能性和形态学上的黄体溶解，促进发情和正常排卵，刺激子宫平滑肌收缩，促进子宫颈开张；诱导母猪同期分娩；加快分娩母猪恶露排出，促进子宫复旧。

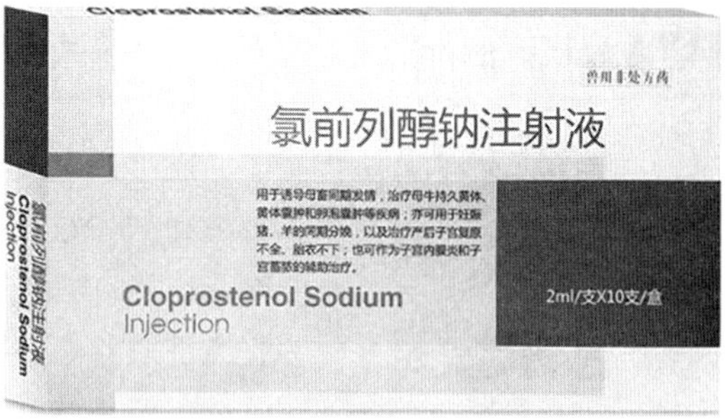

**图 2-3 氯前列醇钠注射液**

**注意事项：**密闭、在凉暗处保存；维持妊娠的动物禁用；诱导分娩时，应在预产期前 2 d 用，严禁过早使用；本产品极易经皮肤吸收，使用本药物要佩戴好手套，操作完毕及在饮水或饭前，用肥皂和水彻底洗手，皮肤上沾到本品，要立即用清水冲洗干净；本产品不能与解热镇痛抗炎药同时使用。

### 5. 缩宫素

缩宫素（图 2-4）的作用：在分娩过程中，缩宫素可刺激子宫平滑肌收缩，促进完成分娩；同时缩宫素能强烈地刺激乳腺导管肌上皮细胞收缩，促进排乳，帮助乳汁排出。

**注意事项：**缩宫素一定要小剂量给药，一般在 10 IU 作用，必要时，间隔 0.5～1 h，再给 10 IU，小剂量缩宫素能刺激子宫有节律地收缩；要在密闭及阴凉处保存。

自然交配时，母猪会产生大量的缩宫素；人工授精达不到自然交配的刺激水平。

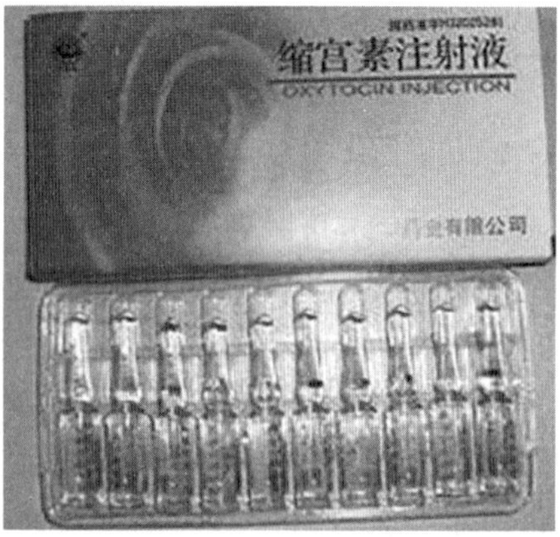

**图 2-4 缩宫素注射液**

### 6. 公猪气味调节剂

公猪气味调节剂，如博尔多，主要成分为雄烯酮，溶液喷剂，略带刺激性气味；广泛用于后备母猪诱情、母猪发情鉴定、母猪配种时诱情等，可代替公猪刺激和诱导母猪发情。

操作方法：使用前戴好口罩和手套，气味略带酒精样刺激性气味；顺着风向，距离猪鼻上方 5～10 cm 喷 1～2 次，每次查情前先喷 10 头母猪左右，目的是给母猪一定的刺激时间在进行仔细检查，查情时查一头、喷一头；配种时针对单头母猪，每头母猪喷雾 1～2 次，配合压背。

**注意事项：**易燃，不能遇明火，要在阴凉、避光处保存。

另外，同期发情常使用的激素有醋酸甲羟孕酮（MAP）、醋酸甲地孕酮（MA）、16-次甲基甲地孕酮（MGA）、炔诺酮、氯地孕酮（CAP）、氟孕酮（FGA）、氯前列烯醇等。

# 任务实施

## 任务一 诱导发情

### 一、任务说明

二维码 2-2 诱导发情
（微视频 讲师洪渊）

通过诱导发情可以缩短母畜的发情时间，缩短繁殖周期；增加胎次和产仔数，提高其繁殖力；可以调整产仔季节，使奶畜一年内均衡产奶；肉畜能按计划出栏，按市场需求供应畜产品，提高畜牧业经济效益；也可以通过诱导发情改变繁殖季节，提高生产效益。通过本任务的学习，掌握诱导发情机理及猪、牛、羊诱导发情的常用方法。

### 二、任务内容

**1. 诱导发情的概念**

诱导发情是指对处于乏情状态（生理性或病理性科学乏情）的母畜，利用某些外源生殖激素或其他手段，人工引起母畜正常排卵并进行配种的技术。

**2. 诱导发情的机理**

家畜的发情、排卵是受垂体分泌的促性腺激素和卵巢分泌的激素的共同影响而发生。在非配种季节，垂体活性降低，分泌促性腺激素的能力也明显降低，不能引起卵泡发育，母畜就没有发情表现与卵子排出。因此，如果人为地提高动物体内促性腺激素的含量［利用外源激素（促性腺激素等）或某些生理活性物质以及环境条件的刺激］，卵巢能从相对静止状态转为活跃状态，促进卵泡的生长发育，母畜就可以发情、排卵。

**3. 诱导发情的类型及其处理方法**

乏情类型有季节性乏情、生理性乏情、病理性乏情。

（1）季节性乏情。季节性乏情是指季节性发情动物在非发情季节无发情周期，卵巢和生殖道处于静止状态的现象。

①生殖激素处理法：促性腺激素释放激素（GnRH）、促卵泡激素（FSH）、促黄体素（LH）、人绒毛膜促性腺激素（HCG）、孕马血清促性腺激素（PMSG）、孕激素、雌激素、前列腺素等。

②改变光照期法：光照期的长短是影响动物发情的一个重要因素。长日照动物在光照变长之时开始发情，而短日照动物则在光照变短之时开始发情。

③公畜效应：在公羊、母羊分群饲养的母羊群中引入公羊，能刺激母羊并诱导其发情提前，此种效应称为“公羊效应”，这种方法可缩短绵羊的产羔间隔期，使母羊两年产 3 胎。若将此方法用在猪、牛等动物上，则可称为“公猪效应”“公牛效应”等。

(2)生理性乏情。生理性乏情有泌乳性乏情、衰老性乏情。

①泌乳性乏情:哺乳母畜由于哺乳促进了促乳素的分泌,从而抑制了促性腺激素的正常释放,卵巢周期活动受到抑制,卵泡不能发育,母畜不出现发情,故称为泌乳性乏情。猪是最常见的泌乳期乏情的动物。对哺乳母猪采取早期断奶的方法,若同时注射PMSG,则发情效果会更好。若在哺乳期内控制哺乳时间,即从哺乳的第21天起,每日哺乳12 h,3 d后注射PMSG,则可使母猪在哺乳期内发情、排卵。

②衰老性乏情:雌性动物到一定年龄后卵巢的活性降低,激素分泌功能下降,甚至性活动周期停止而引起的乏情,称为衰老性乏情。衰老性乏情的动物,用促性腺激素PMSG或FSH处理,可引起发情和排卵;但往往因子宫功能的减弱,其受精率与妊娠率较低。

(3)病理性乏情。病理性乏情主要是由卵巢功能衰退和持久黄体引起的。

①卵巢功能衰退多发生于营养不良、管理不善和使役过度的母畜,高产奶牛也会发生。对因管理不善、营养不良、使役过度的母畜或高产奶牛,在有效改善饲养管理水平和役用状况的同时,可使用PMSG或FSH等促性腺激素诱导母畜发情。

②持久黄体主要是由子宫疾病引起内分泌紊乱所致。对于持久黄体或由子宫疾患造成内分泌紊乱,前者可用前列腺素等药物溶解黄体,停止孕激素的分泌,以促使卵泡发育;后者需进行临床治疗。

**4. 常见家畜的诱导发情**

(1)母猪的诱导发情:产后乏情母猪一次肌内注射3～4 mL三合激素(PG/PMSG/HCG),一般2～3 d有97%以上的母猪发情,其中有60%～70%可以受胎;对断奶后长期不发情的母猪,可注射PMSG 250～1 000 IU、HCG 500 IU,10 d后将有80%以上的母猪发情,其中90%可以受胎。早期断奶也可以诱导母猪提前发情,断奶时注射PMSG,发情效果会更好。断奶后乏情的母猪,也可以用公猪或公猪气味调节剂刺激母猪发情。

(2)母牛的诱导发情:产后泌乳母牛,产后14 d,采用GnRH类似物肌内注射,1次/d,每次200～400 μg,连用2～3 d,即可引起发情或排卵;产后2周采用孕激素做预处理10 d后,注射1 000 IU PMSG,也可诱导发情;持久黄体或黄体囊肿,可肌内注射氯前列醇钠0.2～0.4 mg;也可以子宫内灌注,剂量为肌内注射的一半;产后长期不发情或诱导提前发情,可用18-炔诺孕酮,15～20 mg/头,皮下埋植12 d,12 d后注射800～1 000 IU PMSG。

(3)母羊的诱导发情:对季节性发情的绵羊,在乏情季节,可连续12～16 d使用孕激素处理(阴道栓、埋植、肌内注射孕酮10～12 mg/d),停药当天肌内注射750～1 000 IU PMSG,可诱导发情排卵;发情季节到来的几周前,在母羊群中放入公羊,也可以通过“公羊效应”刺激母羊提前发情。

## 三、任务准备

(1)乏情的猪、牛或羊。

(2)相关激素制剂:PG、PMSG、HCG、GnRH、孕酮等。

## 四、任务报告

**诱导发情技术**

品种：__________ 耳号：__________ 出生年月：__________ 胎次：______

选择的群体：

选择的方法：

操作步骤：

实验结果：

实验人：

实验时间：

# 任务二 同期发情

## 一、任务说明

二维码 2-3 同期发情
（微视频 讲师洪渊）

同期发情是指处于不同发情周期进程或乏情状态的母畜群体，利用某些生殖激素制剂处理，使它们的发情周期进程一致，并在预定的时间内集中发情的技术。同期发情有利于推广人工授精和胚胎移植；便于合理组织和安排畜牧业的规模化生产和进行科学的饲养管理；提高家畜繁殖率。同期发情也是其他繁殖技术和科学研究的辅助手段。通过本任务的学习，掌握同期发情的机理及常见家畜同期发情的操作技能。

## 二、任务内容

### （一）同期发情的机理

同期发情技术就是借助外源性激素直接或间接作用于卵巢，促使群体母畜卵巢的生理功能处于相同阶段，为同期发情创造一个共同的基础。其实质就是通过外源性激素使黄体期延长或缩短、控制卵泡的发生或黄体的形成来调节发情周期，使被处理的动物在同一时期发情、排卵。

### （二）同期发情的方法

（1）延长黄体期，给一群母畜同时施用孕激素类药物，抑制卵泡的生长发育和发情表现。经过一定时期后同时停药，由于卵巢上的周期性黄体退化，于是同时出现卵泡发育，引起母畜同时发情。

（2）缩短黄体期，利用性质完全不同的前列腺素，加速功能性黄体的消退，使卵巢提前摆脱体内孕激素的控制，于是群体母畜卵巢上的卵泡同时开始发育，以达到同期发情。

### （三）同期发情的常用药物

（1）抑制卵泡发育的制剂：如孕酮、醋酸甲羟孕酮、氟孕酮、氯地孕酮、醋酸甲地孕酮及18-炔诺孕酮等。这类药物的用药期可分为长期（14～21 d）和短期（8～12 d）两种。

（2）溶解黄体的制剂：前列腺素如 $PGF_{2\alpha}$ 和氯前列烯醇，具有溶解黄体的作用，只限于正处在黄体期的母畜。

（3）促进卵泡发育、排卵的制剂：这类药物常用的有 PMSG、HCG、FSH、LH、LHRH、GnRH 和氯地酚。在使用同期发情药物的同时，配合使用促性腺激素，可以增强发情同期化和提高发情率，并促使卵泡更好地成熟和排卵。

### （四）同期发情激素的使用方法

#### 1. 孕激素类药物的使用方法

（1）阴道栓塞法：将一块柔软泡沫海绵浸吸一定量的药液，或用特制的含孕激素的硅橡胶环，塞于靠子宫颈的阴道深处。还可用 CIDR，剂量：羊 0.3 g/支，牛 1.38 g/支（图 2-5）。

使用本方法一次用药，较省事，但容易导致第一情期受胎率较低，偶有脱落现象。

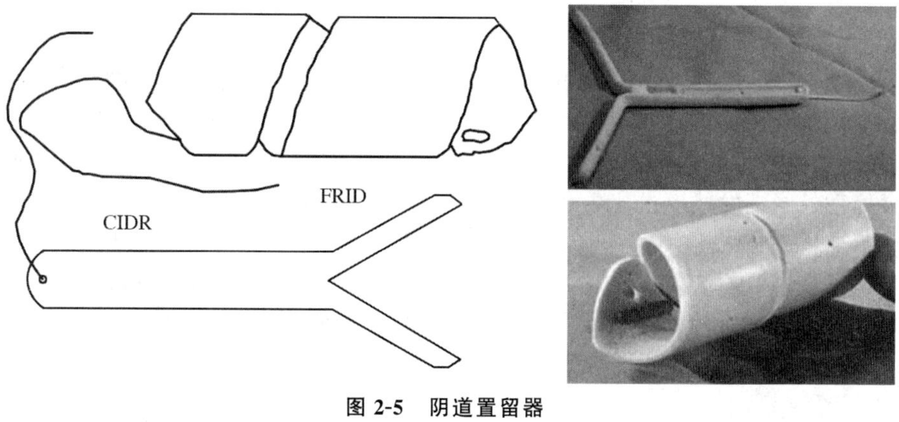


图 2-5　阴道置留器

（2）口服法：每次将一定药物均匀地拌入饲料。本方法适用农畜，省工省时。但用药量大，易产生个体间摄入不均。

（3）注射法：皮下注射或肌内注射。剂量准确。

（4）埋植法：将药物装入小管内，埋植于皮下，经若干天取出。用药量少，不易丢失。但是作用缓慢（图 2-6）。

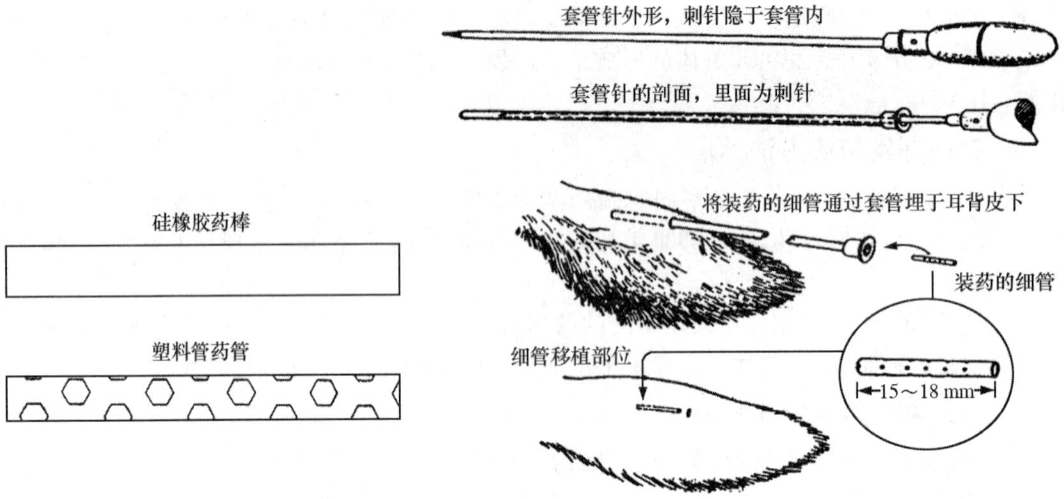


图 2-6　孕激素耳背皮下埋植法

**2. 常见家畜同期发情的激素使用方法**

(1)牛的同期发情。

①用阴道栓塞法。在阴道置留器的外套橡胶中加 2.25 g 孕酮，内部胶囊加 10m g 雌二醇，滞留 12 d，除去前 24 h 肌内注射 25 mg 前列腺素；或者用煮沸溶解的 50～100 mg 18-炔诺孕酮浸泡海绵，将海绵送入阴道中，滞留 9～12 d 取出，而后肌内注射 1 000 IU PMSG 或氯前列烯醇。

②用埋植法。将 15～25 mg 的 18-炔诺孕酮及少量消炎粉装入塑料管，并在塑料管上打一些孔，便于药物释放，将细管埋植耳背皮下，经 9～12 d，拿出细管，并注射 0.2 mg 氯前列烯醇或 500～800 IU PMSG。也可以肌内注射 0.4 mg 氯前列烯醇，采取 2 次肌内注射效果更好，第一次注射后间隔 9～12 d，再进行第二次注射。

(2)羊的同期发情。可以同上述牛的方式，剂量减少、海绵栓更小。羊用海绵栓直径厚度均为 2～3 cm，孕激素使用 40～60 mg 醋酸甲羟孕酮、40～50 mg 醋酸甲地孕酮、30～40 mg 18-炔诺孕酮，30～60 mg 氟孕酮或 150～300 mg 孕酮，前列腺素一般用量为牛的 1/4～1/3。

(3)猪的同期发情。猪用孕激素处理容易引起卵巢囊肿，而且发情率和受胎率都不高；用前列腺素处理的同期发情率也比牛和羊低，故对猪多以同期断奶结合使用促性腺激素。

①皮下埋植 500 mg 乙基去甲睾酮处理 20 d 或每天注射 30 mg 乙基去甲睾酮，持续 18 d。

②先用己烯雌酚肌内注射 2 mL/头；第二情期，发情前 2～3 d 肌内注射促性腺激素释放激素类似物 20μg/头；第三情期，配种前 6～12 h 肌内注射促性腺激素释放激素类似物 5～12.5 μg/头。

## 三、任务准备

(1)需要同期发情的猪群、牛群或羊群。

(2)相关激素制剂：PMSG、醋酸甲羟孕酮、促性腺激素释放激素类似物、乙基去甲睾酮、孕酮等。

## 四、任务报告

**同期发情技术**

品种：________　耳号：________　出生年月：________　胎次：______

选择群体：

选择方法：

操作步骤：

实验结果：

实验人：
实验时间：

# 任务三　超数排卵

## 一、任务说明

超数排卵是指在母畜发情周期的适当阶段（黄体消退期），注射一定量的促性腺激素等，诱发卵巢比在自然情况下有较多的卵泡发育成熟，并排出具有受精能力的卵子的技术称为超数排卵，简称“超排”。超数排卵可以提高动物的产仔数，尤其是针对单胎动物；也是胚胎移植的关键技术。通过本任务的学习，掌握超数排卵的机理及方法，尤其是常见家畜（猪、牛、羊）的超数排卵技术。

## 二、任务内容

**1. 超数排卵意义**

（1）超数排卵主要的作用是增加动物一次排卵的数目。

（2）提高母畜的产仔数，单胎产多胎。

（3）通过超数排卵技术，可以比正常性周期中一次发情多排出几倍甚至几十倍的卵子，有利于提高优良母畜的繁殖率和遗传进展，加速动物育种的步伐。

(4)超数排卵时,通过激素的使用人工调节和控制动物的排卵时间。

(5)超数排卵是动物胚胎移植的关键技术环节,是进行转基因动物生产,获取大量胚胎和进行动物胚胎克隆等研究的基础手段之一。

**2. 超数排卵机理**

在自然情况下,家畜卵巢上约99%的有腔卵泡发生闭锁而退化,只有1%能发育成熟而排卵。在家畜有腔卵泡闭锁之前,注射FSH或PMSG可使大量卵泡不闭锁而正常发育成熟。在排卵之前注射LH或HCG补充内源性LH的不足,可保证这些大量成熟卵泡同时排卵,形成超数排卵。

**3. 超数排卵所用激素及使用方法**

(1)PMSG:随着PMSG剂量的增大,卵巢的反应也会增强,发情时间提前。一般母牛肌内注射剂量为2 000~3 000 IU,超过3 000 IU时并不能有效增加排卵数,若PMSG剂量过大,超排不稳定,易引起卵巢囊肿;由于PMSG半衰期较长,使用时只做一次肌内注射。

(2)FSH:FSH的半衰期短,因此使用时要分次注射,剂量逐次由多到少递减。

(3)$PGF_{2\alpha}$:配合药物,既可使黄体提早消退,又能提高超阶级排卵效果。但不宜和PMSG同时注射,否则导致排卵数显著下降。

(4)促排卵类药物:外源性HCG、GnRH、LH等,可增加排卵效果,减少卵巢上残留的卵泡数。

**4. 超数排卵处理方案**

(1)FSH多次注射法或PMSG一次注射法。黄体退化不一致,排卵时间先后不同。

(2)PMSG或FSH+前列腺素($PGF_{2\alpha}$或其类似物)法。可克服方案(1)的缺点,使排卵时间整齐一致。

(3)孕激素+ PMSG或FSH超排处理法。

注意:母畜超排处理所用激素,如FSH、PMSG、LH、HCG都是蛋白质性质的,使用后可能会刺激机体产生相应的抗体。在第二次使用相同激素时,可能会因母畜体内含有抗体而效果降低。超排不应过频,以牛为例,一般超排的间隔时间为3~4个月,一年超排处理不应超过4次,而且超排4次后应让母牛自然妊娠一次。

**5. 超数排卵的效果**

(1)受胎率。超数排卵处理的卵子受精率和母畜受胎率均低于自然发情的受精率和受胎率。回收胚胎的时间越晚,变性胚胎的比例就越大,因此回收胚胎的时间应适宜。

(2)排卵数。供体母畜一次超数排卵的数目不宜过多,两侧卵巢第一次排卵以10~15枚较好。

(3)发情率。应用促性腺激素和$PGF_{2\alpha}$进行超排处理时,有60%~80%的母畜有发情表现,有的供体虽不表现发情,却能正常排卵。

(4)发情出现时间和胚胎回收率。超数排卵处理时,供体母畜在注射$PGF_{2\alpha}$后48 h以内发情者胚胎的回收率最高,72 h以后发情者胚胎的回收率大为下降,而且大多为未受精卵。

(5)发情周期。超数排卵后的母畜,血液中含有高浓度的孕激素,因而发情周期延长。

**6. 常见家畜超数排卵的方法**

(1)牛的超数排卵。采用PMSG一次性注射,在牛发情周期的第14~16天即发情前的

4～5 d,肌内注射 1 500 IU,发情时有 8～10 枚卵泡发育;卵泡发育成熟前注射前列腺素促进卵泡成熟;在自然发情周期进行超排,注射 FSH,按牛体型确定剂量,在发情周期的 9～12 d 开始连续 4 d 肌内注射;利用阴道栓人为控制卵泡波,发情周期任意一天(避开发情当天)放入阴道栓,并同时肌内注射雌二醇 2 mg、孕酮 100 mg,从放栓的第 5 天开始注射 FSH 4 mL,每天递减,直至第 9 天开始发情,进行人工授精。

(2)羊的超数排卵。FSH＋PG 法,发情周期的第 17 天(绵羊第 12～13 天),肌内注射或皮下注射 FSH,6 次 3 d 递减注射,每次间隔 12 h,第 5 天肌内注射 FSH 时同时注射 PG;PMSG 法,发情周期的第 16～18 天(绵羊第 12～13 天),一次性肌内注射或皮下注射 PMSG 800～1 500 IU,发情后或配种当天肌内注射 500～750 IU HCG。

(3)猪的超数排卵。一般采用 PMSG 法,发情周期的 15～17 d 注射 PMSG 和 HCG,用量为初情期前(400 IU PMSG＋200 IU HCG,56 h 后注射 500 IU HCG),初情期后(1 200 IU PMSG,96 h 后注射 500 IU HCG),经产母猪(1 200～1 400 IU PMSG)。

## 三、任务准备

(1)处于发情周期的猪、牛或羊。

(2)相关生殖激素:PMSG、FSH、雌二醇、孕酮、PG、HCG。

(3)阴道栓、注射器等。

## 四、任务报告

**超数排卵技术**

品种:__________　耳号:__________　出生年月:__________　胎次:______

选择群体:

选择方法:

操作步骤:

实验结果:

实验人:

实验时间:

# 拓展学习

## 一、胚胎移植技术

采用一定的方法将良种母畜(供体)的多枚早期胚胎从体内取出,移植到相同生理状态的另一头母畜(受体)的子宫内或输卵管内的过程,称为胚胎移植。供体是指提供胚胎的雌性动物,一般为优良品种动物,稀有动物或具有特殊用途动物。受体是指接受胚胎的雌性动物,一般为数量多,价格便宜,价值低的动物。供体决定仔畜的遗传特性,受体只影响其体质发育。

**1. 胚胎移植的意义**

充分发挥优良母畜的繁殖潜力;缩短世代间隔,及早进行后裔测定;提高生产效率,诱发肉牛产双胎;代替种畜引种;保存品种的资源;作为研究手段;使不孕母畜获得生育能力;满足畜牧业发展的需要。

**2. 胚胎移植的机理**

家畜的发情、排卵是受垂体分泌的促性腺激素和卵巢分泌的激素的共同影响而发生的。在非配种季节,垂体活性降低,分泌促性腺激素的能力也明显降低,不能引起卵泡发育,母畜就没有发情表现与卵子排出。因此,如果人为地提高动物体内促性腺激素的含量(利用外源激素(促性腺激素等)或某些生理活性物质以及环境条件的刺激),卵巢能从相对静止状态转为活跃状态,促进卵泡的生长发育,母畜就可以发情、排卵。

**3. 胚胎移植的生理基础**

(1)母畜发情后子宫的孕向发育。母畜发情后,黄体形成、孕酮水平高、子宫内膜组织增生增厚、分泌活动增强这些生理变化妊娠与未孕母畜没有区别,这为未受孕的母畜接受胚胎创造了条件。

(2)早期胚胎的游离状态。当胚胎游离时,从体内取出胚胎,移植到相同生理状态受体体内,胚胎仍可发育。

(3)胚胎不存在免疫问题。受体母畜的生殖道(子宫和输卵管)对于自己胚胎和同种动物胚胎不表现免疫排斥反应,主要原因是孕激素对免疫排斥反应具有抑制作用;胚胎性别不会改变。

**4. 胚胎移植的操作原则**

胚胎移植前后所处环境的同一性,即供体和受体在分类学上的相同属性,两者须属于同一物种;动物生理上的一致性,即受体和供体在发情时间上的同期性,一般要求相差 24 h 以内;动物解剖部位的一致性,即移植后的胚胎与移植前所处的空间环境具有相似性。胚胎收集的时间要适宜,胚胎收集与移植的时间不能超过周期性黄体的寿命,因此,胚胎的收集时间不能超过发情配种后第 7 天,最好是在发情配种后的第 5～7 天内进行。胚胎的收集及移植过程应当严格按照要求进行,尽量不使其受到物理、化学或生物方面的影响。

**5. 胚胎移植的技术程序**

(1)供体与受体的选择。①供体:良种,而且性状表现优秀、具有较高育种价值与遗传优势的个体;供体应健康无病,膘情中等偏上,年龄以青壮年为佳;供体生殖功能应处在较高水平。

既无难产、流产等繁殖病史，也无子宫卵巢疾病，超排处理前应有两个或两个以上的正常情期。②受体：选用价格低廉、生产性能比较低的同种母畜，达到配种年龄和体型；具有良好的健康状态，体型与膘情中上等，以初产或经产青壮年母畜为主。检疫和疫苗接种与供体相同；应具有良好的繁殖性能，既无难产、流产等繁殖病史，也无子宫卵巢疾病，移植胚胎前应有两个或两个以上的正常情期，也不能与公畜同群。

(2)供体的超数排卵处理：根据母畜自然发情周期进行超排，利用阴道栓人为控制卵泡波进行超排。

(3)受体的同期发情处理：前列腺素处理法，此方法方便可靠，但费用较高。孕激素处理法，此法费用低，但处理时间长(方法详见本项目任务二同期发情技术)。

(4)胚胎收集：现在普遍采用非手术法收集胚胎。

根据配种时间、排卵的大致时间、胚胎的运行速度、胚胎的发育阶段、畜种、胚胎所处部位及采胚方法等因素，来确定适宜的采胚时间。由配种后第 2 天开始计算采胚天数，根据采集目的不同，再决定在第几天采胚。

供体母畜输精后 6～8 d，胚胎进入子宫角内发育，此时胚胎大约发育到桑葚期或囊胚期，利用非手术收集胚胎法，用直肠把握子宫颈法插入带有探针的二通管或三通管直至一侧子宫角的基部，通过打气孔注入 8～10 mL 空气，抽出探针，通过中心管道反复注入、回收冲洗液，连续 5～6 次。同样方法冲另一侧子宫角(图 2-7)。

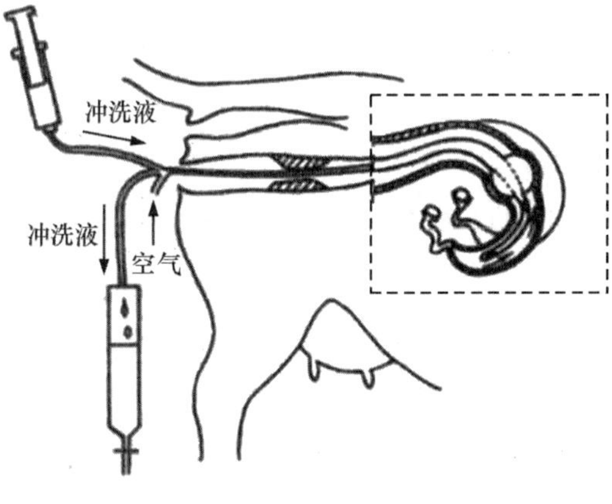


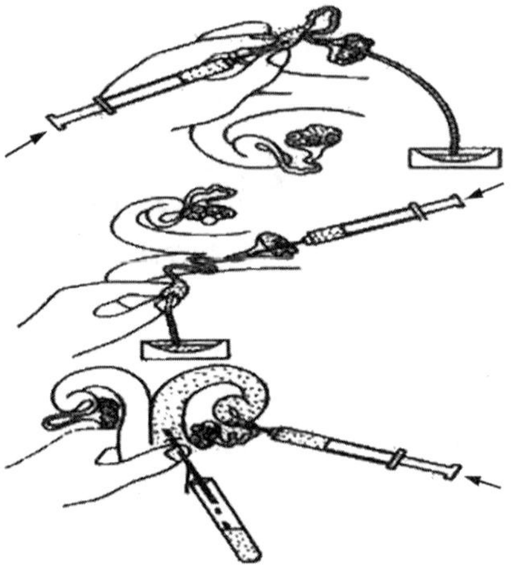

**图 2-7　子宫冲卵法**

(5)胚胎的检查：在 20～25 ℃无菌操作室内进行，常采用两种方法进行。

一是静置法。静置 20～30 min，弃其上清液，将下面几十毫升冲胚液倒入表面皿，在立体显微镜下检查。

二是用带有网格(直径小于胚胎直径)的过滤器放入冲胚液，由上往下吸入胚胎液，然后只检查剩余几十毫升胚胎液。应反复冲洗过滤器，检出的胚胎用吸胚器移入含有 20%犊牛血清 PBS 培养液中进行鉴定。

(6)胚胎的鉴定：正确鉴定胚胎的质量是胚胎移植能否成功的关键步骤。目前常用的是形态学法来鉴定哺乳动物胚胎。一般是在 30～60 倍实体显微镜下或 120～160 倍生物显微镜下对胚胎进行评定，评定的内容包括：①卵子是否受精(未受精卵的透明带内有分布均匀的颗粒，无卵裂球);②透明带形状、厚度、有无破损;③卵裂球的致密程度,卵黄周隙内是否有游离细胞或细胞碎片,细胞大小是否有差异;④胚胎的发育程度是否与胚龄一致,胚胎的透明度,胚胎的可见结构是否完整等(图 2-8、图 2-9)。

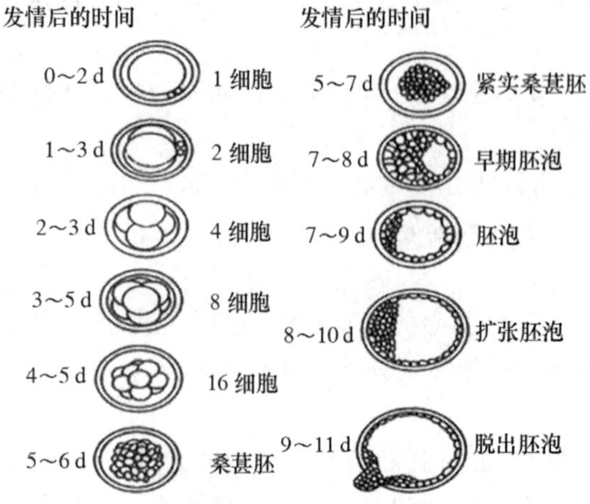


**图 2-8 正常胚胎在发育不同阶段的情况**

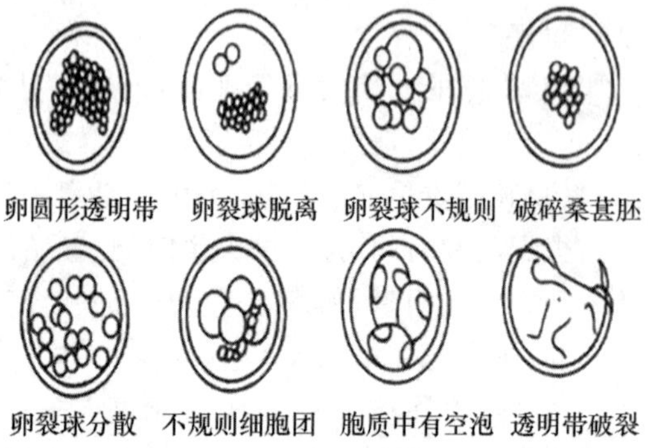


**图 2-9 形态不正常的胚胎**

胚胎的质量评定主要采用形态学方法分级评定。

根据胚胎的形态特征将胚胎分为 A(优)、B(良)、C(中)、D(劣)四个等级。A、B、C 级为可用胚胎,D 级为不可用胚胎。

A 级:形态完整,轮廓清晰,呈球形,分裂球大小均匀,透明带适中,变性细胞比例小于 10%。

B 级:轮廓清晰,色调和细胞密度良好,变性细胞占 10%~30%。

C 级:轮廓不清楚,色调发暗,结构较松散,游离的细胞和液胞较多,变性细胞占 30%~50%。

D 级:轮廓模糊,色调暗,结构松散,碎片细胞和液泡很多,变性细胞约占 75%。

**6. 胚胎保存**

(1)常温保存。在常温(15~25 ℃)下保存胚胎。在该温度下,胚胎只能存活 10~20 h,因而只能作短期保存。

(2)低温保存。在 0~10 ℃的较低温度下保存胚胎的方法。在该温度下,保存时间比常温要长,但是细胞的一些成分特别是某些酶处于不稳定状态。在该温度下保存胚胎也只能维持有限的时间。

(3)冷冻保存。胚胎的冷冻保存是将胚胎贮存在-196 ℃超低温下长期保存的方法。其最大的优点是胚胎可以长期保存,且对活力无影响。

**7. 胚胎移植**

(1)手术法:①子宫内移植,若移入子宫角时,在黄体侧子宫前 1/3 处,避开血管,可先用钝针头刺破子宫角壁。摆动针头,确认针头在子宫腔时,将毛细管从针孔插入子宫腔,注入含胚胎的培养液。经子宫回收的胚胎移入子宫角前 1/3 处。②输卵管移植,当移入输卵管时,先把黄体侧的输卵管引出,找到喇叭口,将毛细移胚管的尖端通过输卵管伞插到壶腹部,注入含有胚胎的培养液 1~2 滴。经输卵管回收的胚胎必须移入输卵管。

(2)非手术法:非手术法只适用于牛、马等大家畜。与采胚相似,先将母畜保定麻醉后,再移胚。以牛为例(图 2-10),其方法为:将胚胎吸入塑料细管,并使含胚管穿过输精管枪。于受体发情后第 6～12 天,将人工授精细管枪通过子宫颈,把胚胎注入子宫角,或者绕过子宫颈而通过阴道穹隆将胚胎注入子宫角。

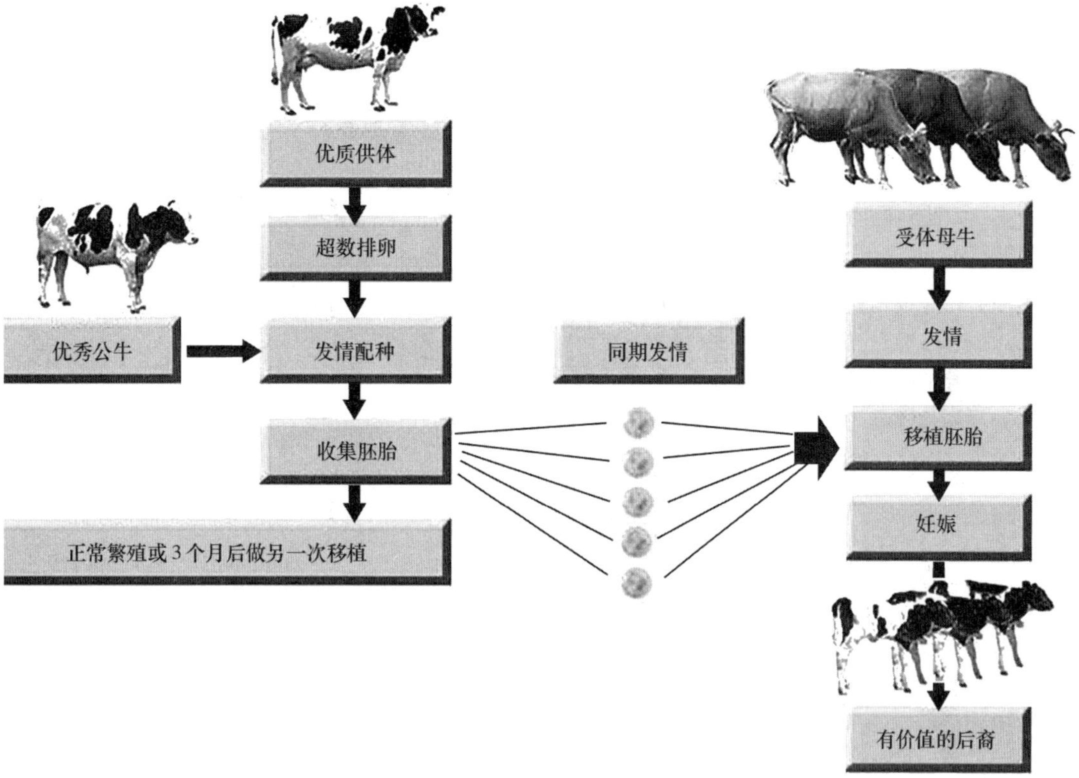


**图 2-10　牛胚胎移植过程示意图**

## 二、性别控制技术

性别控制技术是指按照人们的意愿生产特定性别后代的动物繁殖新技术,通过对动物的正常生殖过程进行人为干预,成年雌性动物能产出人们期望性别后代的一项生物技术。在畜牧业生产中发挥重要的作用可以通过控制后代的性别比例,充分发挥受性别限制的生产性状(如泌乳、妊娠)和受性别影响的生产性状(如生长速度、肉质、风味)的最大经济效益;同时可以通过控制后代的性别比例增强选种强度,加快育种进程。

在养牛生产中,可以通过性别控制,从优秀母牛中得到更多的后备乳用牛;肉用牛产生产肉性能更好的公牛犊,也可以避免牛多胎导致异性孪生不育等。

性别控制主要采用两种途径,即 X/Y 精子分离和早期胚胎的性别鉴定。

X/Y 精子分离是目前最理想的性别控制方法,常用的方法有以下几种。①流式细胞仪法:将精子用 DNA 的特异染色剂染色后,根据发出的荧光强度测定 DNA 含量来分离 X、Y 精子,分离准确率高,可达 80%～90%。分离后的精子受精率和妊娠率都低。②自由流动电泳法:根据 X 精子和 Y 精子表面所带的电荷差异来分离。③X 精子抗体吸附法:用这种方法分离后的精子不受损害。④H-Y 抗原法：细胞毒性分析法和间接免疫荧光法。细胞毒性分析法将胚胎培养在含有 H-Y 抗血清与补体（豚鼠血清）的培养液中进行培养，有 H-Y 抗原的胚胎表现出一定的细胞溶解，该类胚胎被判为雄性胚胎，能够继续发育，即 H-Y 阴性的胚胎移植后所生仔鼠有 86%为雌性，该方法以破坏雄性胚胎为代价，故现已很少采用。间接免疫荧光法先将 8 细胞至囊胚期胚胎与 H-Y 抗体反应 30 min，再与用异硫氰酸荧光素（FITC）标记的免疫球蛋白 M（IgM）抗体反应，然后在荧光显微镜下检查胚胎是否带有荧光素，若有荧光素则被判定为雄性。该法主要优点是不损害胚胎，准确率比较高。猪、绵羊、牛雌性鉴定准确率分别可达 81%、85%和 89%。但该方法需要荧光显微镜，而且需要操作人员经验丰富。⑤薄层反流分布法。

## 思考题

1. 简述猪场同期发情常用的技术要点。
2. 简述乏情母猪的处理方式。
3. 简述胚胎移植技术的操作规程及关键技术。

# 项目三 配　　种

**素养目标**

1. 培养科学严谨的工作态度和责任心。
2. 培养精益求精的工匠精神。
3. 加强生命意识教育，树立正确的三观。

**知识目标**

1. 了解公畜的生殖功能与生精生理。
2. 了解受精生理。
3. 掌握人工授精的原理与操作方法。
4. 了解家畜繁殖障碍。

**技能目标**

1. 能独立完成采精、精液品质检查、稀释与保存。
2. 能独立完成人工授精的操作。
3. 能判断并处理繁殖障碍。

## 知识准备

## 一、公畜生殖功能

### （一）性成熟和初配适龄

#### 1. 性成熟

性成熟是指公畜的生殖器官和生殖功能已发育完善，能够产生具有正常受精能力的精子，表现出完全的性行为和具有第二性征。家畜各个器官和组织的生长发育是不平衡的，公畜虽然达到了性成熟，但整个机体正处在旺盛的生长发育时期，因此，不能正常投入配种；否则，不但会影响自身的正常发育，而且会降低今后的繁殖力和影响子代的生产力。公畜性成熟通常要比母畜迟一些。公畜性成熟的年龄见表3-1。

二维码3-1　公畜的生殖机能
（微视频　讲师樊倩）

**2. 初配适龄**

通常把种公畜正常的投入配种的适宜时期称为初配适龄，一般在达到性成熟后推迟数月（猪、羊），甚至推迟一年多（牛、马）。体重是初配适龄很重要的衡量指标，通常公畜在接近成年体重时才开始配种。在某些特定的情况下，如对青年公畜进行后裔测定或为育种目的而加速世代交替等，可采取措施促使公畜性成熟，进而提前配种使用。

家畜性成熟和初配适龄受多种因素的影响：首先由遗传因素决定的，在同种家畜中，有早熟品种和晚熟品种；同一品种家畜中存在着个体差异；其次受环境因素和饲养管理因素的影响，温暖的气候、供给丰富的营养和良好的管理条件均能促使家畜早熟。另外，如群体中有异性存在，可促进性成熟提前到来。公畜初配适龄见表 3-1。

表 3-1　公畜性成熟和初配适龄

| 畜种 | 性成熟/月龄 | 初配适龄/月龄 |
| --- | --- | --- |
| 猪 | 4～8 | 9～12 |
| 牛 | 10～18 | 18～24 |
| 水牛 | 16～30 | 36～48 |
| 绵羊、山羊 | 6～10 | 12～15 |
| 马 | 18～24 | 30～36 |
| 家兔 | 5～6 | 8～9 |

**（二）精子的发生**

公畜在生殖年龄阶段的睾丸精细管上皮总是在进行着细胞的分裂、分化和形态上的变化，而产生出一批又一批的精子，同时生精细胞源源不断地得到补充和更新。

精细管内层的精细管上皮由两种细胞组成，即支持细胞和生精细胞。支持细胞又称足细胞或营养细胞，对精子发生起着营养和支持的作用；生精细胞为原始的生殖细胞，分化成为精原细胞。

从精原细胞开始到精子形成的全过程称为精子的发生。精子的发生经历 3 个阶段。

第一阶段，精原细胞的分裂和初级精母细胞的形成。在该阶段，一个精原细胞经过数次分裂，最终产生很多初级精母细胞（猪和牛为 24，绵羊为 16），使精原细胞本身得到繁衍。该阶段各次分裂均为一般有丝分裂，所以精原细胞和初级精母细胞仍然是双倍体（图 3-1）。

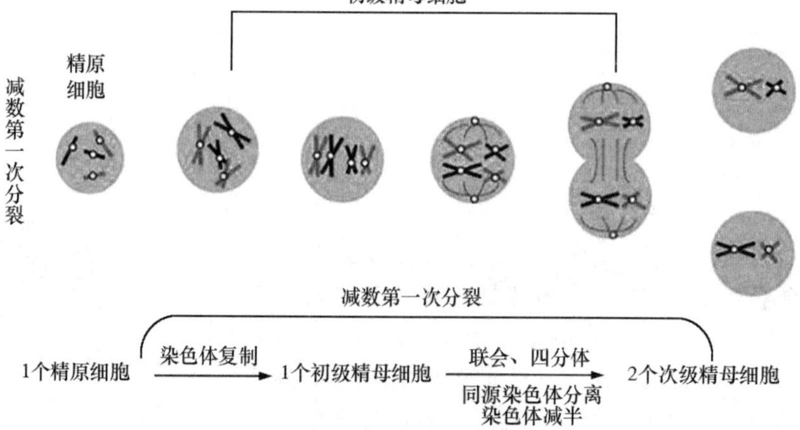


图 3-1　第一次减数分裂

第二阶段，精母细胞的减数分裂和精子细胞的形成。初级精母细胞形成后，核内发生一系列变化，主要是染色体的复制，由原先的双倍复制成四叠体；然后接连进行两次分裂，第一次分裂产生 2 个次级精母细胞，第二次分裂共产生 4 个精子细胞，最终将原先四倍的染色体均等分配到 4 个细胞中(图 3-2)。因此，精子细胞和将由它演化成的精子都是单倍体，具备了生殖细胞的基本特征。

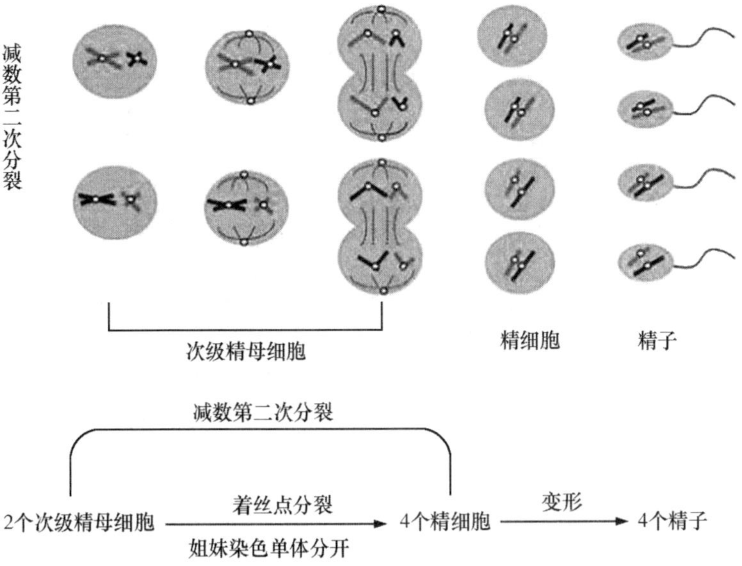


**图 3-2　第二次减数分裂**

第三阶段，精子细胞的变形和精子的形成。最初的精子细胞为圆形，逐渐变长，某些细胞器演化成精子特有的顶体、尾部等，细胞的原生质脱水浓缩。精子形成后，随即脱离精细管上皮，以游离状态进入管腔(图 3-3)。

精子发生的全过程需数十天(绵羊 49～50 d，牛约 60 d，猪 44～45 d，山羊 60 d，兔 44 d)。在此期间，精细管上皮生精细胞约更新数次(绵羊 4.6 次、牛约 4.4 次、猪约 5.1 次)，因此，在精细管剖面的同一局部位置上，有数代生精细胞重叠排列，而且每隔数天产生并释放一批精子。

睾丸产生精子的速度因畜种而不同。以每克睾丸组织平均每天产生的精子数计，公牛为 1 300 万～1 900 万个，公猪为 2 400 万～3 100 万个，公绵羊为 2 400 万～2 700 万个。

哺乳动物的睾丸必须保持在低于体温的温度下才能正常进行精子的发生与发育。睾丸血管丛和阴囊的解剖特性起着调节睾丸温度的作用，而使睾丸的温度低于体温 3～4 ℃，这正是精子发生发育的最适宜温度。公猪睾丸温度分布如图 3-4 所示。如果睾丸没有下降就进入阴囊而仍滞留在腹腔内，称为隐睾症。两侧隐睾的公畜完全失去繁殖能力，单侧隐睾的公畜虽有繁殖能力，但产生的精子数量少，而且隐睾往往有遗传性，所以隐睾的公畜均应及早淘汰。

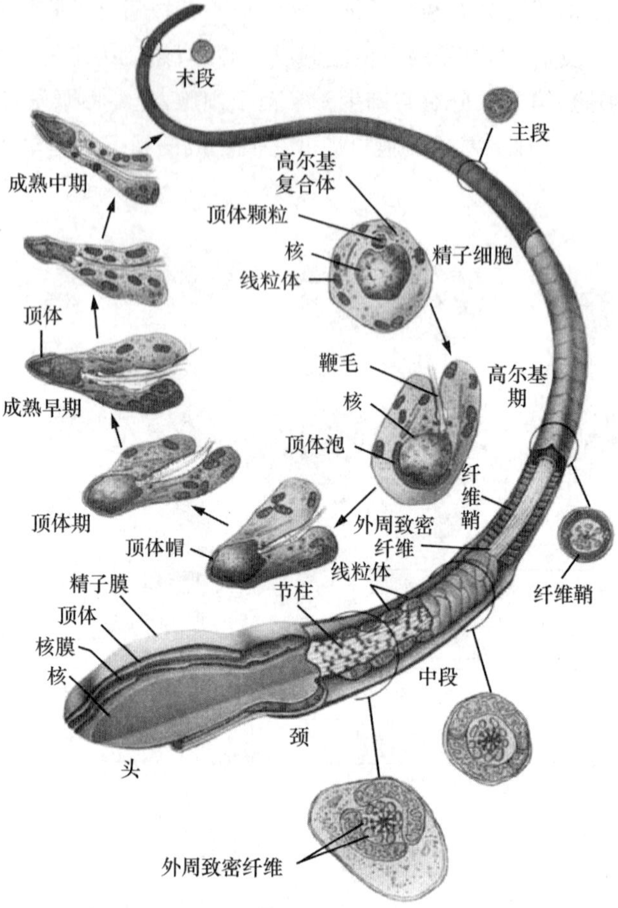


图 3-3 精子发生过程

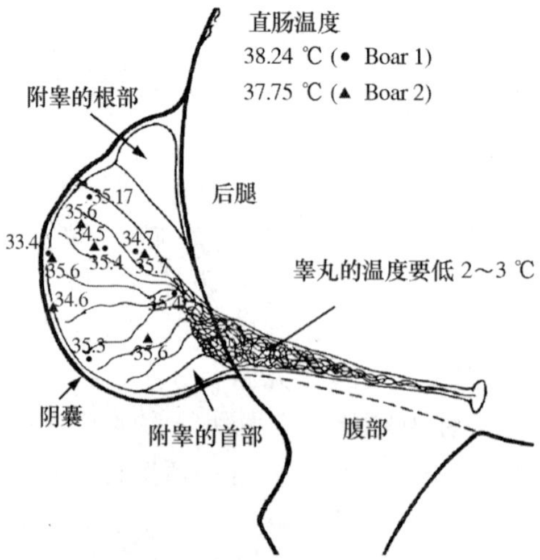


图 3-4 公猪睾丸温度分布

## (三)精液

精液由精子和精清组成。

### 1. 精子

精子的形态结构：家畜的精子长 50～70 μm，分头、颈、尾 3 个部分(图 3-5)。

头部：家畜精子的头呈扁卵圆形，一面稍凹，略似勺状。头部的大部分是核，遗传物质集中在核内。核的前部是顶体，同受精有密切关系。

颈部：精子头尾结合部。

尾部：精子的运动器官，呈鞭毛状。尾部因各段结构不同，又分为中段、主段和末段三部分。中段是精子能量代谢的中心。

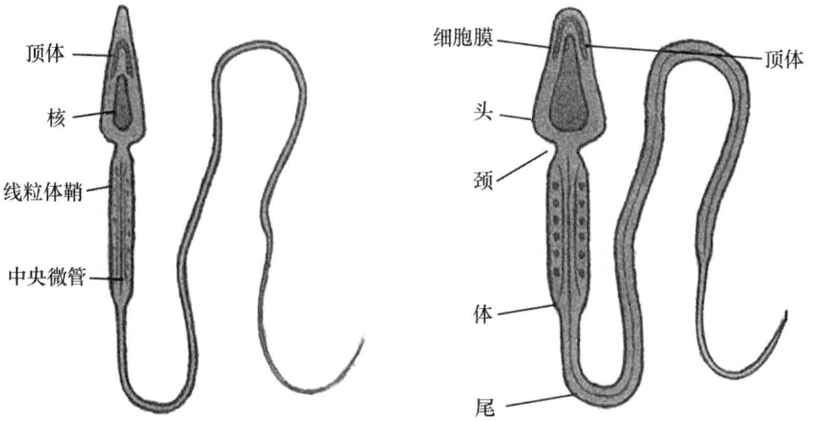


图 3-5　精子结构

(1)精子的代谢。在无氧条件下，精子可以把精清中或者稀释液中果糖或者葡萄糖分解(酵解)成乳酸；在有氧环境下则可进一步分解(氧化)乳酸，最终产生二氧化碳和水。这两种代谢形式，都可以把糖类的潜能释放出来，供精子利用。此外，精子还可以氧化多种其他物质。

(2)精子的运动。精子借助于尾部摇摆所产生的推动力，在液体中游动前进。精子的运动有 3 种方式：前进运动、转圈运动和原地摆动(图 3-6)。前进运动的精子正常具有受精能力，其

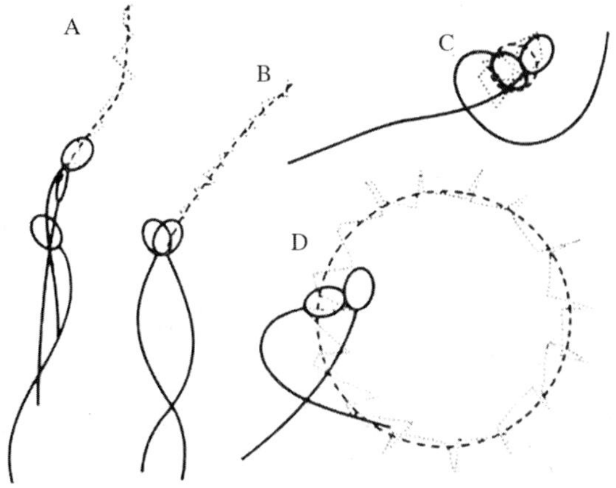


A、B. 直线运动　C. 原地摆动　D. 转圈运动

图 3-6　精子运动轨迹

他运动方式属于不正常精子，无受精能力。在静止液体中，精子没有固定的运动方向。在液流中，则精子逆向前进，并且运动速度加快；精子有游向液体中的异物和卵子的趋向。精子这两个运动特点，对受精具有重要作用。

(3)环境对精子的影响。温度在 37～38 ℃时，精子可保持正常的代谢和运动。温度高于 38 ℃，精子先剧烈运动，而后因能量耗竭而很快死亡。在 37 ℃以下，精子活动减弱，在 5～7 ℃ 时，精子基本停止活动而呈休眠状态；未经稀释的精液，采精后即刻急速下降至 10～15 ℃时，可使精子遭到严重伤害，部分失去活力并死亡，称为冷休克。在 0～5 ℃环境下保存精液，可使精子存活时间延长。在－30～－15 ℃时，可使精子细胞内部形成冰晶，破坏细胞结构，导致死亡，这个温度区被认为是冷冻精液的危险区域。

渗透压：渗透压是指由细胞膜内外溶液浓度不同所造成的膜内外的压力差。在高渗溶液中，精子内部的水分向外渗出，导致干瘪死亡；在低渗溶液(或者蒸馏水、常水)中，外界的水分向精子内部渗进，引发膨胀致死。精子最适宜的渗透压是等渗压，相当于 290～360 mg 分子浓度。精清、乳汁、卵黄、血浆等天然体液和生理盐水、精液稀释液等人工配制的等渗溶液都符合这个浓度。

酸碱度：在一定限度内，酸性环境对精子有抑制作用，碱性环境则有激发作用，超过一定限度均会引起精子死亡。适宜的环境应为弱酸性、中性到弱碱性。实践中常用酸抑制原理，抑制精子的运动，使精液在室温下得到较长时间的保存。

光照：直射的阳光可加速精子的运动和代谢，促使其提早死亡。阳光中的紫外线对精子有直接的损害作用，一般散射的阳光对精子的影响不显著。

常用化学药品：一切消毒药，即使浓度很低，也足以杀害精子，应避免接触。某些抗菌素(如青霉素、链霉素和磺胺类药物等)，在一定浓度内对精子无毒害作用，而且可以抑制精液里的细菌，对保存和受胎有利。吸烟产生的烟雾，对精子有强烈毒害作用，所以在精液处理过程中严禁吸烟。

异物：精液中混入异物时，许多精子因其趋向性而以头部聚集异物周围，做摆动运动，从而终止了前进运动，不能参与受精过程。

振动：振动可造成精子的机械性损伤，特别能破坏精子的颈部，导致精子头尾分离而失去受精能力，因此在精液运输过程中，应尽力避免振动撞击。

**2. 精清**

精清是由睾丸、附睾、前列腺、精囊腺、尿道球腺和输精管壶腹的分泌物所共同组成的。精清为精子创造了良好的外界环境，对于精子从公畜体内的射出，在母畜生殖道内的运行和受精提供了一切必要的条件。

例如，精清中含有充足的能源物质，如果糖、山梨醇、甘油磷酸胆碱等，能被精子直接或间接利用；还有一些物质，主要是提供适宜的酸碱度和渗透压，并缓冲酸碱度的变化，如柠檬酸、其他弱电解质、肌醇等；有的物质对精子有特殊的保护作用，如麦硫因；有的畜种的精清中含有前列腺素，能促进母畜生殖道蠕动，有利于精子运行。

在人工授精技术中，精液往往在体外保存，这样精液中的某些物质如电解质等则成为不利的因素。因为电解质能激发精子的代谢和运动，不利于保存，所以用人工配制的稀释液稀释精液，更有利于其在体外保存。

**(四)性行为**

公畜性行为是在神经和激素的共同作用下发生的。公畜完整的性行为有一定的程序，包括性冲动、求偶、阴茎勃起、爬跨、阴茎伸入阴道、抽动、射精和从母畜身上退下等。性行为的强度受公畜的营养水平、健康状况、激素水平、神经类型以及季节和气候等因素的影响。缺乏性经验的青年公畜有时会出现性行为顺序不完全，使配种或采精不能完成，因此有时需要对青年公畜加以调教和训练。

## 二、受精生理

**(一)精子的运行**

所谓配子的运行，是指精子由射精部位到达受精部位、卵子由卵巢排出后到达受精部位的过程。由于精子与卵子的生存期相当短，所以了解精子在雌性生殖道内运行及保持受精能力的时间和卵子的运行及保持受精能力的时间，在生产实践中具有重要意义。

二维码 3-2 受精生理
(微视频 讲师樊倩)

**1. 射精部位**

无论自然交配，还是人工授精，精子都必须运行到输卵管壶腹部。但不同的动物，精子的贮存部位、精子到达受精部位的时间和到达受精部位的精子数都存在一些差异。

对于射精部位(射精类型)而言，在自然交配时，雄性动物会将精液射入雌性生殖道。由于动物种类不同，雌性动物生殖器官的解剖及功能各有特点，其射精部位也有差异，射精部位可区分为阴道射精型和子宫射精型。

(1)阴道射精型(牛、羊)。牛、羊的子宫颈较粗硬，子宫内壁上有纵行而横褶的皱襞，发情时开放的程度较小，交配时雄性动物阴茎不能插入子宫颈，只能将精液射于子宫颈阴道部。牛、羊的副性腺不发达，所以射精量小而精子密度大，否则精液就会从阴道流失，从而影响必要数量的精子穿过子宫颈到达受精部位。

(2)子宫射精型(马属动物和猪)。马属动物的子宫颈管肌肉层较薄，因此松软。发情时，子宫颈管的开张程度大；交配时，公马膨大的龟头推向阴道穹隆，龟头前端的尿道突起能插入子宫颈管。阴茎抽动时使前端子宫腔形成负压，加之射精量较大，因此很容易将精液吸入子宫颈。母猪的子宫颈管无阴道部，发情时子宫颈管开放，因此公猪螺旋状的阴茎头可直接插入子宫颈内，而将精液射入子宫。

**2. 精子的运行**

精子进入雌性生殖道，仅有极少数能到达输卵管壶腹部，绝大多数的精子均在运行过程中损失。在雌性生殖道内有的部位的环境有助于精子向生殖道深处运行，有的部位则不利于精子的运行，甚至影响精子的存活时间(图 3-7)。

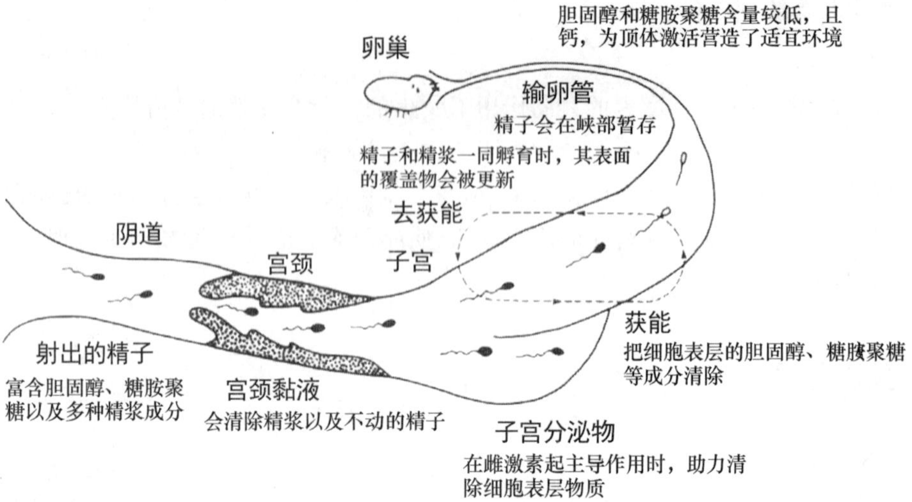


图 3-7　精子在生殖道中的获能过程示意图

(1)精子通过子宫颈。阴道内射精的动物，如牛、羊、猫和兔在自然交配时精子存放在阴道内，因此子宫颈是精子进入子宫的第 1 个生理屏障(图 3-8)。死精子和活力差的精子往往不能进入子宫，即使正常的精子也有相当一部分滞留在阴道内。例如，绵羊正常射精量含精子约

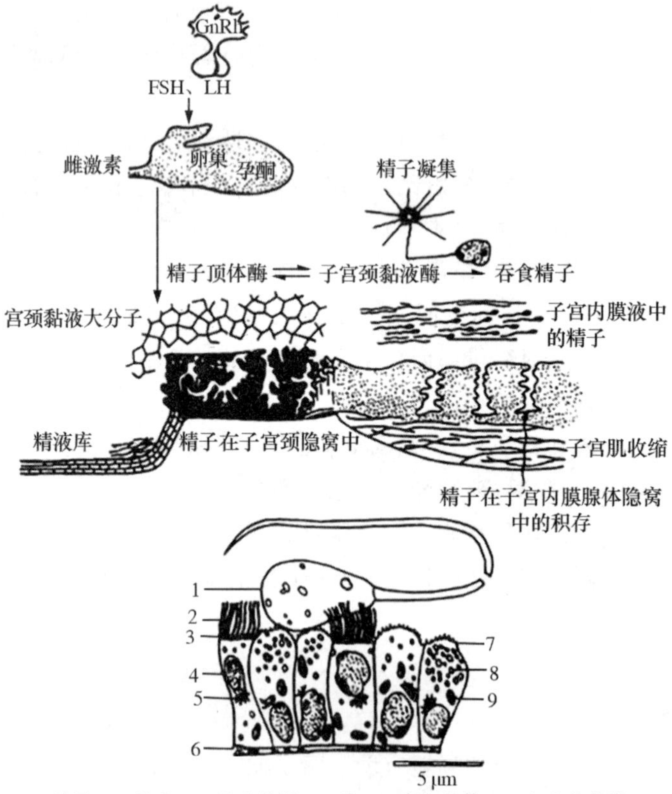


1. 精子　2. 纤毛　3. 纤毛基部　4. 核　5. 高尔基体　6. 上皮基底膜
7. 无纤毛细胞的微绒毛　8. 线粒体　9. 分泌颗粒

图 3-8　精子通过子宫颈进入子宫示意图

$3\times10^9$个，而能通过子宫颈的不到100万个。子宫颈产生的这种作用是由子宫颈结构和其分泌物的特性决定的。子宫颈黏膜上的裂隙、沟槽、隐窝和黏液共同形成了一个错综复杂的体系。子宫颈分泌细胞的黏液具有许多液流学特性，如黏滞性、延展性、流动弹性和可塑性等。这些液流学特性受激素的调节具有明显的周期性变化。在非发情期，黏液中的高黏滞成分、黏胶纤维分支形成网状，构成不规则的间隙，黏液很厚，精子不易通过。发情时，网状结构松散，黏胶纤维分支平行排列，间隙大（水样），形成“允许”精子通过的通道，有利于精子通过。影响黏液结构变化的任何因素，如炎症、激素的异常分泌等都将影响精子通过。凡不能进入子宫颈的精子，或被白细胞吞噬，或随阴道黏液排出体外。

大部分进入子宫颈的精子会进入子宫颈“隐窝”，形成精子贮存库，然后在较长时间内缓慢地释放出来。少部分精子可直接送入子宫。精子贮存库内精子缓慢释放的作用可维持受精部位的活精子数（图3-9）。牛和绵羊在配种后1～24 h，在子宫和输卵管中的精子数逐渐增加。

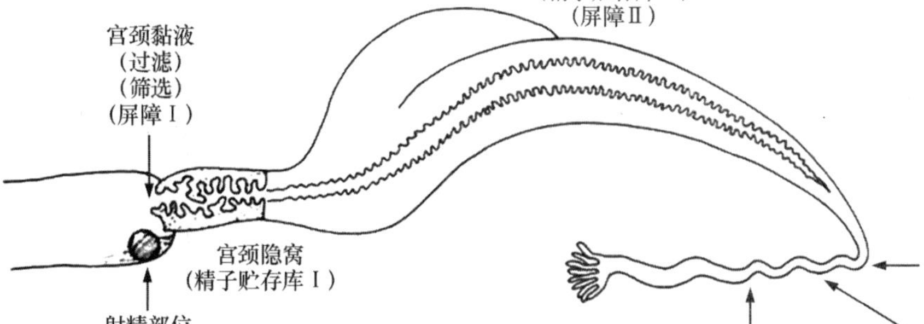


**图3-9　精子贮存库与精子栅栏示意图**

（2）精子通过子宫。进入子宫的精子很迅速地通过子宫，啮齿动物、兔和犬也有些精子会进入子宫内膜腺，而形成精子在子宫内的贮存库。更多的精子则迅速输送到子宫输卵管连接处，即宫管连接处，成为阻碍精子输送的第2个生理屏障（图3-9），可以控制进入输卵管的精子数。

（3）精子在输卵管内的运行。多数动物在交配或人工授精后不久精子即进入输卵管。牛、羊在交配后15 min内就有精子到达输卵管壶腹部。牛精子在体外最大运行速度是126 cm/h，而牛生殖道长约65 cm，因此到达输卵管壶腹部最快的精子也需要30 min，这种迅速输送的精子可能不参与受精。事实上，在输卵管内有受精力的精子输送相当慢。在绵羊，有受精力的精子在配种后6～8 h内进入输卵管，并保留在壶峡连接处峡部一侧18 h，直到排卵时才释入壶腹部。因此，壶峡连接处峡部一侧被看作第3个生理屏障（图3-9）。雄性动物在交配后有数亿个精子进入雌性生殖道，然而经4～12 h存放在峡部的精子只有1 000～10 000个，而可能进入壶腹的精子数则更少，仅10～100个。输卵管中精子数少，不是由于精子输送慢，而是由于宫管连接处和峡部（猪）控制精子进入壶腹，在反刍动物还有阴道和子宫颈的作用。

精子通过峡部的输送主要靠肌肉收缩完成。在两栖动物，输卵管内有2种类型且向相反方向蠕动的运动纤毛，可使精子向上运行，并使卵子向下运行。哺乳动物纤毛朝向子宫方向蠕动,因此纤毛对精子输送到峡部不起作用;但猪的纤毛运用和肌肉的收缩对精子的输送起作用,朝向卵巢流动的液体也可能有作用。

**3. 精子运行的动力**

精子由射精部位向受精部位的运行,主要借助以下几方面的作用力。

(1)射精力量。射精时,尿生殖道的肌肉有节奏地收缩,将精液射出。这是精子运行的最初动力。

(2)雌性动物生殖道的收缩。子宫和输卵管肌肉收缩是精子运动的主要动力,一般呈有间隔的分段波,而不是连续状的蠕动波,故有助于精子的分批运行。子宫肌肉的收缩是由子宫颈向着子宫角、输卵管方向逆蠕动,交配时这种逆蠕动力量更为强烈,促进子宫内的精子向宫管接合部运行。发情期的生殖道蠕动要比间情期强,精子运行的速度也快。

(3)生殖上皮纤毛运动。在发情期内,雌性动物输卵管、子宫和子宫颈上皮的纤毛运动会引起其分泌的黏液流动运送精子;发情结束后,上皮纤毛的运动方向相反,有利于卵子的下行运动,并将未能参与受精的精子排出。

(4)精子本身的活力。精子的活力主要依靠精子尾部的鞭毛运动,这种活动只是在精子通过雌性生殖道的关键部位起作用,如穿透子宫颈黏液,进入子宫颈隐窝和子宫内膜腺。此外,受精时精子穿透卵母细胞也必须依靠其尾部鞭毛的运动,但精子本身的运动能力,对于促进精子到达受精部位的作用是次要的。

(5)雌性生殖道管腔液体的液流运动。精子随液流而运行,而液流运动又有赖于子宫输卵管的肌肉收缩活动。

**4. 精子运行速度**

精子到达受精部位所需要的时间,在雌性生殖道内运行的速度要比精子本身的运动速度快得多。牛、羊经 2～13 min,猪 15～30 min,便有精子到达输卵管的壶腹部。但是输精后短时间内在受精部位只发现有少数的精子,而参与受精过程需要多数精子经过比较长的时间才能陆续到达受精部位。

**5. 维持受精能力的时间和存活时间**

精子在雌性生殖道内对卵子具有维持受精能力的时间的作用,确定配种间隔时间,以保证具有受精能力的精子在受精部位等待卵子的到来,达到受精至关重要。精子的受精能力比其活动能力要丧失得早,所以精子虽能活动,但是它们未必具有受精能力。精子的存活时间、受精能力时间和精液品质、雌性动物的发情状况及生殖道健康情况有关。牛的精子进入雌性生殖道后保持受精能力的时间约为 28 h,绵羊为 30～36 h,猪不超过 24 h,犬约为 2 d。

**(二)卵子的接纳及运行**

**1. 卵子的接纳**

排卵时,输卵管伞充分开放、充血,并借助输卵管系膜肌层的收缩作用而紧贴于卵巢表面上,同时卵巢借卵巢固有韧带收缩,使卵巢发生一种环绕其纵轴(一来一去的缓慢活动)往复旋转运动,并使卵巢由卵巢囊移至输卵管伞部表面,便于输卵管接纳排出的卵子。尽管如此,也不可避免有些卵子掉入腹腔。兔的输卵管伞部和间质部比较发达,排卵时伞部往往接近并覆盖在卵巢表面。猪的输卵管系膜在伞部周围形成帽状薄膜,掩盖在卵巢表面,因而排出的卵子可直接进入输卵管。

**2. 卵子在输卵管内的运行**

(1)卵子运行及运行动力。卵子与精子不同,卵子本身并没有运动能力。被伞部接纳的卵子,借伞部的纤毛颤动,沿伞部的纵行皱襞,通过漏斗口进入壶腹部。由于壶腹部管颈宽大,卵子借助平滑肌的收缩和管内纤毛向子宫方向颤动,卵子比较快地通过壶腹部,到达壶峡连接部,由于峡部的逆蠕动收缩和环行肌的收缩,分泌物向漏斗部移动,且此处纤毛细胞较少,或纤毛细胞的纤毛暂时停止颤动,加上峡部局部水肿,致使峡部管颈闭合,因此卵子在壶峡连接部停留约 2 d,才进入峡部。卵子在输卵管中的运行,纤毛颤动起着主要作用,管壁的收缩只起一部分作用。输卵管内的大部分液体向漏斗方向流入腹腔,这种流动非常缓慢,由于纤毛向子宫方向迅速颤动,以致贴近纤毛表面的一部分液体流向子宫,甚至于纤毛颤动的力量克服了液流的力量,卵子在纤毛和液体间旋转移动。当宫管连接部开放时,液体可能倒转方向,经管颈狭窄的峡部,流速加快,从而使卵子借逆流运动的力量,经峡部的后部和宫管连接部进入子宫。

卵子在输卵管内的正常运行必须有适当水平的雌激素和孕酮。卵巢激素能影响输卵管上皮的结构和超微结构、分泌物的质和量、输卵管肌层的活动、壶峡连接部和宫管连接部的作用,从而影响配子运行的方式和速度。激素水平失常能加速卵子向子宫运行的速度,或引起壶峡连接部管腔闭合而禁锢卵子,从而使卵子迅速变性或不能附植。去甲肾上腺素神经元的刺激,能使峡部远侧端收缩。

(2)卵子运行的速度及维持受精能力的时间。卵子在输卵管内运行所需时间包括:①从伞部到达壶峡连接部的时间;②在壶峡连接部停留的时间;③通过峡部进入宫管连接部的时间。除马、猫和犬较长外(6～7 d),运行所需时间一般不超过 100 h,据估计,牛约 80 h、猪约 50 h、绵羊约 72 h。但卵子保持受精能力的时间,牛 8～12 h,马 6～8 h,猪 8～10 h,羊 16～24 h。卵子进入峡部后即迅速开始失去受精能力,而进入子宫后则完全失去受精能力。

所谓卵子的受精能力,不但指卵子受精正常,而且还要保证胚胎正常发育。在卵子即将失去受精能力之前,还有可能发生受精,但这种受精卵通常不能在子宫内附植,即使能附植,胚胎也很难正常发育。家畜中尤其是单胎动物,如牛经交配而不受孕的部分原因,往往是因为卵子衰老。如果猪配种延迟,衰老的卵子就容易发生多精子受精。

**3. 受精前的准备**

受精前,哺乳动物的精子和卵子都要经历一个进一步成熟的阶段,才能顺利完成受精过程,并为受精卵的发育奠定基础。

(1)精子受精前的准备。

①精子获能的概念。刚射出的精子,或由附睾取出的精子,不能立即与卵子受精,而只有在雌性生殖道内经历一段时间,进行某种生理上的准备,经过形态及生理生化发生某些变化之后,才获得受精能力,这种生理现象称为“精子获能”。研究表明,包括驯养的动物在内,几乎所有动物的精子都必须获能后才具有受精能力。

②精子获能过程中的变化。经过获能的精子可以穿越卵子外层的颗粒细胞层,同透明带相接触,然后进入卵黄周隙,透过卵黄膜进入卵黄。

③精子获能机理。研究表明,获能是除去精子表面的胆固醇、氨基多糖和其他化学成分,又与输卵管液中的氨基多糖发生作用的过程。获能因子存在于发情期前后两天的输卵管液

中，而在黄体期的输卵管液中则没有发现。由此证明，获能与雌性动物体内雌激素与孕酮的比例有关，在雌激素水平上升的发情期里，精子的获能率高于孕酮水平高的黄体期。获能因子是输卵管液中的氨基多糖类。氨基多糖中的肝素可与精子结合，导致精子吸收钙离子，调节环核苷酸的代谢以及诱导细胞质的碱化，使精子获能。精子获能不仅在同种动物的生殖道分泌物中完成，在不同种动物的生殖道分泌物中也可完成，还可在体外人工培养液中完成。精子的获能无种间特异性。精子获能具有可逆性，已获能的精子再与精液一起孵育便失去受精能力，称为去能。再把已去能的精子放入子宫及输卵管液中孵育又可以再获能。一般认为，在精清内的若干化合物能影响精子获能，如蛋白酶抑制剂和去能因子。因此，当精子与精清接触后，精子就不能发生受精作用，而当精子与精清再分离，完全控制在雌性生殖道内的条件下，表面化合物被去除，顶体酶又被活化，精子同样能穿透卵子的各包围层。去能因子是一种不能透析的、遇热相当稳定的物质。

④精子获能的部位和所需时间。一般认为获能过程首先在子宫内进行，最后在输卵管内完成。子宫和输卵管对精子获能起协同作用，但不同的动物精子获能的部位有差异。猪、牛精子获能主要部位在输卵管，经 3～6 h；绵羊约需 1.5 h；啮齿类动物精子获能可在输卵管液和卵泡液中完成，需 1～6 h。

⑤顶体反应。精子发生顶体反应时，首先是精子头部的质膜从赤道段向前变得疏松；然后质膜和顶体外膜多处发生融合，并且形成许多泡状结构；最后由顶体内膜和顶体基质释放出顶体酶系，主要是透明质酸酶和顶体素。对羊、猪、兔以及豚鼠的体外受精研究发现，顶体酶系的释放不是迅速的，而是逐渐的过程，这有利于精子在一定时间内穿透卵子的放射冠。

(2)卵子受精前的准备。哺乳动物的卵子大多数在输卵管壶腹部受精，而不是在输卵管起始部。而小鼠、大鼠、田鼠等动物的卵子被精子穿入是从排卵后 23 h 才开始。因此有人推测卵子在受精前也有类似于精子获能的成熟过程或准备过程。通常，当皮质颗粒数量达最大时，卵子的受精能力最高。透明带表面露出许多糖残基时，具有识别同源精子并与其发生特异结合的能力。卵子质膜在受精前较不稳定，这些与受精有关的变化，可能在输卵管内进一步形成。通过电镜对两栖类卵进行观察，发现体腔卵（指刚从孵育中排出的卵）和子宫卵的卵黄膜有不同的亚微结构，前者的卵黄膜由一些成束的细纤维交叉形成，其表面呈蜂窝状；后者的卵黄膜中，细纤维平行排列，因而表面光滑。经人工授精试验，体腔卵的卵黄膜不能被精子附着，而子宫卵的卵黄膜却能被精子穿入。这些形态和生理变化被认为都是卵子进入输卵管后发生的。两栖类动物卵外的胶膜也是在通过输卵管时形成的，已知胶膜内有许多与受精有密切关系的抗原。从两栖类动物卵子受精研究提供的线索表明，输卵管分泌物对卵子在受精前的准备是必要的。

**二维码 3-3 受精过程**
**（微视频 讲师樊倩）**

**二维码 3-4 受精过程**
**（微课）**

### 4. 受精过程

受精过程始于精子与卵子相遇，两性原核合并形成合子时结束。大多数哺乳动物的卵子是在第一极体排出后才开始受精的，所以当精子进入卵子时，卵子正在进行第 2 次减数分裂。马和犬的精子可在卵子二次成熟分裂之前进入卵子。一般情况下，卵子由外向内包被有放射冠、透明带和卵黄膜 3 层，受精时精子依次穿过这 3 层结构，进入卵子之后，精子核形成雄原核，卵子核形成雌原核，然后配子配合，完成受精(图 3-10)。

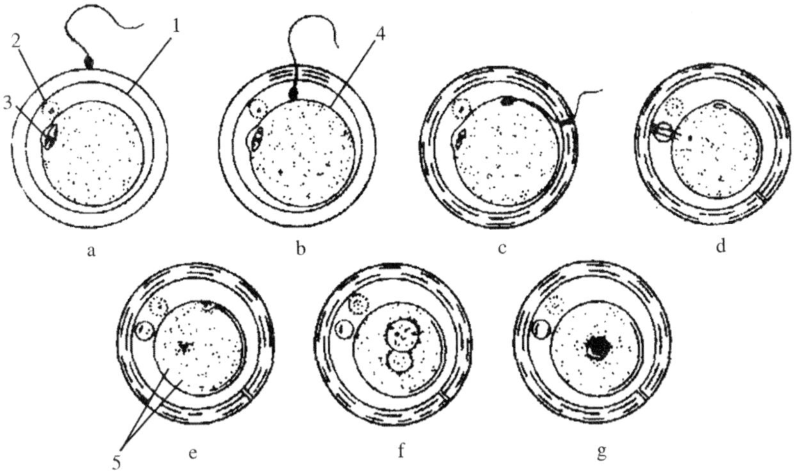


a. 精子接触到卵子的透明带　b. 精子穿过透明带接触到卵黄膜，出现透明带反应(以弧线表示)　c. 精子头部被摄入卵黄膜中　d. 卵子完成第二次成熟分裂，释放第二极体　e. 雄原核和雌原核正在形成，线粒体聚集在原核的周围　f. 原核相互靠拢，其中较大者为雄原核　g. 原核融合，核子形成　1. 放射冠　2. 透明带　3. 极体　4. 卵黄膜　5. 雌雄原核

**图 3-10　受精过程示意图**

(1)精子穿过放射冠。卵子从卵巢排出后，进入壶腹部，在透明带外面往往还包围着一堆颗粒细胞即卵丘细胞，而靠近透明带的卵丘细胞呈放射状排列，故称放射冠。这是精子入卵的第一道屏障。精子通过顶体反应释放透明质酸酶和放射冠穿透酶溶解卵丘细胞和放射冠细胞间的基质，使精子穿过放射冠与透明带接触。

(2)精子穿过透明带。当精子穿过放射冠与透明带接触后，有一短暂的与透明带附着和结合的过程。在附着期间可能经历了前顶体素转变为顶体酶的过程，经短时间的附着后，精子就牢固地结合于透明带上。精子与透明带结合后，顶体素将透明带溶出一条通道，精子借自身的运动穿过透明带。精子穿越放射冠后，以刚暴露的顶体内膜附着于透明带表面，这是精子穿过透明带的先决条件。这种附着只有获能和发生顶体反应的精子才能发生。用抗透明带抗体或胰蛋白溶解酶处理可阻止精子附着；用抗精子抗体处理精子，也能阻止精子附着。精子在附着透明带后 5～15 min 穿过透明带。精子与透明带最初接触部位是头部赤道区和核后帽区。顶体脱落可能发生在精子的头接触透明带前后。精子穿过透明带，通常与卵子表面约呈 45°角正切线穿过，不过其路径往往是弯曲的，很少发生垂直或水平穿透。

(3)精子进入卵黄。精子进入透明带后，到达卵黄周隙，此时精子仍能活动，不过活动时间很短，一旦接触卵黄膜，活动即停止。精子与卵黄膜接触后 20 min，即与卵黄膜融合在一起，卵黄膜表面的微绒毛抓住精子的头，将精子头部包裹起来，同时卵黄发生旋转，此时精子尾部全部进入卵周隙内。随后，两层膜不断向精子尾部融合，将精子“拖入”卵内。在精子头与卵黄膜发生融合的同时，卵子被激活，产生一系列反应。

①皮质反应。这是一种防止卵黄膜再被其他精子穿透的防御性反应。当精子与卵黄膜接触时，在接触点膜电荷发生改变并向周围扩大，整个膜持续去极化数分钟，在卵黄膜下的皮质颗粒(直径 0.1～0.5 μm)向卵子表面移动，在 $Ca^{2+}$ 的作用下，皮质颗粒与卵黄膜融合，以胞吐

方式将其内容物排入卵黄周隙。皮质反应从精子入卵处开始，迅速向卵黄膜四周和透明带扩散。皮质颗粒内容物是一种有黏性的透明膜物质，内含黏多糖、类胰蛋白酶以及阻止顶体酶作用的物质。由于这些内容物的释放，从而引起卵黄膜和透明带结构的变化，即产生卵黄膜反应和透明带反应。

②卵黄膜反应。由于皮质反应的结果，大部分原来的卵黄膜加入了皮质颗粒膜而发生膜的改组，这种变化称为卵黄膜反应或卵黄膜封闭作用。此时，皮质颗粒所释放的黏多糖与卵黄膜表面紧密相连，在卵子周围又形成一保护层，称为透明膜，从而改变卵子表面结构，阻止第 2 个精子入卵，避免产生多精子受精现象。

③透明带反应。当精子钻入透明带而触及卵黄膜时，卵子会发生一种特殊的变化，使卵子从休眠状态中苏醒，这种对发育的刺激称为“激活”。同时卵黄膜发生收缩，卵黄能释放某种物质，传布到全卵的表面，扩散到卵黄周隙，它能使透明带起一种变化，使后来的精子不能再进入透明带内。透明带的这种变化，称为透明带反应。这种反应相当迅速与有效，作用是阻止再有精子穿过透明带。

(4)原核形成。精子入卵后不久，头部开始膨大，核疏松，核膜消失，失去固有的形态。同时卵母细胞减数分裂恢复，释放第二极体。在精核疏松的同时，内碱性蛋白质以及与精子 DNA 密切相关的高浓度精氨酸也完全消失，最后在疏松的染色质外又形成新的核膜。它的结构很像一个体细胞核，而不像精子细胞核。这种重新形成的核称为雄原核。

(5)配子配合。雄原核和雌原核经充分发育，逐渐相向移动。在卵子中央，核仁和核膜消失，两原核紧密接触，然后迅速收缩，染色体重新组合，并准备进行第 1 次有丝分裂。至此受精最后阶段“配子配合”宣告完成，形成一个称为“合子”的单细胞胚胎。在已测定的哺乳动物中，原核的整个生存期为 10～15 h。一般认为，精子从进入卵子到第 1 次卵裂的间隔时间，猪为 12～24 h，绵羊 16～21 h，牛 20～24 h，兔 12 h，而马在排卵后 24 h。

受精卵运输如图 3-11 所示。

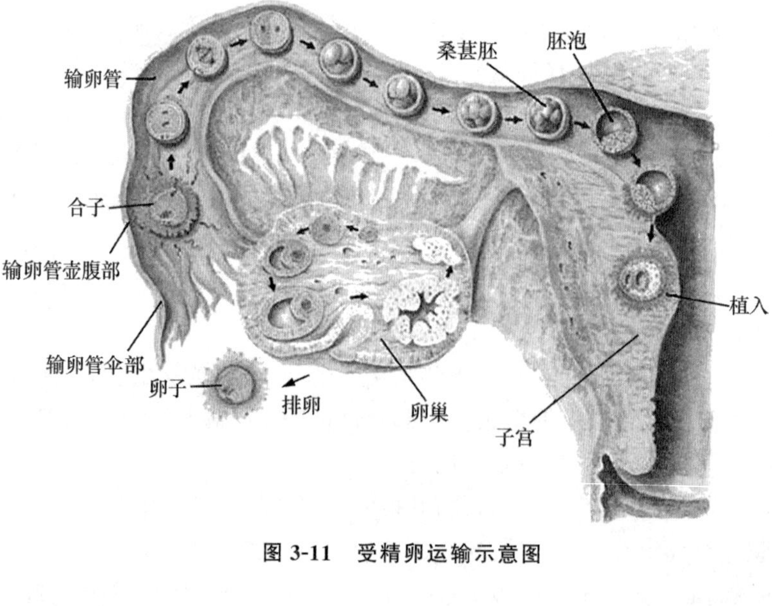


图 3-11 受精卵运输示意图

# 任务实施

## 任务一　采　　精

### 一、任务说明

采精是人工授精工作的首要环节，能否得到量大、品质优良的精液是保证母畜受胎的前提。

二维码 3-5　采精
（微视频　讲师洪渊）

### 二、任务内容

#### （一）采精前的准备

采精一般在采精室进行，并通过双层玻璃窗口与精液实验室相连（图 3-12）。目前，大型公猪站通常采用气泵将精液传送至较远的精液处理室，以减少实验室被污染的机会。采精之前应进行如下准备。

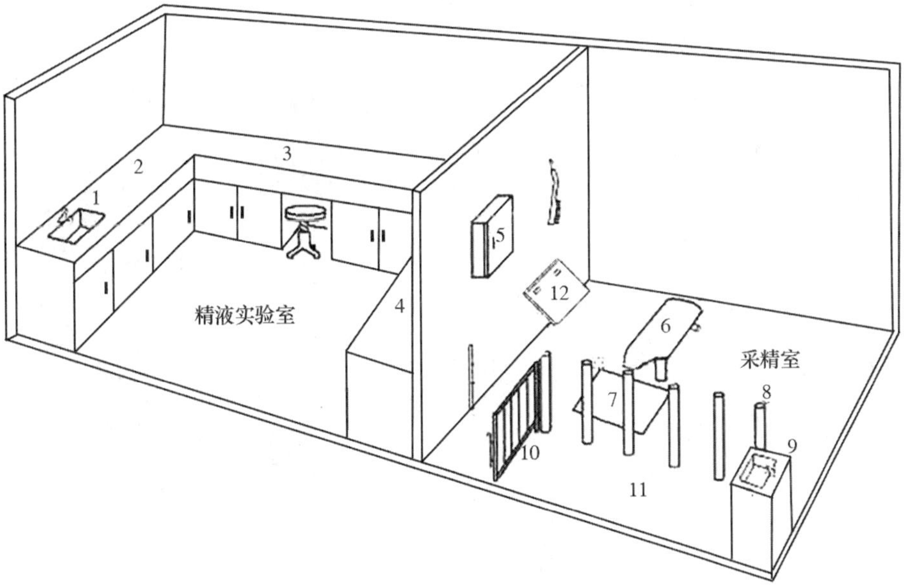


1. 水槽　2. 湿区（稀释液配制、用品清洗）　3. 干区（精液品质检查）　4. 分装区（进行精液稀释分装、排序、标记、精液保存）　5. 实验室—采精室用品传递口（两侧均有门）　6. 假台猪　7. 防滑垫　8. 防护栏（直径 10～12 cm，高 75 cm，净间距 28 cm）　9. 水槽　10. 栅栏门（防止公猪逃跑和进入采精室时跑进安全区）　11. 安全区　12. 赶猪板

**图 3-12　常规采精室与精液实验室的构造图**

**1. 稀释液的准备**

以 50 g 质量的猪精液稀释粉为例。将 1.5 L 或 2 L 的食品保鲜袋或聚乙烯袋内套在 2 L

的塑料杯中，然后将 50 g 的猪精液稀释粉倒入袋中，把该盛有稀释粉的塑料杯放在千分之一或万分之一的电子天平上归零后，往袋中倒入 1 000 g 去离子水或纯净水。把塑料杯中盛有稀释液的袋子取出，混匀后放入 38.5 ℃的水浴锅中预热。稀释液的预热时间一般不少于 1 h。

**2. 保温杯的准备**

以食品保鲜袋或聚乙烯袋作为集精袋，内套在采精的保温杯中，用灭菌玻璃杯或温度计把缩在保温杯内的集精袋理顺，以防止其堵在保温杯口。工作人员只能接触集精袋套在保温杯的外口部分，用过滤精液的专用滤纸或消毒干净的四层纱布(要求一次性使用，若清洗后再用，纱布的网孔增大，过滤效果较差)罩在杯口上，并用橡皮筋把集精袋口连同滤纸或纱布边缘一起箍紧在保温杯外口上，盖上盖子，放入 37 ℃的恒温箱中预热，冬季更应重视预热。采精时，拿出保温杯，传递给采精室的工作人员；当处理室距采精室较远时，应将保温杯放入泡沫保温箱，然后带到采精室，这样做可以减少低温对精子的刺激。

**3. 采精场所的准备**

采精前先将假台猪周围清扫干净，特别是公猪副性腺分泌的胶状物，这些胶状物易使公猪滑倒造成公猪扭伤。采精栏的安全角应避免放置物品，以利于采精人员因突发事情而转移到安全的地方(图 3-13)。采精室内避免积水、积尿，不能放置易倒或能发出较大响声的物品，以免影响公猪的射精。

图 3-13　采精栏位的构造

**4. 公猪的准备**

采精之前，应将公猪包皮部的积尿挤出，若阴毛太长，则要用剪刀剪短，以利于采精和减少细菌污染。将待采精公猪赶至采精栏，用水冲洗干净公猪全身特别是包皮部，用 0.01%高锰酸钾溶液清洗其腹部及包皮，再用清水洗净，并用毛巾擦干净包皮部，避免采精时高锰酸钾残留液滴、清水等滴入精液，污染精液，导致精子死亡，甚至疾病传播。

**5. 台畜的准备**

台畜是供公畜爬跨用的台架，有真台畜和假台畜之分。使用发情母畜和调教的公畜作为台畜采精效果较好。使用假台畜采精既简单方便，又安全，各种家畜均可采用。假台畜是用钢筋、木料、橡塑制品等材料模仿家畜的外形制成的，固定在地面上，其大小与真畜相近。假台畜的外层覆以棉絮、泡沫等柔软之物，也可用畜皮包裹，以假乱真。

**6. 假阴道的准备(假阴道法采精时)**

假阴道的结构(图 3-14)是模仿母畜阴道的生理条件而设计的一种采精工具，虽然各种家畜假阴道的外形、大小有所差异，但其组成基本一致。假阴道由外壳、内胎、集精杯(瓶、管)、活塞(气嘴)、固定胶圈等部件构成。假阴道经正确安装后，通过注水、消毒、涂抹润滑剂、调压、测温等调试，具有适宜的温度(38～40 ℃)、适当的压力和一定的润滑度。

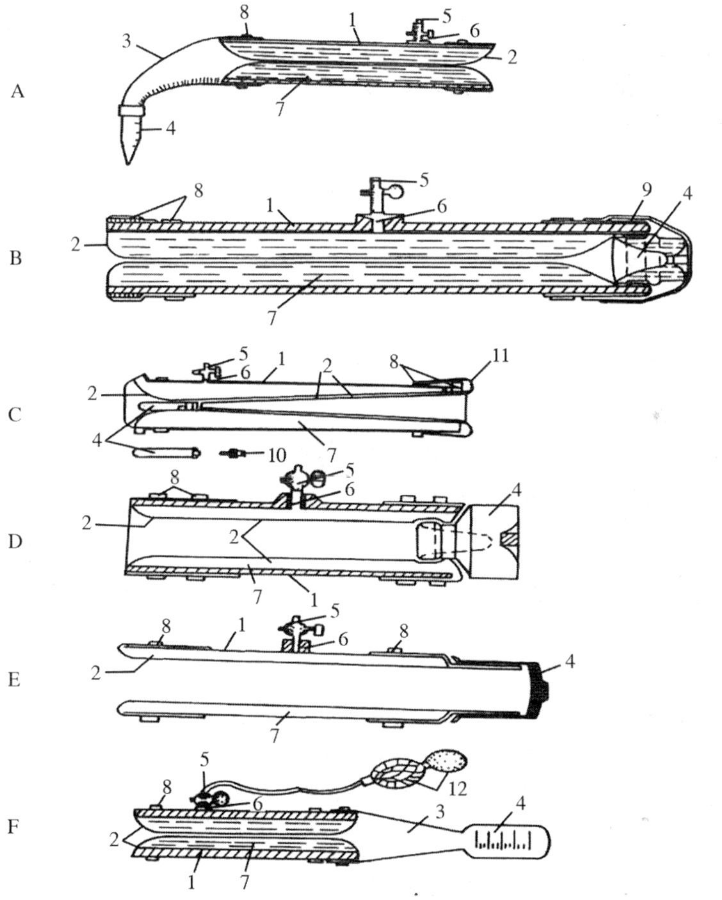


A. 欧美式牛用假阴道　B. 苏式牛用假阴道　C. 西式牛用假阴道　D. 羊用假阴道　E. 马用假阴道　F. 猪用假阴道　1. 外壳　2. 内胎　3. 橡胶漏斗　4. 集精杯　5. 气嘴　6. 注水孔　7. 温水　8. 固定胶圈　9. 集精杯固定套　10. 瓶口小管　11. 假阴道入口泡沫垫　12. 双链球

**图 3-14　各种家畜的假阴道**

温度来自注入假阴道的温水，占假阴道容积的 2/3。温度过低，不能引起公畜的性欲；温度过高，使公畜接受不良刺激，调整较难。

压力是借助注水和空气来调节的。压力不够,公畜难以射精;压力过大,公畜阴茎难以伸入假阴道,容易造成内胎破裂,致使精液品质下降。

通常用液状石蜡作为润滑剂。润滑度不够,采精效果差;润滑剂过多,常与精液混合,使精液品质受影响。

**7. 术者的准备**

采精员应具有熟练的技术,动作敏捷,操作时要注意人畜安全。对每一头公畜的采精条件和特点了如指掌。操作前,要求穿上长筒胶靴,身着紧身利落的工作服,避免与公畜及周围物体勾挂,影响操作。指甲要剪短磨光,手臂要清洗消毒。

### (二)采精方法

**1. 假阴道法**

采精时,采精员多站在台畜的右后方。当公畜爬跨台畜的瞬间,迅速将假阴道靠在台畜尻部,使假阴道的长轴与公畜阴茎伸入方向一致,用左手托起阴茎中后部,使其自然进入假阴道。操作时要注意动作的协调性。当公畜射精完毕从台畜上跳下时,持假阴道跟进,收集最后一滴精液。当公畜阴茎自然脱离假阴道后,取下集精杯(管),把精液送到精液实验室备检。

牛、羊对假阴道的温度较敏感,要特别注意温度的调节。将阴茎导入假阴道时,切勿用手抓握,否则会造成阴茎回缩。牛、羊采精时间较短,只有几秒钟,当公畜用力向前一冲即表示射精。因此,要求采精者动作迅速敏捷。

**2. 手握法**

手握法是目前采取公猪精液普遍采用的一种方法,具有操作简单,能采集猪的浓份精液等优点。

采精时,操作人员采精的手需戴两层手套,里面戴采精用的乳胶手套,外层戴宽松的 PE 手套。在正式采精之前,需要对公猪进行抚摸亲近、清洗外阴包皮和排出包皮内的积液等,当猪的阴茎伸出时迅速脱掉外层 PE 手套,并握住阴茎头部螺旋位置,用食指或无名指扣住阴茎的螺旋部。通过手握的压力变化刺激阴茎头部,公猪很快就会射精,公猪射精后停止压力变化并维持恒定压力和调整手握的力度,以阴茎不从手中脱落为宜。猪射精时,开始主要以副性腺分泌液为主,精子密度很低且颜色清亮,该段精液一般含有脱落的上皮组织且混有一些细菌,因此这段精液不宜接入集精杯中;当射出的精液颜色变为白色或浑浊时,表明精液中精子密度增加,应及时接入集精杯中;而射精的最后阶段,主要为副性腺分泌的胶状物,精子密度也很低,可以不接入集精杯中。当实施手握法采精操作时,即使不收集最后一段精液,也要坚持让公猪射精完全,以保证公猪有足够的射精量,维护公猪正常的生理功能。

采完精后,公猪一般会自动跳下母猪台,但当公猪不愿下来时,可能是还要射精,故工作人员应有耐心。对于那些采精后不下来而又不射精的公猪,应将其赶下母猪台,并送回公猪栏。采集的精液先将滤纸或纱布及上面的胶体丢弃,然后将卷在杯口的精液袋上部撕去,或将上部扭在一起,放在杯外,盖上采精杯杯盖,迅速传递到精液实验室进行检查、处理。

### (三)采精频率

合理安排采精频率,既能最大限度地发挥公畜的利用率,也是维持公畜健康,延长使用年限的主要条件。

采精频率是根据公畜的生精能力、精子在附睾的贮存量、每次射出精液中的精子数及公畜体况等来确定。一般牛2～3次/周，每次可采2个射精量；猪2～5次/周；公羊配种季节较短，射精量少且附睾贮存量大，每天可采2～3次。

## 三、任务准备

集精杯、保鲜袋、玻棒、采精杯、纱布、橡皮筋、纸巾、公猪、0.1%高锰酸钾溶液、长筒胶靴、工作服、聚乙烯塑料手套。采用手握法规范采集公猪精液，并做好采精记录。

## 四、任务报告

| 采精日期 | 公猪耳号 | 采精间隔/d | 射精次数 | 采精人 |
|---|---|---|---|---|
| | | | | |
| | | | | |
| | | | | |

# 任务二　精液的处理

## 一、任务说明

精液的处理包含精液品质检查、精液的稀释与保存。

精液品质检查的目的是鉴定精子品质的优劣，作为输精参考，同时也依此评价公畜的饲养管理水平和种用价值，也反映精液处理的水平。精液稀释是在采精及精液品质检查后，向精液中添加适合精子体外存活并保持受精能力的液体。精液的不同保存方法，决定了精液的有效时间，关乎配种成效。

二维码 3-6　精液的处理
（微视频　讲师洪渊）

## 二、任务内容

### （一）精液的品质检查

精液品质检查除可以鉴定精液质量外，还可以衡量公猪配种负担能力，以及公猪营养水平和生殖功能，为精液稀释、保存、运输和使用效果提供判断依据，同时依此评价公畜的饲养管理水平和种用价值，也反映精液处理的水平。精液检查指标主要有：精液量、颜色、气味、云雾状、精子活力、精子密度、酸碱度、精子畸形率、精子顶体异常率、精子生存时间和生存指数等。整个检查过程要迅速、准确，一般在10～15 min完成。

**1. 精液量**

后备公猪的射精量一般为150～200 mL，成年公猪为200～300 mL，有的高达700～

800 mL。精液量的多少因品种、品系、年龄、采精间隔、气候和饲养管理水平等不同而不同。精液量的评定采用电子天平(精确至1 g,最大称重3～5 kg)称量,按每克1 mL计。转换原精的盛放容器将导致较多的精子死亡,因此勿将精液倒入量筒内评定其体积。各种家畜的采精量都有一定范围,精液量差异较大时,应及时查明原因,及时调整或治疗。各种家畜的采精量见表3-2。

**表3-2 各种家畜的采精量** mL

| 畜别 | 一般射精量 | 范围 |
|---|---|---|
| 牛 | 5～10 | 0.5～14 |
| 羊 | 0.8～1.2 | 0.5～2.5 |
| 猪 | 150～300 | 100～500 |

**2. 颜色**

精液一般为乳白色或灰白色,精子密度越大,精液的颜色越深。牛、羊的精液呈乳白色或乳黄色,有时呈淡黄色;猪的精液为淡乳白色或灰白色。如果精液颜色异常属不正常现象。若精液呈红色说明混有鲜血;精液呈褐色很可能混有陈血;精液呈淡黄色则是混有脓汁或尿液。颜色异常的精液应废弃,立即停止采精,查明原因并及时治疗。

**3. 气味**

正常精液略带有腥味,牛、羊精液除具有腥味外,另有微汗脂味。气味异常同时伴有颜色的变化。

**4. 云雾状**

牛、羊的精液精子密度大,放在玻璃容器中观察,精液呈上下翻滚状态,像云雾一样。称为云雾状。这是精子运动活跃的表现。"＋＋＋"表示云雾状明显,"＋＋"表示云雾状较为明显,"＋"表示云雾状不明显。

**5. 精子活力**

精子活力又称活率,是指精液中做直线运动的精子占整个精子数的百分比。活力是精液检查的重要指标之一,在采精后、稀释前后、保存和运输前后、输精前都要进行检查。

(1)检查方法。检查精子活力需借助显微镜,放大200～400倍,把精液样品放在镜前观察。

①平板压片。取一滴精液于载玻片上,盖上盖玻片,放在镜下观察。该法简单、操作方便,但精液易干燥。检查应迅速。

②悬滴法。取一滴精液于盖玻片上,迅速翻转使精液形成悬滴,置于有凹玻片的凹窝内,即制成悬滴玻片。此法精液较厚,检查结果可能偏高。

(2)评定。评定精子活力多采用"十级一分制",如果精液中80%的精子做直线运动,精子活力计为0.8;50%的精子做直线前进运动,精子活力计为0.5,依此类推。评定精子活力的准确度与经验有关,具有主观性,检查时要多看几个视野,取平均值。新鲜精液的精子活力以大于或等于0.7才可使用,当精子活力低于0.6时应弃去不用。

牛、羊及猪的浓份精液精子密度较大,为观察方便,可用等渗溶液如生理盐水等稀释后再检查。

评定精子活力应注意：①取样要有代表性。②观察活力用的载玻片和盖玻片应事先放在37 ℃恒温板上预热，由于温度对精子影响较大，温度越高精子运动速度越快，温度越低精子运动速度越慢，因此观察精子活力时一定要预热载玻片、盖玻片，尤其是从17 ℃精液保存箱取样的精子，应在恒温板上预热30～60 s再观察。③观察精子活力时，应用盖玻片。否则，一是易污染显微镜的镜头，使之发霉；二是评定不客观，因为每次取样的量不同将影响活力的评定。④评定精子活力时显微镜的放大倍数要求100倍或150倍，而不是400倍或600倍。因为如果放大倍数过大，视野中看到的精子数量少，评定不准确。若有条件，可在显微镜上配置一套摄像显示仪，将精子放大到电脑屏幕上进行观察。

**6. 精子密度**

精子密度是指单位体积（1 mL）精液内所含有精子的数目。精子密度大，稀释倍数高，进而增加可配母畜数，也是评定精液品质的重要指标。

（1）估测法。估测法通常结合精子活力检查来进行，根据显微镜下精子的密集程度，把精子的密度大致分为稠密、中等、稀薄三个等级，这种方法能大致估计精子的密度，但主观性强，误差较大。

（2）精子密度仪法。现代化养猪企业多数采用这种方法。此法极为方便，检查所需时间短，重复性好，仪器使用寿命长。其基本原理是精子透光性差、精清透光性好。选定550 nm束光透过10倍稀释的精液，光谱吸收度将与精子的密度成正比的关系。根据所测数据查对照表可得出精子的密度。该法测定精子密度的误差约为10%，但该误差在生产上是可以接受的。当然，如果精液中有异物，该仪器也会将它作为精子来计算，应适当考虑减少这方面的误差。总之，该设备是目前在猪人工授精中测定精子密度最适用的仪器。

（3）血细胞计数法。用血细胞计数法定期对公畜的精液进行检查，可较准确地测定精子密度。基本操作步骤如下。

①在显微镜下找到红细胞计数板上的计算室。计算室的高度为0.1 mm，为一个正方形，边长1 mm，由25个中方格组成，每一个中方格分为16个小方格。寻找方格时，先用低倍镜看到整个方格的全貌，然后再用高倍镜进行计数。

②稀释精液。用3% NaCl溶液对精液进行稀释，同时杀死精子，便于精子数目的观察。牛、羊的精液用红细胞吸管（100或200倍）稀释，猪的精液用白细胞吸管（10或20倍）稀释，抽吸后充分混合均匀，弃去管尖端的精液2～3滴，把一小滴精液充入计算室。

③镜检。把计算室置于400倍镜下对精子进行计数。在25个中方格中选取有代表性的5个（四角和中央）计数，按公式进行计算。

④计算。1 mL原精液中的有效精子数＝5个中方格的精子数乘以5（等于25个中方格的精子数）乘以10（等于1 $mm^3$内的精子数）乘以1 000（等于1 mL稀释后的精子数）乘以稀释倍数。

为保证检查结果的准确性，在操作时要注意：滴入计算室的精液不能过多，否则会使计算室高度增加；检查中方格时，要以精子头部为准，为避免重复和滤掉，对于头部压线的精子采用“上计下不计，左计右不计”的办法；为了减少误差，应连续检查2次，求其平均值。如果两次差异较大，要求检查第三次。

（4）精子形态分析法。全自动精子分析系统主要由显微镜、摄像系统和计算机软件系统组成，采用一体化组合设计，实现方便、快速且精确的精子分析。该法具有精子运动性动态分析及人工纠错功能，分析结果更准确，可以轻松实现精子的分类和检索，并进行精子运动性和浓度分析、精子形态分析、DNA 碎片分析、荧光染色的精子活力分析等应用分析等。

**7. 精子畸形率**

凡形态和结构不正常的精子都属畸形精子，精子畸形率是指畸形精子占总精子的百分率。精子畸形率牛、猪不超过 18%，羊不超过 14%，马不超过 12%。如果畸形精子超过 20%，则视为精液品质不良，不能用于输精。

精子畸形一般分为 4 类。①头部畸形：如头部巨大、瘦小、细长、缺损、双头等；②颈部畸形：如颈部膨大、纤细、曲折、双颈等；③中段畸形：如膨大、纤细、带有原生质滴等；④主段畸形：如弯曲、曲折、回旋、双尾等。

检查时将精液制成抹片，用红、蓝墨水染色，水洗干燥后镜检。检查精子 200～500 个，计算畸形精子的百分率。

**8. 精子顶体异常率**

精子顶体异常会导致受精障碍。顶体异常有膨胀、缺损、脱落等。正常精液精子的顶体异常率不高，牛平均为 5.9%，猪为 2.3%。如果精子顶体异常率超过 14%，受精能力就会明显下降。

检查精子顶体异常率的方法是先把精液制成抹片，干燥后用 95% 的酒精固定，水洗后用吉姆萨染色 1.5～2 h，再水洗干燥，用树脂封装放在镜下 1 000 倍观察，随机观察 500 个精子，计算顶体异常率。

**9. 精子生存时间和生存指数**

精子的生存时间和生存指数与受精能力有关，也是鉴定精液处理效果的一种方法。

精子生存时间是指精子总的存活时间，检查时将精液置于一定的温度下，每隔 8～12 h 检查精子活力，直至无活动精子为止。所有间隔时间累加后减去最后两次间隔时间的一半即为精子的生存时间。生存指数是指相邻两次检查的间隔时间与平均活力的积之和。精子生存时间越长，生存的指数越大说明精子活力就强，精液品质好。

(1)生产公猪精液品质检查的基本原则：①所有生产公猪每月必须普查精液品质一次，夏季可适当提高普查频率。②精检不合格的公猪绝对不可以使用。③所有的后备公猪必须在精液品质检查合格后方可投入使用。

(2)精液品质不合格公猪的检查和处理程序：①初次精检不合格的公猪，7 d 后复检。②复检不合格的公猪，10 d 后采精一次废弃，间隔 4 d 后再采精检查。③仍不合格者，10 d 后再采精一次废弃，间隔 4 d 后做第 4 次检查。④经过连续 5 周 4 次精液检查，一直不合格的公猪建议淘汰，若中途检查合格，视精液品质状况酌情使用。

**(二)精液的稀释**

精液稀释是采精及精液品质检查后，向精液中添加适合精子体外存活并保持受精能力的液体。

**1. 精液稀释的目的**

(1)扩大精液量，增加受配母畜头数。

(2)通过向精液中添加营养物质和保护剂,可延长精子在体外的存活时间。

(3)便于精子保存和运输。

**2.稀释液的成分及作用**

(1)稀释剂。稀释剂主要用于扩大精液容量,要求所选用的药液必须与精液具有相同的渗透压。严格地讲,凡向精液中添加的稀释液都具有扩大精液容量的作用,均属稀释剂的范畴。但各种物质添加各有其主要作用,一般用来单纯扩大精液量的物质有等渗的氯化钠、葡萄糖、蔗糖等。

(2)营养剂。营养剂主要为精子体外代谢提供养分,补充精子消耗的能量,如糖类、奶类、卵黄等。

(3)保护剂。

①缓冲物质。精子在体外不断进行代谢,随着代谢产物(乳酸和 $CO_2$ 等)的累积,精液的 pH 会逐渐下降,甚至发生酸中毒,使精子不可逆地失去活力。因此,有必要向精液中加入一定量缓冲物质,以平衡酸碱度。常用的缓冲剂有柠檬酸钠、酒石酸钾钠、磷酸二氢钾等。近些年,生产单位采用三羟甲基氨基甲烷(Tris)作为缓冲剂,效果较理想。

②非电解质或电解质。副性腺中的 $Ca^{2+}$、$Mg^{2+}$ 等离子(强电解质)含量较高,刺激精子代谢和运动加快,在自然繁殖中无疑有助于受精。但这些强电解质又能促进精子早衰,精液保存时间缩短。因此,需向精液中加入非电解质或弱电解质,以降低精液中电解质的浓度。常用的非电解质和弱电解质有各种糖类、羟基乙酸等。

②抗冷休克物质。在精液保存过程中,常进行降温处理,如温度发生急剧变化会使精子遭受冷休克而失去活力。发生冷休克的原因是精子内部的缩醛磷脂在低温下冻结而凝固,影响精子正常代谢,出现不可逆的变性死亡。因此,可在保存的稀释液中加入抗冷休克物质使精子免于伤害。常用的抗冷休克物质有卵黄、奶类等,两者合用效果更佳。

③抗冻物质。在精液冷冻保存过程中,精液由液态向固态转化,对精子的危害较大,若不使用抗冻剂,精子冷冻后的复苏率很低。一般常用甘油和二甲基亚砜(DMSO)作为抗冻剂。

④抗菌物质。在采精和精液处理过程中,虽严格遵守操作规程,也难免使精液受到细菌的污染,况且稀释液中含各种营养物质较丰富,给细菌繁殖提供了较好条件。细菌过度繁殖不但会影响精液品质,输精后也会使母畜生殖道感染,患不孕症。常用的抗菌物质有青霉素、链霉素、氨苯磺胺等。氨苯磺胺不仅可以抑制细菌和微生物的繁殖,也能抑制精子的代谢功能,有利于延长精子的体外生存时间,但在冷冻精液中反而对精子有害,故适用于液态精液的保存。近些年来,国内外应用新型抗生素如氯霉素、林肯霉素、卡那霉素、多黏霉素等于保存精液,取得了较好的效果。

另外,在一些稀释液中使用明胶对精子有一定的保护作用。蜂蜜中含有丰富的葡萄糖和果糖及多种维生素,不仅为精子提供营养,而且具有良好的保护作用。

(4)其他添加剂。

除上述 3 种成分外,向精液中添加的起某种特殊作用的微量成分都属其他添加剂的范畴。

①激素类。向精液中添加催产素、前列腺素 F 等,能促进母畜子宫和输卵管的蠕动,有利于精子运行,提高受胎率。

②维生素类。如维生素 $B_1$、维生素 $B_2$、维生素 $B_{12}$、维生素 C、维生素 E 等具有改进精子活力，提高受胎率的作用。

③酶类。过氧化氢酶能分解精液中的过氧化氢，提高精子活力；B 淀粉酶能促进精子获能等。

另外，向精液中添加有机酸、无机酸类进行常温保存；加入抗氧化剂；加入提高精子活力的精氨酸、咖啡因；区分精液种类的染料等都属此类。

**3. 稀释液的种类和配制**

(1)稀释液的种类。配制稀释液前，应根据不同用途的精液选择配方。

①现用稀释液。采精后经稀释处理，马上输精用。该类稀释液配方简单，只有一种或两种等渗液，如蔗糖或奶类，不能进行保存。

②低温保存稀释液。适于精液低温保存的稀释液，须加入卵黄等抗冷休克物质。

③常温保存稀释液。适于精液常温保存的稀释液，以糖类和弱酸盐为主体，pH 偏低。

④冷冻保存稀释液。适于精液的冷冻保存。该精液以卵黄、甘油为主体，具有抗冻的特点。

生产中选用何种稀释液，应根据不同用途、不同家畜进行综合判定。家畜种类不同，所用稀释液不同；精液的保存方式不同，所用稀释液不同。应选择来源广、成本低、效果好、配制易的稀释液。

(2)稀释液的配制。购买或自配的稀释粉，用双蒸水进行溶解，也可用磁力搅拌器促进溶解。溶解后，若有杂质，用滤纸进行过滤，因精子有向异性，若有异物则容易凝聚死亡。调节稀释液的 pH 至 7.2 左右(6.8～7.4)。稀释液配好后，及时贴上标签，标明品名、配制时间和经手人等，然后在水浴锅内进行预热，以备使用，也可配制好后先贮存，但要在 48 h 内使用完。

稀释粉要求提前 1 h 溶解，这样才有稳定的 pH，稀释后对精子的影响较小。因为稀释粉刚溶解于水时，各离子之间相互作用，尚未达平衡的稳定状态，pH 变化较大。

**4. 精液稀释方法与稀释倍数**

(1)精液的稀释方法。精液稀释应在采精后立即进行，迅速把精液置于 30 ℃的保温瓶中，以防温度变化。将精液和稀释液同时放在 30 ℃水浴锅内，稀释时把稀释液沿着精液容器的壁慢慢加入精液中，边加入边搅拌。如需高倍稀释，应先做 3～5 倍的低倍稀释，然后再高倍，以防稀释打击。

①调节稀释液的温度与精液一致(两者的温差在 1 ℃以内)。注意必须以精液的温度为标准来调节稀释液的温度，不可逆操作。

②把装在食品袋中的精液移至 2 000～3 000 mL 大塑料杯中，将等温稀释液沿杯壁缓慢加入精液中，轻轻搅匀或摇匀。绝不能将精液倒入稀释液，否则将导致大量精子死亡。

③如需做高倍稀释，先进行 1∶1低倍稀释混匀，1 min 后再将剩余的稀释液缓慢加入。不能将稀释液直接倒入精液，因精子需要一个适应过程。也可以先将稀释液的一部分慢慢地注入精液，搅拌均匀后，再将稀释后的精液倒入稀释液中，这样有利于提高精子的适应能力和保证稀释精液的均匀混合。不论何种稀释方法都要边稀释边摇晃，稀释液能及时散开到精液中，避免精液因局部“超稀释”对精子造成损伤。精液稀释的成败与所用仪器的清洁卫生有很大关系。所有使用过的烧杯、玻璃棒及温度计都要及时用蒸馏水洗涤，并进行消毒。

④精液稀释的每一步操作均要检查精子活力，精子活力下降必须查明原因并加以改进。

⑤稀释后要求静置片刻再做精子活力检查。精子活力前后没有明显降低，便可以进行分装。

⑥稀释后的精液也可以采用大包装集中贮存，但要在包装上贴好标签，注明公猪的品种、耳号及采精的日期和时间。

(2)精液的稀释倍数。精液的稀释倍数过大，对精子存活不利且严重影响受胎率；稀释倍数过小，不能充分发挥精液的利用率，所以，应准确计算精液的稀释倍数。精液稀释倍数的确定应依据母畜每次受精所需的有效精子数、稀释液的种类等。

公牛的精液一般进行 10～40 倍稀释；公猪的精液一般做 2～4 倍稀释。现以公牛精液稀释倍数的计算方法举例如下。

**例：**一头黑白花种公牛一次采得鲜精 12 mL，经检查，精子活力为 0.7，密度是 11 亿/mL。如为母牛输精时要求有效精子数不少于 1 500 万个，输精量为 0.25 mL/头，本次采得的精液处理后能为多少头母牛输精？

**解：**①1 mL 原精液中的有效精子数＝11 亿个/mL×0.7＝7.7 亿个/mL

②稀释液后 1 mL 精液中的有效精子数＝0.15 亿个÷0.25 mL＝0.6 亿个/mL

③稀释倍数＝(7.7 亿个/mL)÷(0.6 亿个/mL)≈13(倍)

④输精母牛头数＝12 mL×(13 倍)÷0.25 mL/头＝624(头)

答：本次采得的精液能为 576 头母牛输精。

### (三)精液的保存

精液稀释后即可进行保存，经保存可延长精子的存活时间，使用方便，也利于运输。

现行的精液保存方式有 3 种，即常温(15～25 ℃)保存、低温(0～5 ℃)保存和冷冻(－179～－79 ℃)保存。常温和低温保存精液是液态，故为液态保存。

#### 1. 精液常温保存

常温保存的温度在 15～25 ℃，温度允许有一定变动，所以又称为变温保存或室温保存。常温保存所需设备简单，特别适合猪的精液保存。

(1)原理。常温保存是通过增加酸度降低精液的 pH 来抑制精子的代谢活动，以减少其能量消耗。酸性在一定范围内是可逆抑制，通常把 pH 调整到 6.35 左右。为了稀释液的 pH 能达到所需范围，通常采取 3 种方法。

①向稀释液中充入二氧化碳，如伊利尼变温稀释液(IVT)。

②利用精子本身在代谢中产酸，自行调节 pH，如康奈尔大学稀释液(CUE)。

③向稀释液中加入有机酸，如乙酸稀释液(cME)。

(2)常温保存的稀释液。常温保存的稀释液除降低 pH 使精子代谢减慢外，还能够给精子补充足够的养分。同时加入抗菌物质以抑制细菌的滋生；有的还在稀释液中加入缓冲物质；有的加入明胶以阻碍精子运动。

牛精液冷冻保存已十分普及，常温保存方式多不采用。

猪的精液常温保存效果好。在精液稀释后，按一个输精量分装到特定的瓶(管)中，封口，贴好标签后放入保温瓶、水井或地窖内保存。保存时虽然允许温度在 15～25 ℃有一定变动，但应尽量相对地降低温度并维持恒定。

**2. 精液低温保存**

低温保存是将精液稀释后，置于 0～5 ℃环境保存，保存时间较常温方式长，但公猪的精液不如常温保存效果好。

(1)原理。低温保存是通过降低温度，使精子的代谢活动减慢，当温度降至 0～5 ℃时，精子的代谢较弱，几乎处于休眠状态。此时精子的物质代谢和能量代谢均降到较低水平，废物累积减少，且此温度下不利微生物的繁殖，可达到保存目的。

(2)稀释液。在低温保存处理时，精子由于冷刺激易发生冷休克，故需使用含有卵黄的稀释液。牛精液最初采用柠檬酸钠和卵黄等组成的稀释液，进行低温保存，这种稀释液成分简单，制作方便，保存时间可达 1 周左右。后来又陆续出现了许多含不同种类的奶、糖类稀释液，保存时间也在 7 d 左右，并且可以高倍稀释。

猪的浓份精液经离心后，虽在 5～10 ℃的低温下保存 3 d，且具有正常受胎率，由于常温保存的效果更好，又不需低温设备，处理方法又简单，故一般都采用常温保存。

(3)方法。精液进行低温保存时，应采取逐步降温的方法，以防冷休克的发生。把稀释后的精液按照一个输精量(羊 10～20 个输精量)分装到一个小试管或玻璃瓶中，封口，包以数层棉花或纱布，最外层用塑料袋扎好，防止水分渗入。把包装好的精液放到 0～5 ℃的低温环境(冰箱)中，经 1～2 h，精液温度降至 0～5 ℃。在保存过程中，要维持恒定的温度，防止升温。如特殊情况或运输，可用广口保温瓶，在保温瓶中加七八成满的冰块，把包装好的精液放在冰块上，盖好，注意定期添加冰源。如无冰源可采用化学制冷法，在冷水中加入一定量的氯化铵或尿素，可使水温达到 2～4 ℃。

**3. 精液冷冻保存**

精液冷冻保存是用液氮(－196 ℃)或干冰(－78 ℃)作为冷源，将精液处理后冷冻，达到长期保存的目的。精液冷冻保存是人工授精工作的一大进步。保存时间的延长使精液的使用不受地区的限制，从而加快了家畜品种的育成和改良速度。

(1)精液冷冻保存的原理。在超低温下，精子的代谢几乎停止，以生命相对静止状态保存下来，当温度回升后，又能复苏且具有受精能力。关于精液在冷冻过程中为什么没有死亡，复苏后仍具有活力？对此科学工作者做过许多探索和解释，但一直未有定论，其中比较公认的是玻璃化假说。

玻璃化假说认为，物质的存在形式有气态、液态和固态，其中固态又分为结晶态和玻璃态。在不同的温度条件下，这两种形式可以相互转化。当气体的温度逐渐下降时，越过沸点即转变为液体；当温度进一步下降而越过熔点时，液态又转变为固态。固态的形式有两种类型：当温度逐渐下降时，所形成的固体为结晶态(分子有序排列，颗粒大而均匀)；如果液体的温度迅速下降并越过某一区域，所形成的固体为玻璃态(分子无序排列，颗粒细小而均匀)。反之，当温度缓慢升高时，玻璃态先变成结晶态，再成为液体；如果快速升温，则玻璃态可跨越结晶态直接变为液体。冰晶化是造成精子死亡的主要原因：其一，当精液冷冻时，精子外的水分先冻结。这种冻结并非同时发生，局部水分冻结后，把溶质排斥到没有冻结的那部分精液中，形成高渗液，由于精子内外渗透压差及冰和水表面蒸汽压差的关系，使精子脱水，原生质变干而死亡。其二，由于水分冻结，产生冰晶，其体积增大且形状不规则，加之冰晶的扩展和移动，对精子产生机械压力，破坏精子原生质表层和内部结构，引起精子死亡。玻璃化是精子在超低温下，水分子保持原来无序排列，呈现纯粹的超微颗粒结晶坚实的冻结团块。精子在玻璃化冻结状态下，不会出现原生质脱水，结构不发生变化，解冻后仍可恢复活力。

经试验证明，在－60～0 ℃是冰晶形成的温度区域，而且在逐渐降温的条件下才有形成。降温越慢，冰晶形成越大，尤以－25～－15 ℃为甚。玻璃化必须在－250～－60 ℃的低温区域内，经快速降温，迅速越过冰晶化而进入玻璃化阶段。

基于以上原理，冷冻精液制作和使用中，无论是升温还是降温，都必须采取快速越过对精子有危害的冰晶化温区。尽管冷冻精液已制作成功并在生产中得以广泛应用，但仍达不到完全的玻璃化程度，在冷冻中有 30%～50%精子死去。因此，向稀释液中添加抗冻物质如甘油，以增强精子的抗冻能力，对防止冰晶化有重要作用。甘油浓度高时，对精子有危害作用，如伤害精子的顶体和颈部、使尾部弯曲、破坏某些酶类等，影响受胎，因此应掌握甘油的用量。一般牛冷冻精液中甘油加入量通常为 5%～7%。除甘油外，其他多羟化合物如二甲基亚砜（DMSO）、三羟甲基氨基甲烷（Tris）、糖类等都具有抗冻作用。

(2)精液冷冻技术。

①采精及精液品质检查。精液冷冻效果与精液品质密切相关。做好采精的准备和操作，争取获得优质的精液。

②稀释精液。根据冻精的种类、分装剂型及稀释倍数的不同，精液的稀释方法也不尽一致，现生产中多采用一次或两次稀释法。

一次稀释法：将含有甘油、卵黄等的稀释液按一定比例加入精液中，适合于低倍稀释。两次稀释法：为避免甘油与精子接触时间过长而造成的危害，采用两次稀释法较为合理。首先用不含甘油的稀释液（第一液）对精子进行最后稀释倍数的半倍稀释，然后把该精液连同第二液一起降温至 0～5 ℃（全程 1 h 左右），并在此温度下做第二次稀释。

③降温平衡。采用一次稀释法，由于稀释温度为 30 ℃，需经 1～2 h 缓慢降温至 0～5 ℃，以防稀释打击。平衡是降温后，把稀释后的精液放置在 0～5 ℃的环境中停留 2～4 h，使甘油充分渗入精子内部，起到抗冻作用。

④精液的分装。采用颗粒、细管、安瓿和塑料袋等分装方法。

a)颗粒冻精。将精液滴冻在经液氮制冷的金属网或塑料板上，冷冻后制成 0.1 mL 左右的颗粒。颗粒冻精曾在牛中广泛应用，现多用于马、绵羊及野生动物的冻精剂型，具有成本低、制作方便等优点，但不易标记、解冻麻烦、易受污染。

b)细管冻精。把平衡后的精液分装到塑料细管中，细管的一端塞有细线或棉花，其间放置少量聚乙烯醇粉（吸水后形成活塞），另一端封口，冷冻后保存。细管的长度约 13 cm，容量有 0.25 mL、0.5 mL 或 1.0 mL。现生产中牛的冻精多用 0.25 mL 剂型。细管冻精具有不受污染、容易标记、易贮存、适于机械化生产等特点，是最理想的剂型。

c)安瓿冻精。用硅酸盐硬质玻璃制成的安瓿盛装精液，用酒精灯封口，剂量为 0.5 mL 或 1.0 mL。安瓿冻精虽剂量准确、不污染、易标记，但体积大、贮存不便、易爆破，所以生产中现多已不采用。

⑤冻结。

a)干冰埋植法。适合于小规模生产及液氮缺乏地区。

颗粒冷冻：把干冰置于木盒中，铺平压实，用预先做好的模板在干冰上压出直径 0.5 cm、深 2～3 cm 的小孔，用滴管将平衡后的精液 0.1 mL 左右滴入孔内，覆以干冰，2～4 min 后，收集冻精保存。

细管冻精冷冻：将分装的冻精平铺于压实的干冰上，并迅速用干冰覆盖，2～4 min 取出贮存于干冰或液氮中。

b)液氮法。

颗粒冻精：在广口液氮桶上安装铜纱网，调至距液氮面 1～3 cm，预冷几分钟后，使纱网附近温度达－100～－80 ℃，将精液均匀地滴在铜纱网上，2～4 min，待精液颗粒充分冻结，颜色变浅发亮时，用小铲轻轻铲下颗粒冻精，每 50～100 粒装入一纱布袋中，沉入液氮保存。

细管冻精：除按上述方法对细管进行熏蒸冷冻外，也可采用液氮浸泡法。把分装好的精液细管平铺于特制的细管架上，放入盛装液氮的液氮柜中浸泡，盖好，5 min 后取出保存。这种方法启动温度低，冷冻效果好。

⑥冻精解冻。冻精解冻是验证精液冷冻效果的必要环节，也是输精前必需的准备工作。其方法有低温冰水(0～5 ℃)解冻、温水(30～40 ℃)解冻和高温(50～70 ℃)解冻等。实践证明，温水解冻法特别是 38～40 ℃解冻效果最好。

细管冻精、安瓿冻精在解冻时，可直接投放在温水中，待冻精一半融化即可取出备用。

颗粒冻精解冻时，需预先准备解冻液。牛用解冻液常为 2.9%柠檬酸钠。解冻时取一小试管，加入 1 mL 解冻液，放在盛有温水的烧杯中。当与水温相同时，取 1 粒冻精子置于小试管内，轻轻摇晃使冻精融化。

解冻后进行镜检并观察精子活力，活力在 0.3 以上才能用于输精。

## 三、任务准备

17 ℃精液保存箱、猪常温精液、乳胶手套、75%酒精及喷壶、光学显微镜(配有摄像头、显示屏)、擦镜纸、恒温加热台、水浴锅、温度计、载玻片、盖玻片、小试管(5 mL)、试管架、血细胞计数板、血盖片、微量移液器、微量移液器吸头、机械式手动金属计数器、3% NaCl 溶液、吸水纸、计算器、纸巾、载玻片回收桶、垃圾桶、剪刀、笔、精液品质检查记录表等。

## 四、任务报告

**精液品质检查记录表**

| 精液编号 | 公猪耳号 | 精液量 | 精子活力 | 精子密度 | 畸形率 | 检查人 |
|---|---|---|---|---|---|---|
| | | | | | | |
| | | | | | | |
| | | | | | | |

# 任务三 输 精

## 一、任务说明

输精是配种的重要环节,准确把握输精时间、规范进行输精操作是提高配种成功率的重要保障。

二维码 3-7 输精
(微视频 讲师洪渊)

## 二、任务内容

### (一)输精的基本要求

**1. 输精时间**

母畜输精后是否受胎,掌握合适的输精时间至关重要。输精时间是根据母畜的排卵时间、精子在母畜生殖道内保持受精能力的时间及精子获能时间等确定的。

(1)牛的输精时间。一般母牛发情持续期短,输精应尽早进行。发现母牛发情后 8～10 h 可进行第一次输精,隔 8～12 h 进行第二次输精。在生产中,如果牛早上发情,当日下午或傍晚进行第一次输精,次日早上进行第二次输精;下午或晚上发情,次日早上进行第一次输精,次日下午或傍晚进行第二次输精。

初配母牛发情持续期稍长,输精过早受胎率不高,通常在发情后 20 h 左右开始输精。在第二次输精前,最好检查一下卵泡。如母牛已排卵,一般不必再输精。

(2)猪的输精时间。母猪发情时外部表现特别明显,外阴长时间红肿,通过外部观察难以确定输精时间。一般在母猪发情后的 30～40 h 内输精 2 次,或发情盛期过后仍出现"压背反射"时输精。

(3)羊的输精时间。母羊的输精时间应根据试情制度确定。试情 1 次/d 时,在发情的当天及半天后各输精 1 次;试情 2 次/d 时,发现母羊发情后隔半天进行第 1 次输精,再隔半天进行第 2 次输精。

**2. 输精量及有效精子数**

输精量和有效精子数应根据不同家畜的生理特点、不同生理状况及精液保存方式等确定(表 3-3)。一般来讲,马、猪的输精量大,牛、羊的输精量小;体型大、经产、子宫松弛的母畜输精量大些,体型小、初配的母畜输精量小些;液态保存的精液输精量比冷冻精液多一些。

表 3-3 各种家畜的输精要求

| 项目 | 牛 | | 猪 | | 羊 | |
|---|---|---|---|---|---|---|
| | 液态 | 冷冻 | 液态 | 冷冻 | 液态 | 冷冻 |
| 输精量/mL | 1～2 | 0.25～1.0 | 30～40 | 20～30 | 0.05～0.1 | 0.1～0.2 |
| 输入有效精子数/亿 | 0.3～0.5 | 0.1～0.2 | 20～50 | 10～20 | 0.5 | 0.3～0.5 |
| 输精次数 | 1～2 | | 1～2 | | 1～2 | |
| 输精部位 | 子宫颈深部或子宫体 | | 子宫内 | | 子宫颈 | |

## (二)输精方法

### 1. 母牛的输精

(1)阴道开张器输精法。操作时一手持开张器,打开母牛阴道,借助光源找到子宫颈口,另一只手握吸有精液的输精器,伸入子宫颈 1～2 皱褶处(2～3 cm),慢慢注入精液。此法能直接观察到输精管(输精枪)伸入子宫颈口的情况,比较好掌握。但操作时,母牛往往骚动不安,努责弓背加之输精部浅易引起精液倒流,受胎率低。另外,此法容易损伤母牛的阴道黏膜,输精不方便,故生产中很少采用。

(2)直肠把握输精法。一只手伸入直肠内把握住子宫颈,另一只手持输精器,先从斜上方伸入阴道内进入 5～10 cm 后再水平插入子宫颈口,两手协同配合,把输精器伸入子宫颈的 3～5 个皱褶处或子宫体内,慢慢注入精液。输精过程中,输精器不要握得太紧,要随着母牛的摆动而灵活伸入。直肠内的手要把握子宫颈的后端,并保持子宫颈的水平状态。输精枪要稍用力前伸,每过一个子宫颈皱褶都有感觉,出现"咔咔"的响声。但要避免盲目用力插入,防止生殖道黏膜损伤或穿孔。此法的优点是:①精液输入部位深,不易倒流,受胎率高;②母牛受刺激无不良反应;③能防止给孕牛误配,造成人为流产;④用具简单,操作安全、方便。整个操作过程要求技术熟练,故此技术需经一定时间的训练才能掌握。

### 2. 母猪的常规输精

(1)准备好输精栏、0.1% $KMnO_4$溶液、清水、抹布、剪刀针头、干燥清洁的毛巾、精液等。将经发情鉴定后,待输精的母猪置于输精栏。

(2)先用 0.1% $KMnO_4$溶液清洁母猪外阴周围、尾根,再用温和清水洗去消毒水,以干净的毛巾擦干外阴部水珠。

(3)将试情公猪赶至待配母猪栏前的走道(注:发情鉴定后,输精之前 1 h 以内,发情母猪不应再见到任何公猪,直至输精,否则,母猪将对公猪不产生"性趣",导致输精效果差,甚至失败),要求母猪在输精时与公猪保持口鼻接触,同时要求固定公猪的相关活动区域。当前非洲猪瘟防控形势严峻,在生产中,通常采用化学合成的公猪气味剂来取代试情公猪,在输精过程中时常在口鼻处喷雾,稳定母猪输精时候的状态,提升输精效果。

(4)从密封袋中取出无污染的一次性输精管(手不准接触其前 2/3 部),在前端涂上对精子无毒的润滑液。

(5)用手将母猪阴唇分开,将输精管沿着稍斜向上方的角度慢慢向一个方向旋转插入生殖道内。当插入 10～30 cm 时会感到有阻力,此时输精管头部已到子宫颈口,用手再将输精管稍微回旋,输精管头部则停在子宫颈第 2～3 皱褶处,能感觉到输精管被锁定,回拉时则会感到有一定的阻力,此时便可进行输精。

(6)从贮存箱中取出精液,确认标签正确。小心混匀精液,掰断或剪断瓶嘴,将精液瓶接上输精管,开始输精。

(7)轻压输精瓶,确认精液能流出,用针头在瓶底扎一小孔,按摩母猪乳房、外阴或压背,使子宫产生负压将精液吸纳,绝不允许将精液挤入母猪的生殖道内。

(8)控制输精瓶高低,调节输精时间,一般 5 min 左右输完,最快不要少于 3 min,防止精液吸纳过快导致精液倒流。

(9)为了防止精液倒流,输完精后,不要急于拔出输精管。应将精液瓶或袋取下,将输精管尾部打折，插入去盖的精液瓶或袋孔内，这样既可防止空气的进入，又能防止精液倒流。输精管在子宫颈保持一段时间，可有效地刺激母猪分泌催产素，增强生殖道的收缩，加速精液向子宫深部流动，减少精液倒流概率。

(10)输完一头母猪后，立即登记配种记录，如实评分。输完后不应拍打母猪，否则将引起母猪应激，母猪分泌的肾上腺素将抵消催产素的作用，使母猪生殖道收缩突然停止，增加精液倒流的可能性。

**3. 母羊的输精**

绵羊和山羊都采用阴道开张器法，其操作与牛相同。由于羊的体型较小，为工作方便，提高效率，可在输精架后设置一个坑，或安装可升降的输精台架。在有些地区，有人采用由助手抓住羊后肢，使其倒立保定，也较方便。

## 三、任务准备

17 ℃精液保存箱、猪常温精液、一次性输精管、润滑剂、乳胶手套、75%酒精及喷壶、水盆(清水)等、纸巾、剪刀、垃圾桶、笔、常规输精记录表等。

## 四、任务报告

**常规输精记录表**

| 母猪耳号 | 配种日期 | 公猪耳号 | 精液编号 | 次数 | 是否回流 | 操作人 |
|---|---|---|---|---|---|---|
| | | | | | | |
| | | | | | | |
| | | | | | | |

# 拓展学习

## 一、影响猪人工授精效果的主要因素

**1. 公猪因素**

公猪精液品质的优劣是影响母猪情期受胎率和产仔数的直接原因。

(1)精液品质。精液品质的主要指标包括精子活力、精子密度和精子畸形率等。精子活力的高低直接关系母猪受胎率和产仔数的高低。根据已有的大量研究可知，当精液中死精率超过 20%或活力低于 0.7 时，母猪的受胎率和产仔数就会受到影响。宫颈输精时，一瓶合格精液的标准是精子活力不低于 0.7，精子畸形率不超过 18%，剂量为 80～100 mL，总精子数在 40 亿个；宫内输精时，总精子数和精液量都减半。因此，每次采出的精液必须经过检查，合格的精液方能进行下一步的稀释、保存和使用，并且每一个阶段都应检查精液品质的变化。

(2)精液保存。由于不当的稀释操作、稀释剂的种类不同、恒温冰箱的温度变化等,有时精液品质会明显下降。无论哪头公猪的精液,无论保存多长时间,使用前均要检查其品质,合格的精液才能用于输精。一些猪场技术人员认为常温保存的精液没有刚配制出的精液输精效果好,所以要求公猪站早上 5 点前上班生产精液,保证用“新鲜”精液配种。实际上,达到标准的常温精液,因为其精子适应了稀释环境,受精能力可能比“新鲜”精液效果更好。

(3)输精时精液的保管。在炎热的夏季或寒冷的冬季,精液瓶或精液袋在外界暴露时间太长,由于热应激或冷应激的影响,精液品质均会发生变化,精子活力降低,母猪的情期受胎率和产仔数下降。夏季或冬季输精前,若数量较大,精液最好用泡沫箱盛放,夏季注意降温,冬季注意保温(但温度不能低于 15 ℃)。

**2. 母猪因素**

(1)母猪体况。由于哺乳或其他原因,母猪过肥或过瘦,发情表现不明显,即使发情后进行了输精,也容易返情;或由于母猪日粮中部分营养物质缺乏,容易造成胚胎早期死亡,母猪返情或产仔数少。所以,配种前要注意母猪日粮和体况的调节。对于体况中等或偏下的母猪,采用配种前优饲、配种后劣饲的方式,促进母猪发情、排卵和胚胎着床。但对于断奶后体况仍较肥且哺乳期间体况变化不大的母猪,则应采取配种前减料、配种后劣饲的方式,可更好地促进母猪发情、排卵和胚胎着床。断奶母猪继续饲喂哺乳料,饲喂量因断奶后体况而定;配种后 3 周内母猪采食量一般不超过 1.8 kg/d,要求在母猪妊娠后 50～60 d 达到中等体况。

(2)母猪疾病。不论是本交还是人工授精,都有一部分母猪患有繁殖疾病,不同程度影响了母猪的受胎率和产仔数。如果母猪患有猪瘟、乙型脑炎、巴氏杆菌病等,输精后很容易返情,即使受胎,也容易造成胚胎早期死亡而导致母猪产仔数少;或母猪患有可见性或隐性子宫炎,无论怎样输精都不会受胎,即在母猪自身有某些疾病发生时,人工授精的效果就可能变差。因此,应该奉行这样一种观念:有病的母猪应先治疗,痊愈后方可进行输精,这样才能得到较好的受胎和产仔效果,获得较大的经济价值。因母猪子宫角长,一旦发生子宫炎,治愈可能性很小,因此,子宫炎症主要在于预防,如果母猪发生子宫炎,建议淘汰。

**3. 人工授精技术因素**

(1)输精前的准备。输精前,如果不对母猪外阴进行清洗、消毒,很容易通过输精管将细菌或病毒带入母猪阴道或子宫,引起母猪子宫炎等疾病,从而影响人工授精效果。同时,也要对输精栏的地板进行多次清洁和消毒,尤其是发情母猪后躯下方的地板。

(2)试情公猪的作用。宫颈输精时,要求公猪在场,试情公猪要求由行动缓慢、唾液多、善交流的老公猪担任,且保证公猪、母猪之间口鼻部的接触,可刺激发情母猪分泌高水平的催产素,催产素可促进子宫收缩,产生负压将精液吸纳至子宫,减少精液倒流的机会。输精时应首先将待配母猪外阴部清洗干净,准备好输精器具和精液,之后才将公猪赶到发情母猪前,而不是先赶公猪,后清洗母猪。试情公猪应固定在输精母猪前,不能让公猪在走道来回走动;母猪输精前 1 h 内不能接触任何公猪,以保证输精效果。

(3)输精方法。宫颈输精时应避免将输精管插入尿道,要斜向上 45°角朝一个方向旋转插入,不能硬插,以免损伤母猪阴道。确认输精管头部是否涂有润滑剂或是否做过预润滑处理,以利于插入和保护母猪生殖道。根据母猪体长,一般插入 30 cm 左右就到了子宫颈口 2～3 个皱褶处,稍微逆时针方向拧一点输精管就可以锁在子宫颈口,往回拉有一定阻力,有锁定的感觉,就可以进行输精。输精后在防止空气进入的情况下将输精管滞留在母猪的生殖道内,继续刺激母猪。宫内输精时,输精管的插入是否顺利,有没有出现插管困难、强插管、精液回流等现象,将直接影响宫内输精的效果。

(4)输精时间。宫颈输精时,输精时间与母猪情期受胎率和产仔数有很大关系。输精时间在3 min以内的母猪与输精时间在5 min以上的母猪相比较,前者的受胎率和产仔数远低于后者,且差异显著。因此,母猪配种时输精时间应控制在5 min以上,母猪经2～3个宫缩将精液吸纳为宜,把精液送入母猪体内并不是输精过程的结束,事实上这只是个开始。精子需要在子宫的收缩作用下输送到输卵管,这是在催产素的作用下实现的,需要继续刺激。继续接触公猪,母猪才会分泌催产素,刺激生殖道收缩。假设人工授精需要花5～6 min,那么继续刺激大概需要同样的时间。

(5)配种方案。母猪首次输精对当胎仔猪的贡献率超过60%,确定首次输精的时间非常重要。卵子排出后在输卵管内维持受精能力的时间为8～10 h,精子维持受精能力时间为24～48 h,精子在受精之前需要6～8 h才能获能。发情鉴定的准确性非常重要,配种过早或过晚都会降低母猪繁殖成绩,应依据繁殖生产记录如断奶时间、配种时间等,并结合发情进程、发情表现进行综合判断。统计分析,输精次数越多,繁殖成绩越差。输精次数多,说明发情鉴定不准确,更说明首次输精过早,输精间隔过短。因此,最佳的输精方案是保证母猪繁殖性能的基础。

(6)输精后母猪的姿势。输完精液的母猪如果马上卧下,精液容易倒流,影响人工授精效果。因此,输完精后,要继续刺激母猪,并不让母猪卧倒。

(7)配种员差异。经验丰富且技术水平高的配种员,在观察母猪发情、输精等工作方面均能取得较好成绩,母猪受胎率和产仔数均较高。因此,一个猪场母猪繁殖性能的高低,除与品种、公猪精液品质、管理水平等有很大关系外,还与配种员技术水平有一定的关系。要注意从众多的配种员中选择责任心强、有耐心的人员进行重点培养。

除以上因素外,天气、温度、光照等外部环境在一定程度上也会影响人工授精的效果。

综上所述,猪人工授精效果既受母猪自身因素和公猪精液影响,也受输精操作、发情鉴定及环境等其他因素影响。只要各个因素协调得当,配种员技术扎实、责任心强,人工授精就能取得良好的效果,母猪情期受胎率和产仔数就能达到理想水平,从而提高猪场的经济效益和社会效益。

## 二、繁殖障碍及处置

动物的繁殖过程错综复杂,从生殖细胞发生到配子运行、胚胎附植、妊娠,其中任何一个环节出现问题都会导致繁殖障碍的出现。公畜、母畜暂时或永久性丧失繁殖能力称为不育,不孕则是指母畜的繁殖障碍,可能是暂时的,经过改善饲养管理或采取相应的治疗措施,可以恢复正常的生殖能力,也可能是永久性不育。

### (一)母畜繁殖障碍

二维码 3-8 母畜的生殖机能

#### 1. 先天性不育

(1)生殖器官幼稚。母畜到了初情期年龄后,一直无发情表现,有时虽出现发情,但屡配不孕。生殖器官幼稚主要表现在子宫角纤细,阴道和阴门狭小,卵巢发育不良。通过激素、物理疗法处理后，仍不能正常发情的母畜应及时淘汰。

（2）雌雄间性。雌雄间性分为真雌雄间性和假雌雄间性。真雌雄间性时，同时具有两种性腺——卵巢和睾丸，常见于猪、牛和山羊。假雌雄间性时，性腺可能是卵巢或睾丸，而外生殖器官则属于另一性别。雌雄间性的动物不能繁殖后代。

（3）异性孪生。异性孪生不育主要发生于牛。母牛产异性双胎时，其中的母犊约94%不育，公犊正常。异性孪生的母犊性成熟后，仍无发情表现，阴门狭小，阴道短，阴蒂长，子宫发育不良或畸形，子宫角如细绳，卵巢如黄豆粒或玉米粒大小，貌似公牛，乳房几乎不发育。

（4）种间杂交的后代。在动物中，一些亲缘关系较近的种间杂交虽能产生后代，但生物学上的某种缺陷或遗传因素，会导致其多无繁殖能力。马和驴的杂交后代为骡（母马与公驴的后代为马骡，即常说的骡子；公马与母驴的杂种为驴骡）。骡虽有生育的报道，但为数极少。骡子体细胞的染色体为63条，不能形成正常的性细胞。

**2. 营养性不育**

由于饲养管理不当，引起母畜营养缺乏或过剩，出现繁殖障碍。营养性繁殖障碍在生产中较为常见，程度有所不同，容易被忽视。日粮中的能量水平对卵巢活动有显著作用。能量不足，可使泌乳牛及断奶后母猪卵巢出现静止而不发情。蛋白质不足，母畜瘦弱，可表现不发情，卵泡发育停止。矿物质和维生素不足可引起不发情或发育受阻。牛和绵羊缺磷会使卵巢功能失调，性成熟晚，发情表现不明显。缺锰可造成母牛和青年猪卵巢功能障碍。缺乏维生素A或维生素E可造成发情周期紊乱，流产率和胚胎死亡率增加。

饲料营养过剩，会引起母畜肥胖。过度肥胖的母畜内脏器官包括生殖器官有大量脂肪沉积和浸润，卵泡上皮变性，影响卵子的发生及排出，致使卵巢静止。另外，过度肥胖还会引起妊娠母畜胎盘变性，流产率、死胎率和难产率等明显增加。

**3. 环境气候性不育**

母畜的生殖功能与日照、气温、环境、饲料成分等外界因素的变化有密切关系。环境气候对季节性繁殖的动物影响较为显著，如母马在早春和炎热季节卵泡发育较迟缓，而5—6月份发育速度较快，排卵也正常。在早春遇到寒流时，排卵时间会明显延长；在炎热的夏季遇雨和气温下降会诱发排卵。配种时要依据这些变化，适时输精。高寒及高原地区在气温较低的月份，牛、猪安静发情较多见。在应激情况下，如高温、高密度饲养，牛、绵羊、猪的发情受到抑制，受精出现障碍。从外地引进的种畜由于运输应激及饲养管理的突然变化会出现暂时性的繁殖抑制。

**4. 管理利用性不育**

母畜在妊娠期间过度使役可造成生殖功能减退，容易诱发流产及产道感染。运动不足会影响动物健康，生殖能力下降，发情症状不明显。由于长期运动不足，动物肌肉紧张性降低，分娩时易发生难产，造成胎衣不下、子宫不能复原等现象。在泌乳期间，如果动物的泌乳量高或仔畜哺乳期长，激素的作用就会导致母畜出现乏情。另外，在人工授精工作实施中，技术员的技术水平低，不能适时输精，精液品质差，消毒不严格等，都会引起母畜的繁殖障碍。

**5. 卵巢功能性不育**

（1）卵巢功能性障碍。

①卵巢发育不全、萎缩及硬化。卵巢发育不全是指卵巢由于营养、激素等原因发育过小，

导致母畜生殖器官发育不良，不能正常发情、排卵和受胎。卵巢萎缩及硬化是指发生卵巢功能减退之后，由于卵巢功能受到干扰，处于静止状态，如卵巢功能衰退久而不能恢复，即可引起卵巢组织的萎缩、硬化。母畜卵巢萎缩及硬化后，不能形成卵泡，出现不育。

②持久黄体。持久黄体是指母畜发情或分娩后，卵巢上黄体长期存在而不消失，母畜饲养管理不当、饲料单一、缺乏矿物质和维生素、长期舍饲、运动不足、体内激素分泌失调等，均可引起持久黄体，同时持久黄体也常继发于子宫内膜炎、子宫积水、子宫积脓、胎衣滞留之后。母畜患持久黄体时，表现为长期不发情，阴道检查发现阴道黏膜苍白、干涩、子宫颈关闭；直肠检查感到一侧或双侧卵巢上有黄体存在，黄体略突出于卵巢表面，呈蘑菇状，触之粗糙而坚硬，隔几日检查，症状如初，即可确诊。

③卵巢囊肿。卵巢囊肿在牛、猪、马中较多见，可分为卵泡囊肿和黄体囊肿两类。母牛卵泡囊肿时，表现为长期发情，出现所谓“慕雄狂”。病牛精神极度不安，大声咆哮，食欲明显减退或废绝，爬跨或追逐其他母牛。病程长时，母牛明显消瘦，体力严重下降，常在尾根与肛门之间出现明显塌陷，久而不治可衰竭致死。直肠检查时可感到母牛卵巢明显增大，囊肿直径达 3～5 cm，如乒乓球大小。用指肚触压，紧张而似又有波动。稍用力按压囊肿部位，母牛表现为回头观望、后肢踏地或移动不定，说明痛感明显，隔 2～3 d 检查，症状如初可确诊。马卵泡囊肿时，囊肿直径可达 7～10 cm，发情表现明显。黄体囊肿时，由于能分泌孕酮，所以卵巢上无卵泡发育，母畜表现为长期不发情。直肠检查时，发现黄体肿大，壁厚而软，紧张性弱。若不治疗，可持续数月甚至 1 年不消退。

(2)卵巢功能性障碍的治疗。

①加强饲养管理。多喂一些富含矿物质和维生素的饲料，注意饲料的搭配。为了合理使役适繁母畜特别是孕畜，建议每天安排一定的运动时间。

②物理疗法。

子宫热浴：大动物可用生理盐水、1%～2%的碳酸氢钠溶液等，加温至 40～45 ℃，向子宫内灌注，停留 10～20 min 后排出。热浴可促进子宫和卵巢的血液循环，加快代谢，改善营养。对卵巢发育不全、萎缩及硬化较适用。

卵巢按摩：适于牛、马等大动物。将手伸入直肠内，隔着肠壁按摩卵巢，以激发卵巢的功能，适于卵巢发育不全、萎缩及硬化，此法连日或隔日进行，每次持续 3～5 min。

激光治疗：应用氦氖激光治疗仪进行穴位照射。通常照射地户穴和交巢穴，根据治疗仪的功率及型号调整光斑直径和照射距离，每次 10～30 min，1 次/d，连续 7～10 次为 1 个疗程。对卵巢发育不全、卵巢囊肿效果较好。

③激素疗法。应用外源激素来调整和恢复卵巢的功能，促进卵泡正常发育、排卵。对于安静发情和卵巢发育不全、萎缩或硬化，可用促卵泡激素、促黄体素、人绒毛膜促性腺激素等调整。如促卵泡激素，大动物一次肌内注射 200～400 IU，配合使用促黄体素 200 IU。

持久黄体和黄体囊肿：首选前列腺素及其类似物，一般牛、马 2～8 mg，猪、羊 1～2 mg。如持久黄体和黄体囊肿由子宫炎等继发，应先治疗原发病再使用激素，方能达到预期的效果。

卵泡囊肿：先促进囊肿黄体化再进行溶解黄体。可用促黄体素肌内注射，大动物 1 次 200 IU，隔 2～3 d 再注射 1 次即可。孕激素治疗卵泡囊肿效果也较理想，大动物 1 次肌内注射 50～150 mg，连日或隔日进行，连续 7 次为 1 个疗程。除此之外，还可以使用促性腺激素配合前列腺素类药物治疗，效果较好。

**6. 生殖道疾病性不育**

在动物繁殖障碍中，以生殖器官疾病所占比例最大，常见的主要有子宫内膜炎和子宫积水、蓄脓等。

(1)子宫内膜炎。

①症状及诊断。子宫内膜炎在各种动物中均有发生，以牛、猪、马为多见，根据临床症状及病理变化可分为卡他性子宫内膜炎和脓性子宫内膜炎。子宫内膜炎的原因主要是人工授精时不遵守技术操作程序及消毒不严或者精液污染。此外，在正常分娩的助产或难产手术受到感染时也可能发生，往往继发于胎衣不下、阴道脱、子宫脱、子宫颈炎及子宫弛缓等。本交时，公畜生殖器官的炎症也能传染给母畜，而发生子宫内膜炎。

卡他性子宫内膜炎：属子宫黏膜的浅层炎症，病理变化较轻，一般无全身症状。母畜发情周期多正常，发情持续期延长。发情时外部表现较明显，黏液流出量较正常多，常混有絮状物，特别是在趴卧时流出量更大，屡配不孕。直肠检查感到子宫角略肥大、松软、弹性减弱、收缩反应不敏感。

脓性子宫内膜炎：病理变化较深，有轻度的全身反应，如体温升高、精神不振、食欲减退等。发情周期紊乱，可见灰白色、黄褐色的脓性分泌物由阴门流出，附于尾根、坐骨结节及臀部形成结痂。阴道检查发现阴道黏膜充血，子宫颈口开张，有脓汁蓄积或流出，如无脓汁流出，可用输精枪或金属棒插入子宫内探查。直肠检查感觉子宫角肿大、下沉，角壁肥厚且不平整，触压有波动，收缩反应消失。

②治疗。临床上治疗子宫内膜炎多采用子宫冲洗结合灌注抗生素的方法。

卡他性子宫内膜炎：可选用无刺激药物即生理盐水、5%葡萄糖溶液冲洗子宫。一般用量牛为1 000 mL左右，马为1 500～2 000 mL，加热至40 ℃，边注入边排出。冲洗液充分排净后，向子宫注入抗生素。

脓性子宫内膜炎：一般选用5%盐水、0.1%高锰酸钾、0.05%呋喃西林、0.5%来苏尔等药物冲洗子宫，药液排尽后再用生理盐水冲洗，直至回流液清亮。取青霉素100万IU，链霉素200万IU溶解后灌入子宫内。也可在子宫内放置复方制剂如宫炎康、宫炎消、洁尔阴等。

(2)子宫积水、蓄脓。

①病因。子宫积水和蓄脓由子宫内膜炎继发，如子宫颈黏膜肿胀或其他原因使子宫颈阻塞或闭合，子宫内的分泌物不能排出，逐渐积累，最终可形成子宫积水或子宫蓄脓。子宫积水发生于卡他性子宫内膜炎之后，治疗不及时，导致炎性分泌物蓄积。子宫蓄脓常发生于脓性子宫内膜炎之后，牛较多见。

②症状及诊断。患畜长期不发情，定期排出分泌物。阴道检查可见子宫颈外口脓肿、开张、有分泌物附着或流出。直肠检查发现子宫显著增大，与妊娠2～3个月的状态相似，收缩反应消失，但摸不到子叶，隔数日复查，症状如初可确诊。

③治疗。首先应尽力排除子宫内的蓄积物，注射前列腺素类、催产素、雌激素等药物促进子宫颈开张、子宫收缩；然后按脓性子宫内膜炎的治疗方法处置。子宫疾病的防治应从改善饲养管理着手，以提高母畜机体的抵抗力。治疗时，应恢复子宫的张力，增加子宫的血液供给，促进子宫内容物的外流和抑制或消除子宫的再感染。

## (二)雄性动物繁殖障碍

### 1. 生精功能障碍

(1)隐睾。凡隐睾的公畜均不能作为种公畜使用。

(2)睾丸炎。睾丸炎是由布鲁氏菌、结核分枝杆菌、放线菌、乙型脑炎等感染所致,还可能因外伤等引起。公畜患睾丸炎后常表现睾丸肿胀、发热或充血,影响精子生成,精液品质下降,严重时会出现生精障碍。发生睾丸炎后,应及时采取冷敷、封闭、注射抗生素或磺胺类药物等方法治疗,病症严重久治不愈者应淘汰。

(3)睾丸发育不全。睾丸发育不全是指公畜一侧或双侧睾丸的全部或部分曲精细管上皮不完全发育或缺乏生精上皮,间质组织可能维持基本正常。多数由隐性基因引起的遗传疾病或是由非遗传性的染色体组型异常所致。发生本病的公畜出生后生长发育、第二性征、性欲和交配能力也近正常,但睾丸小、质地软、缺乏弹性,精液呈水样、无精或少精,精子活力低,畸形精子比例高。睾丸发育不全的公畜不应作为种公畜使用。

### 2. 副性腺功能障碍

精囊腺炎是公畜常患的副性腺炎症之一,多由布鲁氏菌感染所致。病症较轻时临床表现不明显,重症者会出现发烧、弓背、不爱走动、排尿或排精时有痛感。牛患精囊腺炎时可见精液中混有絮状物,常伴有出血现象。精囊腺炎可用大量抗生素治疗,如具有传染性,则应立即淘汰。

### 3. 其他繁殖障碍

(1)性欲不强。性欲不强是公畜常见的繁殖障碍,可能是遗传、神经、内分泌失调及环境等因素造成的,公畜表现为性欲不旺盛、采精时阴茎不能勃起、性反应冷淡等,马和猪较为常见。实践证明,环境的突然改变、饲养场所和饲养员的更换、饲料中严重缺乏蛋白质和维生素、采精技术不佳、对公畜粗暴或鞭打、过于肥胖等,都会引起性欲不强。

(2)精液品质不良。公畜的精液达不到输精要求,视为品质不良。主要表现为无精、少精、畸形精子超标、精子活力过低、精液中混有异物(如血、尿、脓汁)等。造成精液品质不良的因素很多,如饲养管理不当、饲料中缺乏蛋白质和维生素、运动不足、性腺及副性腺器官疾病、采精技术不佳、采精频率过大等。

(3)包皮炎。包皮炎,马常是由包皮垢引起的,猪则是由包皮憩室的分泌物引起的,牛、羊多是由包皮腔中的分泌物腐败分解造成的。其临床表现为包皮及阴茎的游离部水肿、疼痛、发生溃疡甚至坏死。包皮炎虽然对精液本身无影响,但严重影响交配及采精。

## 思考题

1. 在生产中,常见的繁殖障碍有哪些?常见的处置方法有哪些?
2. 在生产中,应该怎么选择不同的输精方式?
3. 输精过程中有哪些需要注意的细节?
4. 为保障繁殖力,在饲养过程中的注意事项有哪些?

# 项目四
## 妊娠与分娩

**素养目标**

1. 加强母爱教育，培养感恩之心。
2. 培养科学严谨的工作态度和高度的责任感。
3. 注重生命教育，树立珍爱生命意识。

**知识目标**

1. 了解家畜妊娠与分娩生理。
2. 了解家畜妊娠与分娩过程。
3. 了解家畜产后护理过程。
4. 了解家畜繁殖力的计算方法及提高繁殖力的方法。

**技能目标**

1. 掌握家畜妊娠的诊断方法。
2. 掌握家畜的分娩与护理技术。
3. 掌握家畜繁殖力的计算与评估。

## 知识准备

### 一、妊娠生理

妊娠是胚胎和胎儿在母体内生长发育的过程。成熟卵子受精是妊娠的开始，胎儿及其附属物自母体排出是妊娠的终止。妊娠是非常复杂而变化极为协调的生理过程。妊娠期是从受精结束（一般由最后一次配种日期开始计算）到分娩为止，包括胚胎期和胎儿期。

二维码 4-1　妊娠生理
（微视频　讲师韩云珍）

#### （一）胚胎的早期发育

胚胎的早期发育是指在妊娠初期由受精卵发育成胎儿以前的发育阶段。胚胎期较短，约占妊娠全期的 1/4 或更短些。胚胎的早期发育是在受精卵（即合子）形成后按一定规律进行多次重复分裂（即卵裂）进行的，卵裂所形成的细胞称为卵裂球。卵裂在透明带内进行。哺乳动物的受精卵一般是细胞质连同其中分散的卵黄粒均等地分裂，最初其大小一般相等。每个卵裂球含有与合子相同的细胞核及内容物。理论上卵裂球虽呈倍数（2-4-8-16）增加，但分裂过程中往往快慢不一，并非同时分裂，其中以较大的卵裂球较先分裂，因而有在同一时间内形成奇数个卵裂球的可能。卵裂属于有丝分裂，从受精卵至胚胎的每个细胞都含有两倍的染色体。

根据形态特征，可将胚胎的早期发育分为以下三个阶段（图 4-1）。

（1）桑葚期。附受精卵细胞不断地分裂，卵裂球逐渐变小，但整个胚胎的大小未变，最后形成 32 个细胞，这些细胞在透明带内形成致密的细胞团，其形状像桑葚，故称为桑葚胚。桑葚期主要发生在输卵管中，部分在子宫中度过。据 He fez 报道，早期胚胎（8 细胞前的胚胎），每个卵裂球都具有形成完整个体的发育潜力。

（2）囊胚期。囊胚也称为胚泡。随着细胞层的增多，在细胞团中形成一个充满液体的小腔——囊胚腔，此时的胚胎称囊胚。囊胚初形成时，外面仍有透明带，进入子宫角后，囊胚腔内液体增多，使它很快增大，并突破透明带。此后，囊胚就变成透明的泡状称为胚泡。囊胚是细胞分裂的结果，较小的细胞位于囊胚的周围，发育为滋养层，滋养层而后发育为胎膜和胎盘。较大的细胞聚集在囊胚腔的一极，称为内细胞团（胚结），是以后主要发育为胎儿的部分。

（3）原肠期。胚泡的进一步发育，出现内胚层，此时称为原肠期，这时的胚胎称为原肠胚。随着胚泡的发育，胚结上面的滋养层细胞溶解退化，胚结裸露出来，称为胚盘，随后，胚盘向着囊胚腔的部分以分层的方式逐渐形成一个新的细胞层，向胚泡的内壁扩展，成为完整的一层即内胚层，其外面的细胞层成为外胚层。以后在内胚层和滋养层（外胚层）之间出现中胚层。

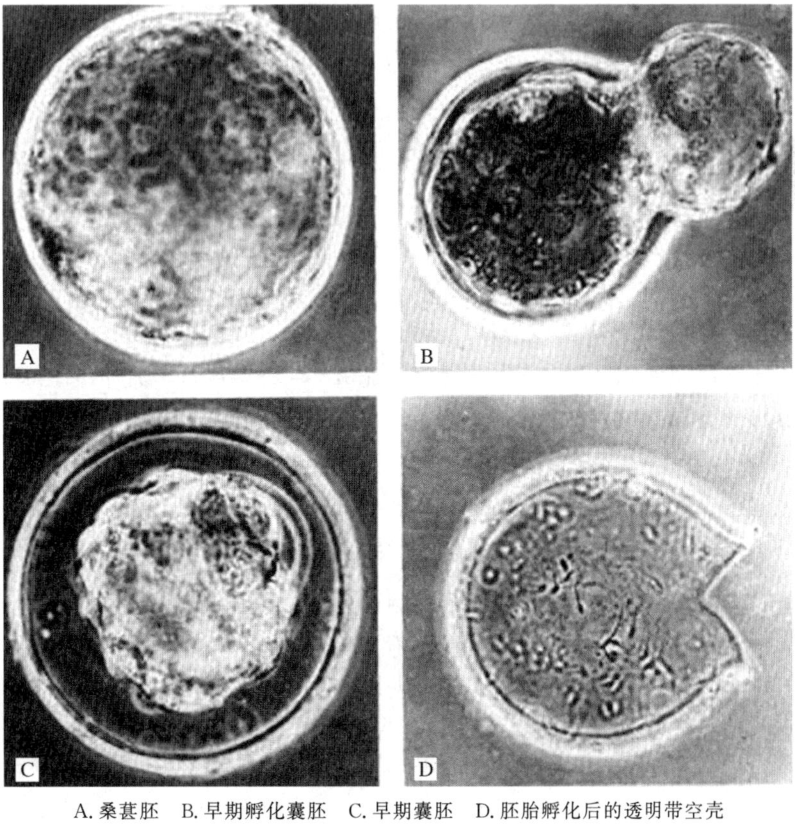


A. 桑葚胚　B. 早期孵化囊胚　C. 早期囊胚　D. 胚胎孵化后的透明带空壳

**图 4-1　胚胎发育过程**

### (二)胚泡的附植

#### 1. 附植的概念

胚泡在子宫内发育的初期阶段是处在一种游离的状态，并不和子宫内膜发生联系，以后由于胚泡内液体的不断增加及体积的增大，胚泡增大，在子宫内的活动逐步受到限制，与子宫壁相贴附，随后和子宫内膜发生组织及生理的联系，位置固定下来，这一过程称为附植，又称附着、植入或着床。

胚泡在游离阶段，单胎动物的胚泡可能因子宫壁的收缩由一侧子宫角迁移到另一侧子宫角；多胎动物的胚泡也可向对侧子宫角迁移，称为胚泡的内迁。牛的胚泡一般无内迁现象。

#### 2. 附植时间

动物胚泡的附植是一个渐进的过程，准确的附植时间差异较大。在游离期之后，胚泡与子宫内膜就开始了疏松附植。紧密附植发生在此后较长的一段时间，且有明显的种间差异，最终以胎盘建立为止。胚泡附植的早晚与怀孕期的长短有一定关系。附植时间早的动物妊娠期短，反之妊娠期长。另外，子宫的环境条件和胚胎发育的同步程度对附植的顺利完成也具有重要的意义。

#### 3. 附植部位

胚泡附着之处是子宫中最有利于其发育的地方。牛、羊、猪的胚泡常定位在子宫角的子宫系膜对侧，那里的子宫血管稠密，所以营养供给丰富，而且距离均等，可避免拥挤。

牛、羊：一个卵受精时，胚泡常在同侧子宫角的下 1/3 处附植；而两个卵都受精时，则平均分布于两个子宫角中。

马：多附植于子宫角基部。产后第一次发情配种受孕后，胚泡多在上次妊娠时的空角处附植。

猪：两子宫角内有均等的胚胎附植。附植的位置取决于囊胚和子宫壁的关系，而不受任何外界因素对囊胚的影响。

### (三)胎膜与胎盘

受精卵经过发育除形成胚胎，最后发育成为胎儿外，还形成许多胎儿的附属物即胎膜、胎盘。它们是胎儿在子宫内发育阶段的临时器官，分娩后即脱离胎儿。

#### 1. 胎膜

胎膜又称胎儿附属膜。它在胎儿外面，包裹着胎儿。胎膜由卵黄囊、羊膜、尿膜、绒毛膜四个部分构成。胎膜的作用是胎儿依靠胎膜从母体血液中获得营养物质和氧气，又通过胎膜将胎儿代谢产生的废弃物运出去，并能合成某些酶和激素。因此，它是维持胎儿发育并保护其安全的重要的暂时性组织器官，对胚胎的发育极为重要。

(1)卵黄囊。哺乳动物胚胎发育初期都有卵黄囊的发育，在卵黄囊上有完整的血液循环系统，是主要的营养器官，起着原始胎盘的作用。原肠胚进一步发育后，分为胚内和胚外两部分，其胚外部分形成卵黄囊。卵黄囊的外层和内层分别由胚外脏壁中胚层和胚外脏壁内胚层形成。

(2)羊膜。羊膜是包围在胎儿外面的一层透明薄膜，在胎儿脐孔处与胎儿皮肤相连。羊膜和胎儿之间的腔称为羊膜腔，内有羊水，能保护胚胎免受振荡和压力的损伤，同时为胚胎提供自由生长的条件。羊膜能自动收缩，使处于羊水中的胚胎呈轻微摇动状态，从而促进胚胎的血液循环。分娩时羊膜破裂，羊水流出，能够润滑产道。羊膜上分布着来自尿膜内层的许多血管，随着尿囊的发育逐渐萎缩退化。

(3)尿膜。尿膜是构成尿囊的薄膜。尿囊通过脐带中的脐尿管与胎儿膀胱相连，尿囊中存有尿水。尿膜分内外两层，内层与羊膜粘连在一起，称尿膜羊膜；外层与绒毛膜粘连在一起，称为尿膜绒毛膜。尿膜上分布有大量来自脐动脉、脐静脉的血管。牛、羊、猪的尿囊在胎儿的腹侧和两侧包围着羊膜囊，马、驴、兔的尿囊则包围着整个羊膜囊。

(4)绒毛膜。绒毛膜是位于最外层的胎膜，包围着尿囊、羊膜囊和胎儿。绒毛膜的外表面分布着大量弥散型(马、驴、猪)或子叶型(牛、羊)的绒毛，并与子宫黏膜相结合。马的绒毛膜填充整个子宫腔，因而发育成“两角一体”。反刍动物形成双角的盲囊，孕角较为发达。猪的绒毛膜呈圆筒状，两端萎缩成为憩室。

(5)脐带。脐带是连接胎儿腹部和胎膜之间的一条带状物。脐带是胎儿和胎盘联系的纽带，被覆羊膜和尿膜，其中有两支脐动脉，一支脐静脉(反刍动物有两支)，有卵黄囊残迹和脐尿管。其血管系统和肺循环相似，脐动脉含胎儿的静脉血，而脐静脉则是来自胎盘，富含氧和其他成分，具有动脉血特征。脐带随胚胎的发育逐渐变长，使胚体可在羊膜腔中自由移动。

**2. 胎盘**

胎盘是由胎膜绒毛膜和妊娠子宫黏膜结合在一起的组织。胎盘中的绒毛膜部分称为胎儿胎盘，与之相应的子宫黏膜部分称为母体胎盘。哺乳动物胚胎通过胎盘从母体器官吸取营养。因此，对胎儿来说，胎盘是一个具有很多功能，并和母体有联系，但又相对独立的暂时性器官。

(1)胎盘类型。胎盘的类型根据绒毛膜表面绒毛的分布一般分为四种类型，即弥散型胎盘、子叶型胎盘、带状胎盘和盘状胎盘。

①弥散型胎盘。弥散型胎盘是动物中比较广泛的一种胎盘类型，这种类型的胎盘绒毛膜的绒毛分布在整个绒毛膜表面，马、驴、猪的胎盘都属此类。猪的绒毛有集中现象，即少数较长绒毛聚集在小而圆的称为绒毛晕的凹陷内。绒毛的表面有一层上皮细胞，每一绒毛上部都有动脉、静脉的毛细血管分布。与绒毛相对应，子宫黏膜上皮向深部凹入形成腺窝，绒毛插入此腺窝内，因此弥散型胎盘又称为上皮绒毛膜胎盘。

②子叶型胎盘。绒毛集中在绒毛膜表面的某些部位，形成许多绒毛丛，呈盘状或杯状凸起，称为胎儿子叶；母体子宫内膜上对应分布有子宫阜(母体子叶)。牛的子宫阜是凸出的，而绵羊和山羊的子宫阜则是凹陷的。胎儿子叶上的许多绒毛，嵌入母体子叶的许多凹下的腺窝中，称为子叶型胎盘。这种胎盘结构复杂，绒毛不容易从腺窝中脱出。因此，分娩时胎儿胎盘和母体胎盘分离较慢，多出现胎衣不下。牛、羊为该类胎盘，其中绵羊的子宫阜数目为 90～100 个，平均分布在妊娠和未妊娠子宫角内；牛的为 70～120 个，环绕着胎儿发育。

③带状胎盘。绒毛膜上皮细胞与子宫黏膜深处的血管内皮相接触，分娩时母体胎盘组织脱落，血管破裂，故有出血现象。猫、犬等属该类胎盘。绒毛膜在此区域与母体子宫内膜接触附着，而其余部分光滑。由于绒毛膜上的绒毛直接与母体胎盘的结缔组织相接触，所以该类胎盘又称为上皮绒毛膜与结缔组织混合型胎盘。

④盘状胎盘。子宫黏膜的血管消失，血液直达绒毛膜的上皮。人和灵长类动物属此类胎盘。

(2)胎盘的作用。胎盘是连接母体和胎儿的纽带,是一个功能复杂的器官,具有物质运输、合成分解代谢及分泌激素等多种功能,是胎儿和母体进行气体、营养、代谢产物交换的接口,是胎儿防御的屏障。胎盘分泌某些激素,可调节和维持妊娠。

## 二、分娩生理

二维码 4-2 分娩生理
(微视频 讲师韩云珍)

分娩是当胎儿在母体内发育成熟,雌性动物将胎儿及其附属膜从子宫内排出体外的生理变化过程。

### (一)决定分娩过程的因素

分娩时,排出胎儿的动力是依靠子宫肌和腹肌的强烈收缩,但分娩过程是否顺利,主要取决于产力、产道和胎儿。

**1. 产力**

将胎儿从子宫中排出的力量,统称为产力,是由子宫肌、腹肌和膈肌有节律的收缩共同形成的。子宫肌有节律的收缩称为阵缩,是分娩过程中的主要动力。腹壁肌和横膈肌的收缩称为努责,是伴随阵缩进行的,是胎儿娩出的辅助动力。努责能使腹腔内压增高,从而加强对子宫的压迫。这两种娩出力的收缩强度和频率,决定分娩过程的快慢。

在分娩时,最初阵缩不是很强,而且不规律,维持时间也较短。之后逐渐变为有节律,且持久力加强。每次阵缩都是由弱到强,持续与间歇交替进行,这对胎儿的安全非常重要。子宫肌收缩时,血管受到压迫,胎盘血液循环和氧气供给受阻;收缩间歇时,子宫肌松弛,解除了血管的压迫,胎盘的血液循环和氧供给得到恢复。如果子宫持续收缩,不出现间歇,就会出现因缺氧而发生胎儿窒息的现象。在分娩开口期,单胎动物的子宫收缩是从孕角尖端开始;多胎动物的子宫收缩则是从近子宫颈部开始,子宫角的其他部分暂处于安静状态。在分娩时母体所发生的努责与阵缩密切配合,共同协作产生强大的收缩力才能将胎儿顺利排出。产后虽然腹壁肌不再收缩,而子宫肌仍然收缩,但收缩的次数和收缩力远小于分娩时的强度,以促使胎衣排出。

**2. 产道**

产道是分娩时胎儿由子宫内排出的必经之道,其大小、形状和松弛度影响分娩过程。产道包括软产道和硬产道两大部分。

(1)软产道:子宫颈、阴道、前庭及阴门这些软组织构成的通道。子宫颈是子宫的门户,在妊娠时紧闭,分娩前开始逐渐变得柔软、松弛,分娩时完全张开,以适应胎儿通过。分娩前及分娩时,阴道、前庭与阴门也相应地变柔软、松弛,并富有弹性,能伸缩扩张。

(2)硬产道:骨盆,由荐骨及前 3 个尾椎、髂骨和荐坐韧带组成。与雄性动物的骨盆相比,雌性动物骨盆的特点是入口大而圆,倾斜度大,耻骨前缘薄,坐骨上棘低,荐坐韧带宽,骨盆腔横径大,骨盆底前凹,后部平坦宽敞,坐骨弓宽、圆而出口大。

**3. 胎儿在子宫中的姿势**

雌性动物能否正常分娩,胎儿是否顺利排出,除上述因素外,还与胎儿在母体子宫内的状态有着密切的关系。了解母体产道与胎儿的关系，对掌握助产技术会有很大帮助。

(1)胎向：胎儿在母体子宫内的方向，即胎儿纵轴与母体纵轴之间的关系。通常，胎向有以下 3 种情况。

①纵向分娩：胎儿纵轴与母体纵轴互相平行的分娩方式。纵向分娩有如下 2 种可能。

正生：胎儿方向与母体方向相反，头和前肢先进入骨盆腔。

倒生：胎儿方向与母体方向相同，胎儿的后肢和臀部先进入骨盆腔。

②横向分娩：胎儿横卧在母体子宫内，胎儿的纵轴与母体的纵轴呈水平交叉的分娩方式。横向分娩有如下 2 种情况。

背横向：又称为背部前置横向。分娩时，胎儿背部向着产道出口。

腹横向：又称为腹部前置横向。分娩时，胎儿腹部向着产道出口。

③竖向分娩：胎儿的纵轴与母体的纵轴呈上下垂直状态的分娩方式。竖向分娩有如下 2 种情况。

背竖向：分娩时，胎儿的背部向着产道出口。

腹竖向：分娩时，胎儿的腹部向着产道出口。

纵向是正常的胎向，横向和竖向都属反常胎向，易发生难产；生产实践中严格的横向和竖向一般很少发生。

(2)胎位：胎儿在母体子宫内的位置，也就是胎儿的背部与母体背部或腹部的关系。通常有如下 3 种情况。

①上位(背荐位)：胎儿伏卧在母体子宫内，胎儿的背部在上，向着母体的背部和荐部。

②下位(背耻位)：胎儿仰卧在母体子宫内，胎儿的背部在下，向着母体的腹部和耻骨。

③侧位(背髂位)：胎儿侧卧在母体子宫内，胎儿的背部偏于一侧，朝向母体左侧或右侧的腹壁或髂骨，因此，有左侧位和右侧位之分。

上位是正常的胎位，下位和侧位是反常的。侧位如果倾斜不大，仍可视为正常。

(3)胎势：胎儿在母体子宫内的姿势，及胎儿各部分屈伸的程度。通常，胎儿在子宫内体躯微弯，四肢屈曲，头部向着腹部俯缩。在分娩前牛的胎向是纵向，近似侧位全身弯曲呈长椭圆形。山羊、绵羊和牛相似，怀双胎时两子宫角各一胎儿，马的胎儿多数是纵头向，但也有极个别是纵尾向，下胎位胎势同牛相似。猪是多胎动物，胎位、胎向稍有变动，但胎势与其他家畜相似，多为上位。母畜分娩时胎向不变，但胎位和胎势必须改变后才能产出。由子宫收缩或胎儿窒息所引起的反射性挣扎可使胎儿由下位或侧位转变为上位，胎势也由弯曲转变为伸展。

(4)前置：又称先露，是指胎儿先进入产道的部分，胎儿哪一部分先进入产道就称哪部分前置。如正生时称头前置或前躯前置，倒生时称后躯前置。难产时，常用“前置”这一术语来说明胎儿的反常情况。如头颈部弯曲，由于头颈没伸直，头部未出来，颈部先向着产道，称为颈部前置。

**4. 分娩时胎向、胎位、胎势及其变化对分娩的影响**

总体来说，分娩前，胎儿在母体子宫内的方向是纵向的；而且大多数是头(前躯)前置，少数是后躯前置。

胎位则视动物种类不同而有差异，并与子宫构造特点有关。牛、羊的子宫角大弯向上，胎位则以侧位为主，有的是上位。猪的胎位同样以侧位为主。马的子宫角大弯是向下的，胎位一般是下位。

胎势与妊娠期长短、羊水多少及子宫的松紧程度不同而有差异。在妊娠前期，胎儿小，羊水多，胎儿在子宫内有较大的活动空间，因此胎势容易发生改变。到妊娠末期，胎儿的头颈和四肢屈曲在一起，但仍能活动。

**(二)分娩预兆**

随着胎儿的发育成熟和分娩期的接近，母畜的生殖器官与骨盆部都要发生一系列生理变化，以适应排出胎儿和哺乳幼仔的需要。母畜的行为及全身状况也发生相应的变化，通常将这些变化称为分娩预兆。根据这些变化，可预测母畜分娩的时间，以便做好产前准备，确保母仔安全。

**1.分娩前的一般预兆**

(1)乳房变化。乳房在分娩前迅速发育，膨胀增大，腺体充实，有时还出现浮肿。临近分娩时，可从乳头中挤出少量清亮胶状液体或挤出少量初乳，有的出现漏乳现象。乳头的变化对估计分娩时间也比较可靠，分娩前数天，乳头增大变粗，但营养状况不良的母畜乳头变化不明显。因此，不能单纯依靠乳房变化做出判断。

(2)外阴部变化。在分娩前数天到1周，阴唇逐渐变松软、肿胀、体积增大，阴唇皮肤上的皱褶展平，并充血稍变红。从阴道流出的黏液由浓稠变稀薄。某些畜种由于封闭子宫颈管的黏液栓软化，流入阴道而排出阴门外，呈透明，能够拉出长的条状黏液。子宫颈在分娩前数天开始松软、肿胀。

(3)骨盆变化。骨盆韧带在临产前数天开始变松软，这是由于妊娠末期骨盆血管内的血量增多，静脉淤血，促使毛细血管壁扩张，血液中的液体部分渗出管壁，浸润周围的组织。位于尾根两侧的荐坐韧带后缘由硬变得松软。荐髂韧带同样也变柔软，使荐骨后端的活动性增大，用手握羊和驴的尾根时可上下活动，而牛和马因臀部肌肉肥厚，手握尾根时活动性不很明显。

(4)行为变化。在分娩前，动物都有较明显的精神状态变化，均出现食欲不振、精神沉郁、徘徊不安和离群寻找安静地点(散养情况下)等现象。综上所述，所有动物在分娩前都出现各种预兆，但在实践中不可单独依据其中某一个分娩预兆来判断分娩时间，要全面观察，综合分析才能做出正确判断。

**2.常见动物的分娩预兆**

(1)牛。牛的乳房变化要比其他家畜明显，初产牛的乳房在妊娠4个月时就开始发育，特别是在妊娠后期乳房发育更为迅速。经产牛的乳房在分娩前迅速胀大，在产前10 d左右，乳头表面呈现蜡状光泽，并可在乳头中挤出少量乳汁和胶样液体；在产前2 d左右，乳头中充满乳汁；当出现漏乳现象后数小时至1 d即可分娩。乳牛的体温从产前1～2个月就开始逐渐上升，可缓慢地提高到39～39.5 ℃；临产前12 h左右，体温则下降0.4～1.2 ℃，在分娩过程中和产后又逐渐恢复到产前的正常体温。牛的荐坐韧带后缘原为软骨样，触之感觉较硬，外形清楚；到妊娠末期，由于骨盆血管内血量增多，静脉淤血，促使毛细血管壁扩张，血液的液体部分渗出管壁，浸润周围组织。骨盆韧带从分娩前1～2周开始软化，到分娩前12～36 h，荐坐韧带后缘变得非常松软，外形消失，尾根两侧下陷，只能摸到一堆松软组织，即通称为“塌窝”，但初产牛这些变化不太明显。

（2）猪。猪在临产前腹部大而下垂，卧下时能看到胎儿在腹内跳动。猪阴唇肿大开始于产前的 3～5 d，有的母猪尾根两侧塌陷。猪在临产前 6～12 h，出现衔草做窝现象。根据初乳判断猪分娩的时间也比较可靠。在临产前半个月左右，乳房基部与腹部之间出现明显的界线；在临产前 3 d 左右，中部两对乳头可挤出少量清亮的液体；在分娩前 0.5～1 d，可在前、后部乳头挤出初乳，有些母猪还发生漏乳现象。但要注意营养较差的母猪，乳房的变化不是很明显，要依靠综合症状才能做出准确的判断。

（3）羊。奶山羊的荐坐韧带软化比较明显，当荐骨两旁的组织各出现一纵沟、荐坐韧带后缘完全松软时，一般在 1 d 内便开始分娩。同时子宫的敏感性和胎儿的活动性都有所增加。大约在分娩前 12 h 子宫内压开始升高，压力波随接近分娩而增强。子宫颈最先是缓慢地扩张，到分娩前 1 h 时迅速扩张。母羊在分娩前数小时，出现精神不安，用蹄刨地，频频转动或起卧，并喜欢接近其他母羊的羔羊。

**3. 分娩过程**

分娩过程是指从子宫肌和腹肌出现阵缩开始至胎儿和附属物排出的过程。分娩是有机联系的完整过程，按照产道暂时性的形态变化和子宫内容物排出情况，习惯上将分娩过程分为子宫颈开口期、胎儿排出期和胎衣排出期 3 个阶段。

（1）子宫颈开口期。子宫颈开口期是分娩过程的第一阶段，是指从有规则地出现阵缩开始到子宫颈口完全开张（牛、羊）或能充分开张（马）为止持续的时间。这一期仅有阵缩，没有努责。在开口期，刚开始时阵缩微弱，间歇期较长，继而阵缩加强，间歇期缩短。阵缩是由子宫角端向子宫颈发生波状收缩，使胎水和胎儿向子宫颈方向移动，并逐渐使胎儿的前置部分进入子宫颈管和阴道。由于这时阴道神经受到刺激，进而加强了腹肌的作用。腹肌和子宫阵缩共同形成很大的娩出力。同时，胎儿的胎向和胎势也会发生相应变化。由于血液循环发生障碍，二氮化碳贮积导致了胎儿出现反射性活动，与之相适应的子宫肌和腹肌发生收缩，使胎儿上举，由下胎位变为上胎位，卷曲胎势变成了伸展状态。

在行为表现方面，不同种类的动物表现有差异，同种间的不同个体也不尽相同。一般经产动物较为安静，有时甚至看不出表现。牛在开口期维持时间为 0.5～24 h，平均为 6 h，最初表现为反刍不规律，哞叫。牛、羊到开口末期，有时胎膜囊露出阴门之外。猪的开口期维持时间为 2～13 h，主要表现不安并逐渐加重，起卧频繁，阴门中有黏液流出。

开口期的子宫收缩在开始时每 15 min 左右出现 1 次，每次维持 15～30 min。到接近下一阶段前收缩频率、强度和时间都增加，而间歇时间缩短。因开口期的开始时间和实际观察时间并不一定一致，所以观察结果的差异较大。

（2）胎儿排出期。胎儿排出期是指由子宫颈口充分开张至胎儿全部排出为止持续的时间。在这一时期，母体的阵缩和努责共同发生作用，其中努责是排出胎儿的主要力量。在产出期到来之前，胎儿的前置部分已楔入产道。由于阵缩的加剧和母体的强烈努责，最终将胎儿排出。

在这一时期，母体的行为变化是极度不安、起卧频繁、前蹄刨地、后肢踢腹、回顾腹部、弓背努责、嗳气等。当胎儿前置部分以侧卧胎势通过骨盆及其出口时，母体四肢伸直，努责的强度和频率都达到极点。努责数次后，休息片刻，再继续努责。据报道，牛在 15 min 内努责次数可达 5～7 次，脉搏可达每分钟 80～130 次，马脉搏可达每分钟 80 次，猪脉搏可达每分钟 100～

160次，同时呼吸加快。

在产出期中期，胎儿最宽部分的排出需要较长时间，特别是头部。当胎儿通过骨盆腔时，母体努责表现最为强烈。正生胎向时，当胎头露出阴门外之后，母畜稍微休息，继而将胎儿胸部排出，然后努责缓和，其余部分随之迅速被排出，仅把胎衣留于子宫内。此时，不再努责，休息片刻后，母体就能站起来照顾新生幼仔。

二维码 4-3　奶牛的分娩管理(微课)

牛的产出期为6 h，也有长达12 h的；马、驴的产出期为12 h，有的长达24 h；猪的产出期为3～4 h；绵羊的产出期4～5 h；山羊的产出期6～7 h。

(3)胎衣排出期。胎衣是胎膜的总称，包括部分断离的脐带。胎衣排出期是指从胎儿被排出开始至胎衣完全排出的持续时间。

胎儿被排出之后，母体就开始安静下来，几分钟之后，子宫再次出现轻微的阵缩与努责。胎衣的排出主要是由于子宫的强烈收缩，从胎儿胎盘和母体胎盘中排出大量血液，减轻了绒毛和子宫黏液腺窝的张力。当胎儿排出后，胎儿胎盘血液循环即告停止，绒毛体积缩小，与此同时，母体胎盘需血量减少，血液循环减弱，子宫黏液腺窝的紧张性降低，两者间的间隙扩大，借助于露在体外的胎膜牵引，使绒毛从腺窝中脱出而分离。因绒毛从腺窝中脱落时，母体胎盘的血管不易受破坏，所以各种家畜在排出胎衣时都不会出现流血现象。

胎衣排出的快慢因各种家畜的胎盘组织构造不同而有差异。上皮绒毛膜胎盘组织结合比较疏松，胎衣容易脱落，所以排出最快。猪、马和驴的胎衣排出就属于这种情况。胎衣排出期：猪为10～60 min，平均30 min；马和驴为5～90 min。牛、羊的胎盘属于子叶形，母-子胎盘结合比较紧密，子宫肌收缩时不容易影响腺窝，只有当母体胎盘组织的张力减轻时，胎儿胎盘的绒毛才能脱落下来，所以需要时间较长。胎衣排出期：黄牛2～5 h，长者可达12 h；水牛平均为4～5 h；绵羊为0.5～4 h；山羊为0.5～2 h。

胎衣排出的过程是：单胎家畜的胎衣排出顺序与子宫肌收缩波顺序相同，即从子宫角尖端开始脱离子宫黏膜，形成套叠，尿膜绒毛膜的内层翻于外面，并逐渐翻着被排出。如遇有难产或胎衣迟缓，胎儿胎盘和母体胎盘先完全脱离致使胎衣不是翻着排出。牛、羊在怀双胎时，胎衣往往是在两个胎儿出生后才被排出。怀多胎的山羊的胎衣是在全部胎儿排出之后，一次或分多次排出。猪胎衣排出比较特殊，通常分两批分着被排出：第一批是在一侧子宫角的胎儿产完或连续产出的期间排出；第二批是在胎儿全部产出之后排出。

## 任务实施

## 任务一　妊娠诊断

### 一、任务说明

在配种一段时间后，为及时掌握母畜是否妊娠、妊娠的时间及胎儿和生殖器官的异常情况，采用临床检查和实验室检查进行诊断，称之为妊娠诊断。如果配种后母畜未妊娠，则会在下一发情周期继续发情、排卵。但在现实生产中，一部分配种后未妊娠的母畜表现为隐性发情或者发情症状不明显。因此，通过早期妊娠诊断能够及早发现未妊娠的母畜，从而能及时处理这些母畜并再次配种，以减少母畜的非生产时间，提高养殖效率。

二维码 4-4　妊娠诊断
（微视频　讲师韩云珍）

## 二、任务内容

### （一）妊娠诊断的原理与意义

#### 1. 妊娠诊断的原理

母畜配种后，若精子和卵子能在输卵管相遇、受精，继而发育成早期胚胎在子宫内附植，则能引起母畜繁殖生理和行为等发生一系列的变化。根据妊娠后母畜生理和行为发生的变化，借助特定的仪器，在配种后一定时间内根据检查结果判定母畜是否妊娠。总体而言，母畜妊娠后可发生以下变化。

（1）发情周期停止。若母畜已妊娠，则卵巢排卵后的黄体发育为妊娠黄体，在妊娠早期分泌孕酮以维持妊娠，妊娠中后期孕酮则由胎盘合成。在妊娠至断奶前的时间内，因为母畜体内孕酮维持在较高水平，孕酮负反馈抑制下丘脑 GnRH、垂体 FSH 和 LH 的合成与分泌，从而抑制卵巢的发育、成熟和排卵，母畜发情周期处于静止状态。

（2）代谢水平改变。母畜妊娠后，其基础代谢率降低，对饲料中营养物质的利用率提高。母畜妊娠后膘情迅速增加，至妊娠中期以后，由于胎儿迅速生长发育，母畜常分解部分在妊娠前期沉积的脂肪供给胎儿。

（3）生殖内分泌变化。除孕酮水平变化外，妊娠后母畜雌激素的合成和代谢也发生了变化。母畜胎盘 $E_2$ 合成始于妊娠第 11 天并持续整个妊娠期，对维持孕体存活和发育发挥着关键作用。随着妊娠的进行，胎盘逐渐成为 $E_2$ 合成和内分泌的主要器官，胎盘 $E_2$ 释放可进入母体和胎儿体内，影响物质代谢、胎儿发育和分娩。$E_2$ 也对 GnRH、FSH 和 LH 具有抑制作用。

（4）胎儿生长和发育。配种后，如果精子和卵子在输卵管内完成受精过程，受精卵会下移至子宫角，在下移的过程中受精卵开始分裂和发育，从 1 细胞逐渐发育至 2 细胞、4 细胞、8 细胞和 16 细胞的卵裂球，大约在排卵后的第 4 天形成桑葚胚，桑葚胚吸取子宫养分后形成囊胚。囊胚发育过程中透明带消失，外层的滋养层细胞与母畜子宫内膜产生联系，凭借囊胚可大量摄取体液的能力，胚胎的体积和重量迅速增加。在配种结束后 12～13 d，胎盘开始与子宫建立更为密切的关系，胎盘开始附植。第 18～24 天胎盘基本形成，母体的营养物质通过胎盘向胎儿发生转移，胎儿开始生长和发育。第 30 天时胚胎重约 2 g，此后质量迅速增加。母畜妊娠 80 d 后，母畜侧卧时即可看到其腹壁的胎动，腹围显著增加。

（5）行为变化。母畜妊娠后，表现为发情周期停止，性情温顺、安静，食欲增加，营养状况改善，毛色润泽光亮，行为谨慎安稳。

#### 2. 妊娠诊断的意义

母畜在配种或输精后应及早进行妊娠诊断，对保胎防流、减少空怀、提高母畜繁殖率等具有重要意义。通过妊娠诊断，对确诊为妊娠的母畜，可以按照孕畜所需要的条件，加强饲养管理，确保母畜和胎儿的健康，防止流产；对确诊未妊娠的母畜，要查明原因，及时改进措施，查情补配，提高母畜的繁殖率。

### (二)妊娠母畜的主要生理变化

母畜妊娠之后，发育中的胎儿、胎盘和黄体的形成及其所产生的激素都对母体产生极大的影响，因此，母体在形态上和生理上发生了很多变化，这些变化对妊娠诊断有很好的参考价值。

#### 1. 母体全身的变化

妊娠母体的性情一般变得温顺、安静、嗜睡，行动小心谨慎，易出汗。

妊娠后，随着胎儿生长，母体新陈代谢变得旺盛，食欲增加，消化能力提高，营养状况改善，体重增加，被毛光润。但妊娠后期，胎儿迅速生长发育，母体常不能消化足够的营养物质满足胎儿的需求，妊娠前期所贮存的营养物质被消耗，所以尽管食欲良好或者更为旺盛，却常变得消瘦。

妊娠后期是胎儿生长发育最快的阶段，胎儿对钙、磷等矿物质需求量增多，如果含矿物质的补充饲料缺乏，往往会造成母畜体内钙、磷含量降低，母畜脱钙，出现后肢跛行、易发生骨折、牙齿磨损快、产后瘫痪等表现。

在妊娠后期，母畜腹部轮廓发生改变，即腹部膨大。在马属动物中因右侧有盲肠，胎儿被挤向左侧；牛、羊左侧有瘤胃，胎儿在右侧；猪在腹底，表现腹部往下垂。由于胎儿增大，占据了母体腹内的一定位置，腹内压力增高，内脏器官的容积减小，排尿排粪的次数就会增多，但每次的量减少。呼吸次数增加，且呼吸方式由胸腹式呼吸变成胸式呼吸。血中碱贮下降，出现酮体较多，有时会导致“妊娠性酮血症”。此外，还出现血凝固能力增强，红细胞沉降速度加快等现象。由于组织水分增加，子宫会压迫腹下及后肢静脉，以致这些部位特别是乳房前的下腹壁上，容易发生水肿，产后自行消失。这种现象多见于产前 10 d 的母马。牛多不发生该现象，但个别乳牛发生时也比较明显。

妊娠后，乳腺发育显著，一般在分娩前 2 周可挤出少量乳汁。

#### 2. 生殖器官的变化

(1)卵巢。受精后，母体卵巢上的周期性黄体转化为妊娠黄体并继续存在，分泌孕酮，维持妊娠。妊娠早期，卵巢偶有卵泡发育，致使孕后发情，但多数不排卵而退化，闭锁。

(2)子宫。妊娠期间，随着胎儿的发育，子宫体积增大。子宫黏膜增生，子宫肌组织也在生长。子宫通过增生、生长和扩展的方式以适应胎儿生长的需要。同时子宫肌层保持着相对静止和平衡的状态，以防胎儿的过早排出。妊娠前半期，子宫体积的增长主要是由子宫肌纤维增生、肥大所致的，妊娠后半期则主要是胎儿生长和胎水增多，使子宫壁扩张变薄。子宫质量增大，并向前向下垂，在妊娠的后半期，一部分子宫颈被拉入腹腔；但在妊娠末期，由于胎儿增大，子宫又会被推回到骨盆腔前缘。

(3)子宫颈。子宫颈是妊娠期保证胎儿正常发育的门户。子宫颈上皮的单细胞腺分泌黏稠的黏液封闭子宫颈管，称为子宫栓。牛的子宫颈分泌物较多，妊娠期间有子宫栓更新现象，马、驴的子宫栓较少。子宫栓在分娩前液化排出。

(4)子宫动脉。由于胎儿发育的需要，随着胎儿不断增大，血液的供给量也必须增加。妊娠时子宫血管变粗，分支增多，特别是子宫动脉（子宫中动脉）和阴道动脉子宫支（子宫后动脉）更为明显。随子宫动脉管的变粗，动脉内膜的皱襞增加并变厚，而且和肌层联系疏松，所以血液流过时造成脉搏从原来清楚的搏动变为间隔不明显的流水样的颤动，称为妊娠脉搏（孕脉）。这是妊娠的特征之一，孕脉强弱及出现时间，随妊娠时间而不同。至怀孕末期，牛、马的子宫动脉可以粗如食指，孕角子宫中动脉的变化比空角的显著。

（5）阴道和阴门。妊娠初期，阴门收缩紧闭，阴道干涩；妊娠后期，阴道黏膜苍白，阴唇收缩；妊娠末期，阴唇、阴道水肿，柔软有利于胎儿产出。

**3. 妊娠诊断的方法**

（1）外部观察法。外部观察法是通过观察母畜的外部症状进行妊娠诊断的方法，此法适用于各种母畜。其缺点是不易做出早期妊娠诊断，对少数生理异常的母畜易出现误诊，因此常作为妊娠诊断的辅助方法。

母畜妊娠后，发情周期停止，食欲增强，膘情好转，被毛润泽，性情温顺，行动谨慎安稳。妊娠初期，外阴部干燥收缩、紧闭，有皱纹，至后期呈水肿状。妊娠中后期，可见腹围增大，且向一侧突出（牛、羊为右侧，马为左侧，猪为下腹部）。在饱食或饮水后，可见胎动。乳房胀大，四肢下部或腹下出现浮肿现象，排粪、排尿次数增多。在产前 1～2 周，从乳房中挤出清亮乳汁。

（2）腹部触诊法。腹部触诊法是用手触摸母畜的腹部，感觉腹内有无胎儿或胎动来进行妊娠诊断。此法多应用于猪和羊。腹部触诊法只适用于妊娠中后期。

①猪的触诊。先用手抓痒法使猪侧卧，然后用一只手在最后两乳头的上腹壁下压，并前后滑动，如能触摸到若干个大小相似的硬块（胎儿），即为妊娠。

②羊的触诊。检查者面向羊的尾部，用双腿夹持母羊颈部进行保定，然后将两手从左右两侧兜住羊的下腹部并前后滑动触摸，如能摸到胎儿硬块或黄豆大小的胎盘子叶，即为妊娠。另外，也可采取直肠－腹壁触诊法。母羊在触诊前应停食一夜，触诊时，母羊仰卧保定，用肥皂水灌肠，排出直肠宿粪，然后将涂润滑剂的触诊棒（直径 1.5 cm，长 50 cm，呈前端弹头形，光滑的木棒或塑料棒）插入肛门，贴近脊柱，向直肠内插入 30 cm 左右，然后一只手把棒的外端轻轻下压，使直肠内一端稍微挑起，以托起胎泡。同时另一只手在腹壁触摸，如能触及块状实体，为妊娠。如果摸到触诊棒，应再使棒回到脊柱处，反复挑动触摸。如仍摸到触诊棒，即为未孕。诊断时注意防止直肠损伤，配种已经 115 d 以后的母羊要慎用。

（3）B 超检测法。在母猪配种后一段时间，使用 B 超在体外经腹部或直肠检测获得子宫附近组织的图像，根据图像中明暗规律分辨子宫、胎儿及胎水等组织，用于判断母猪是否妊娠及妊娠天数的方法。一般情况下，配种后 30 d 左右用 B 超经腹部进行母猪妊娠检查。通过 B 超最早在妊娠 18 d 能检测到孕囊；在妊娠 21～35 d 能够检测到胚胎的心跳信号。

①操作步骤。在 B 超检测妊娠时，母猪无需保定，探测部位选择母猪腹部贴近后腿的位置，最后 1 对乳房两侧（此部位被毛稀少，无需剪毛）多次检测，随着妊娠日龄的增加，探查部位逐渐前移，最后可达肋骨的后端。探测时，B 超探头频率为 1～5 MHz，将耦合剂均匀涂抹在 B 超探头上，也可抹在母猪待探测的部位；将探头与母猪体轴垂直，再向上 45°角用力顶在母猪身体上（避免耦合剂脱落或者碰到母猪身体其他部位），手持探头进行扇形扫描或者滑动扫描，先找到膀胱（暗区）、肠管或子宫的强反射区（亮区），然后在附近寻找胚胎的弱反射区（暗区），如图 4-2 所示。

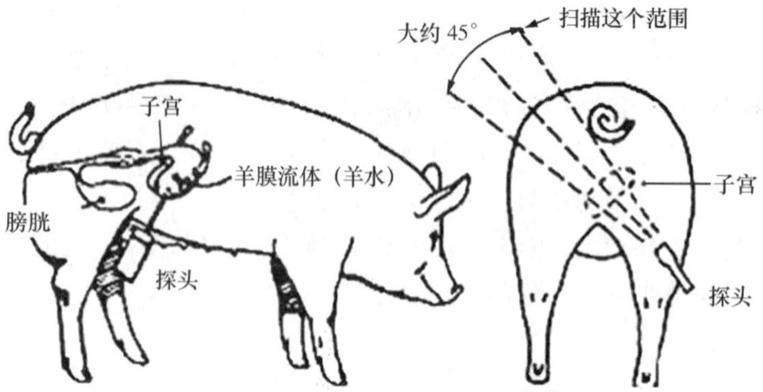


**图 4-2 母猪妊娠 B 超诊断示意图**

②结果判定。在 B 超检测妊娠中，典型的胚胎声像图是圆形或椭圆形的黑色斑块，外包一圈较亮的妊状带。在实际检测时受母猪年龄、体况、胎龄、卧姿和胚胎数量等的影响，声像图会有所不同(图 4-3)。在进行检测时一般应该先找到一些易探测、易识别的器官作为参考，以确定探测的大致位置。妊娠 20 d 左右的母畜即可进行 B 超检测，但由于此时羊水太少，图像不易判断，同时也会因检测人员的经验不足而影响准确度。

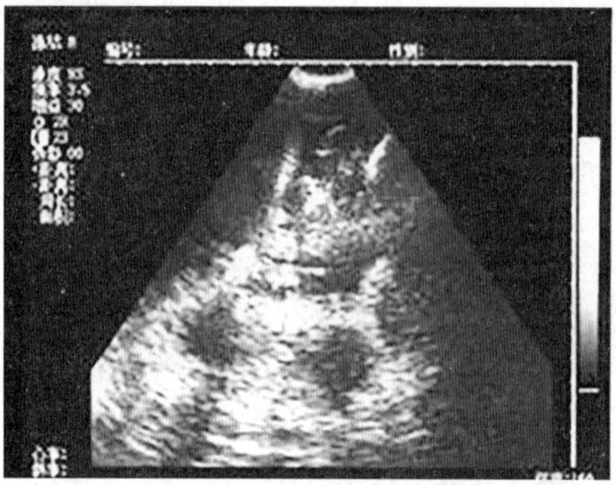

母猪怀孕 40 d

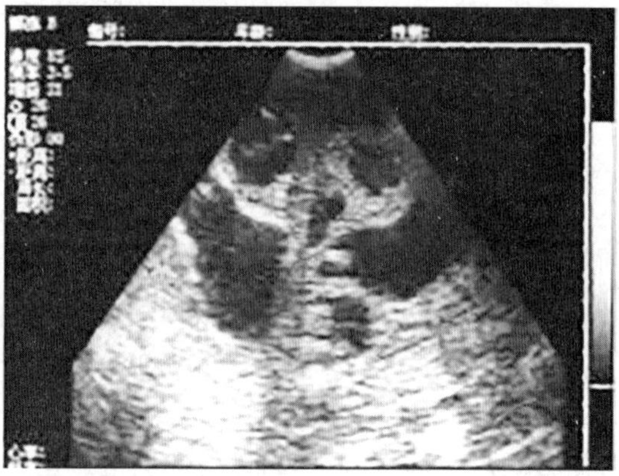

母猪怀孕 43 d

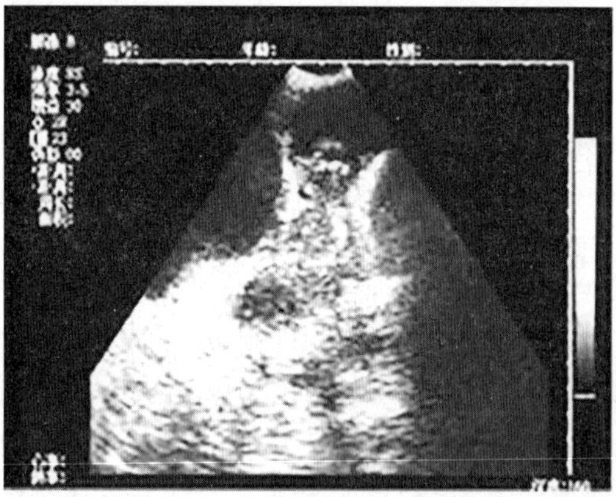

母猪怀孕 48 d

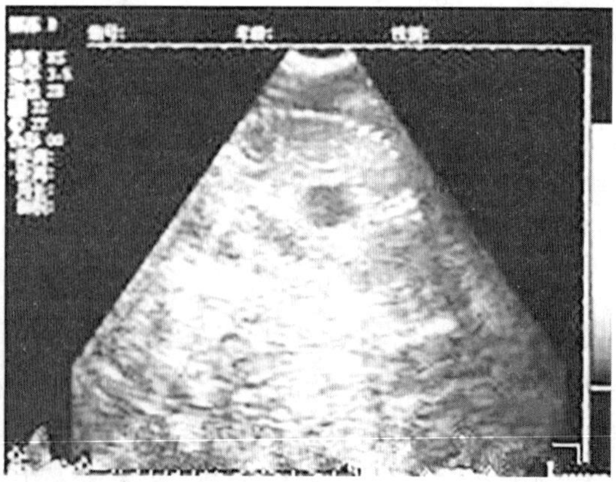

母猪怀孕 85 d

**图 4-3 猪妊娠不同时期 B 超声像图**

(4)其他诊断方法。

此外,可以依据母猪妊娠早期出现的孕酮和雌激素水平的变化来判断妊娠与否。母猪妊娠早期外周血中孕酮和硫酸雌酮(E1S)浓度显著高于未妊娠母猪,可在配种后 21～30 d 作为标记物判断母猪是否妊娠。目前,市场上也有基于孕酮标记物开发的猪用测孕试纸条,但不同公司生产的试纸条灵敏度不同,可经前期验证后再大规模使用。

近些年,也出现了依据早孕因子(early pregnancy factor,EPF)检测母猪是否妊娠的方法。EPF 检测对妊娠母猪具有很高的特异性,母猪受精后 24 h 可在血清中检测到 EPF 活性,且在母猪体内几乎持续整个孕期。一旦妊娠终止,血清中 EPF 立即消失。因此,EPF 对母猪早期和超早期妊娠诊断有着重要意义。目前,检测 EPF 活性的经典方法是玫瑰花环抑制试验,其含量以玫瑰花环滴度(rosette inhibition titer, RIT)表示。

**4. 妊娠诊断方法的选择**

在实际生产中,不同养殖场可根据自己猪场技术人员、经济实力和设备等情况,采用不同的妊娠检查方法。一般来说,外部观察法简单易行,要求技术人员有较好的技术水平和责任心,同时要对疑似返情母猪复检并做好记录;B 超检测法可提前至配种后 20 d 左右进行,准确率较高,但需要配备专门的兽用 B 超仪,技术人员也需进行培训;早孕因子检测和主要生殖激素水平检测需专门的设备和试剂,有条件的猪场可先验证效果后再大规模使用。综合比较,推荐腹部 B 超检测法。

## 三、任务准备

B 超、耦合剂、签字笔、记号笔、妊娠检查记录表等。

## 四、任务报告

**妊娠检查记录表**

| 母猪耳号 | 外在表现 | 健康情况 | B 超诊断 | 操作人 |
| --- | --- | --- | --- | --- |
| | | | | |
| | | | | |
| | | | | |

# 任务二　分娩与护理

## 一、任务说明

分娩是繁殖过程中的重要环节,规范的分娩操作可以有效保证仔猪的成活率,增加母猪的使用年限。

## 二、任务内容

二维码 4-5　分娩与助产
（微视频　讲师韩云珍）

### （一）母猪分娩前的准备与护理

#### 1. 母猪分娩前准备

(1)产房的准备。工厂化猪场实行流水式的生产工艺，均应设置专门的产房。如果不设产房，在天冷时，圈前也要挂塑料布帘或草帘，圈内挂红外线灯。产房要求温暖干燥、清洁卫生、舒适安静、阳光充足、空气新鲜。温度在 22～23 ℃，相对湿度为 65%～75%。产房内温度过高或过低、湿度过大是仔猪死亡和母猪患病的重要原因。在母猪产前的 5～10 d 将产房冲洗干净，再用 2%～3%煤酚皂溶液或 2%NaOH 溶液消毒，墙壁用石灰水粉刷。

(2)接产用具及药品准备。包括母猪产仔记录表格、照明灯、接产箱(筐)、擦布、剪刀、5%碘酊、2%～5%煤酚皂溶液、结扎线(应浸泡在碘酊中)、秤、耳号钳、保暖电热板或保温灯等。

(3)猪体的清洁消毒。母猪应在产前 5～7 d 迁入产房，以适应新环境。进产房前应对猪体进行清洁消毒，用温水擦洗腹部、乳房及阴门附近，然后用 2%～5%煤酚皂溶液消毒。

#### 2. 母猪分娩前的护理

应根据母猪的膘情和乳房发育情况采取相应的措施。对膘情及乳房发育良好的母猪，产前 3～5 d 应减料，逐渐减到妊娠后期饲养水平的 1/2 或 1/3，并停喂青绿多汁类饲料，以防母猪产后乳汁过多而发生乳腺炎，或因乳汁过浓而引起仔猪消化不良，发生拉稀。对膘情及乳房发育不好的母猪，产前不仅不应减料，还应加喂蛋白质含量较多的饼粕类饲料或动物性饲料。产前 3～7 d 应停止驱赶运动或放牧，让其在圈内自由运动。

### （二）接产与助产技术

#### 1. 接产技术

接产时，接产人员的手臂应洗净，并用 2%煤酚皂溶液消毒。仔猪产出后，首先应迅速擦干口、鼻及全身的黏液。然后断脐，用手把脐带撕断，留下 3～5 cm 长，脐带头涂上或喷上碘酊，如果脐带流血，应用在碘酊中浸泡过的结扎线扎紧。接着是剪乳牙、剪尾和将不作种用的小公猪阉割。最后是称重、编号和做产仔登记。仔猪全部产出后，一起吃初乳，使所有仔猪所得到的营养和抗体较为平衡。如果产仔时间过长，只好分批吃初乳，不吃初乳的仔猪较难养活。

#### 2. 假死仔猪的急救技术

仔猪产出后，心脏和脐带动脉还在跳动，但呼吸停止，这种现象称为假死。

(1)初生仔猪假死的原因。仔猪在产道内停留的时间过长，吸进产道内的羊水或黏液，造成窒息。仔猪在产道内停留时间过长的原因可能是母猪年老体弱，分娩无力，或母猪长期不运动，腹肌无力，或胎儿过大并卡在产道的某一部位，或母猪产道狭窄等。

(2)急救技术。人工呼吸法，即饲养员把仔猪放在麻袋或垫草上，然后两手分别伸屈两前肢和两后肢，促其呼吸；呼气法，即向假死仔猪鼻内或嘴内用力吹气，促其呼吸；提起两后腿，头向下，用手拍胸拍背，促其呼吸。无论采用哪种方法，在急救前必须先把仔猪口、鼻内的黏液或羊水用手挤出并擦干，再进行急救，而且急救速度要快，否则假死会变成真死。

#### 3. 助产技术

在接产过程中，如果发现胎衣破裂，羊水流出，母猪用力时间较长，但仔猪生不下来，可能是发生难产。

(1)难产原因。难产在生产中较为常见,由于母猪骨盆发育不全、产道狭窄、子宫弛缓、胎位异常、胎儿过大或死胎引致分娩时间较长。如不及时处置,可能造成母仔死亡。母猪过肥可造成产道狭窄,过瘦则体弱分娩无力;妊娠期母猪营养过度,造成胎儿过大;近亲繁殖,可使胎儿畸形;妊娠期由于缺乏运动,造成胎位不正;产仔时,人多杂乱,其他动物如犬、猫进入猪圈,使母猪神经紧张;母猪因先天性发育不良或配种过早而发育不良;曾经开过刀,有伤疤等情况,造成产道狭窄;母猪年老体衰,子宫收缩力弱,以及患其他疾病致使母猪体弱而分娩无力等,都能导致母猪难产。

(2)助产技术。即五字措施“推、拉、掏、注、剖”。

推:接产人员用双手托住母猪的后腹部,随着母猪的努责,向臀部方向用力推。

拉:看见仔猪的头或腿时出时进时,可用手抓住头或腿把仔猪拉出。

掏:母猪用力努责,仔猪长时间仍生不出来,可用手在努责时慢慢伸入产道掏仔猪,并随努责把仔猪掏出来,当掏出 1 头仔猪后转为顺产时,则不要继续再掏。掏前先剪指甲,消毒手臂,涂上润滑剂。掏后用手把 40 万 IU 青霉素抹入阴道,防止患阴道炎。

注:视母畜具体情况,肌内注射催产素 3～5 mL。

剖:在以上措施都采用后,仔猪还是生不下来,应请兽医师实施剖腹产。

**4. 仔猪编号**

给仔猪编号是为了建立种猪档案,有计划地进行选配,避免近亲繁殖,了解同胞和后代的生产性能和发育情况等。编耳号有专用的号钳,在左右耳的固定位置,剪上缺口或圆孔,以代表一定的数字。国家实行统一的 15 位国标编号系统,编号原则为:前 2 位用大写英文字母表示品种(DD 表示杜洛克,LL 表示长白,YY 表示大白,HH 表示汉普夏);第 3～6 位用大写英文字母表示场号;第 7 位用数字或英文字母表示分场号(先用 1 至 9,然后用 A 至 Z,无分场的种猪场用 1);第 8～9 位用数字表示个体出生时的年度;第 10～13 位用数字表示场内窝序号;第 14～15 位用数字表示窝内流水号。见图 4-4、图 4-5。

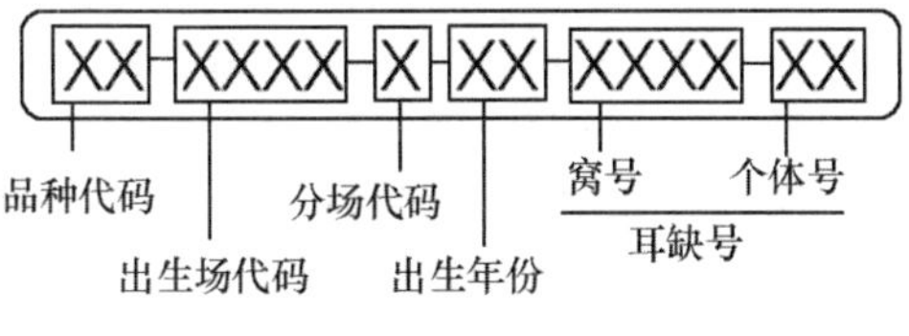


**图 4-4　国标 15 位编码结构**

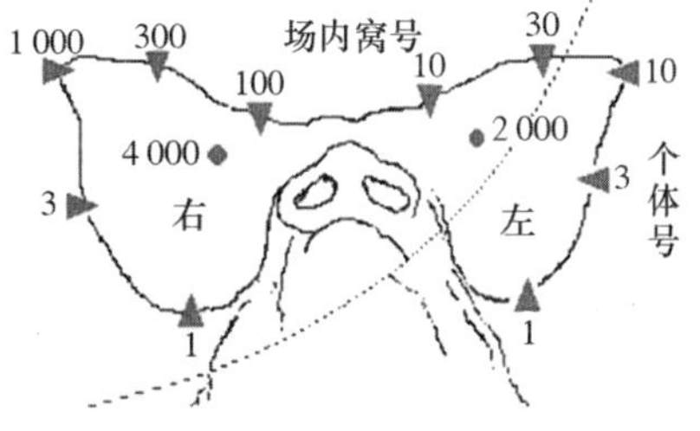


**图 4-5　耳缺号样图**

除用耳号钳编号外,近年来常用耳牌对猪只进行识别,耳牌由优质橡塑材料制造,颜色分为橘红、黄、蓝、白等几种,耳牌安装钳能将耳牌牢固固定在猪只的耳朵上,除可在耳牌上直接印上数字外,还可印上猪场名或公司名,或用耳牌笔书写,保证 3 年内不褪色。

## (三)初生仔猪的护理

**1. 早吃初乳**

对性情较好或已进入生产的母猪可以随产随给仔猪哺乳。采用接产箱接产仔猪,吃初乳最晚不得超过生后 1～2 h。吃初乳前应用手挤压各乳头,弃去最初挤出的乳汁。检查乳量、浓度和各乳头的乳空数目以便确定有效乳头数和适当的带仔数,并用 0.1%高锰酸钾溶液清洗乳房，然后给仔猪吮吸。对弱仔可人工辅助吃 1～2 次的初乳。

**2. 匀窝寄养**

对多产或无乳仔猪采取匀窝寄养时，应做到以下几点。

①乳母要选择性情温顺，泌乳量多，母性好的母猪。

②养仔应吃足半天以上初乳，以增强抗病力。

③两头母猪分娩日期相近(2～3 d 内)，两窝仔猪体重大小相似。

④隔离母仔使生仔与养仔气味混淆。使乳母胀奶，养仔饥饿，促使母仔亲和。

⑤避免病猪寄养，殃及全窝。

**3. 剪齿**

仔猪出生时已有末端尖锐的上下第三门齿与犬齿 3 枚。在仔猪相互争抢固定乳头过程中会伤及面颊及母猪乳头，使母猪不让仔猪吸乳。剪齿可与称重、打号同时进行。方法是左手抓住仔猪头部后方，以拇指及食指捏住口角将口腔打开，用剪齿钳从根部剪平即可。

**4. 保育间培育**

为保温、防压可于仔猪补饲栏一角设保育间，留有仔猪出入孔，内铺软干草。用 150～250 W 红外灯吊在距仔猪躺卧高 40～50 cm 处，保持猪床温度 30 ℃左右。仔猪出生后即放入取暖，休息后放出哺乳，经 2～3 d 训练即可养成自由出入的习惯。

二维码 4-6　母猪的妊娠护理
(微视频　讲师樊倩)

### (四)母猪分娩后的护理

一般情况下，母猪产仔结束后，要检查母猪胎盘是否完全排出，当胎盘排出困难时，可给母猪注射一定量的催产素，有助于胎盘的排出。

母猪产后要注意观察是否有生殖道炎症，如有炎症要及时进行消炎治疗。母猪分娩后身体极度疲乏，往往感到很渴，没有食欲，也不愿活动。此时不要急于饲喂平时的饲料，应只喂给稀的热麸皮盐水。

产后的头几天，仔猪小而吃奶量少，如果母猪产奶多，就会有剩余的奶留在乳管中引起乳腺炎。因此应根据实际情况人为地调节母猪的日饲喂量，使母猪的产奶量随着仔猪需要量的增加而增加。母猪产后的日饲喂量应该由少而多地逐日增加，一般在产后 4～5 d 达到其哺乳和自身维持所需的量。母猪自身维持需要的饲喂量参照其妊娠前期的饲喂量，然后，以饲喂一头仔猪增加日粮 0.2～0.3 kg 计算其哺乳期需要量。

(1)分娩当天不喂食。由于母猪分娩时间较长，体质消耗较大，精神疲乏，胃肠功能活动能力较差，一般不提倡当天喂食，可供给足量的饮水。冬季饮温水，适当加盐、电解多维等，必要时可饮麸皮(少量)水。

(2)分娩后 2～3 d 喂稀食，并逐渐增加供食量。母猪分娩后 2～3 d，由于分娩带来的胃肠功能下降，这时饲喂过度，最易诱发母猪产后不食症。前 2～3 d 要少喂勤添，喂流质食物，而后逐渐增加饲料供给量，5～7 d 达到正常饲喂量。

(3)母猪分娩后 4～5 d，注意增加母猪的活动。母猪生产后，由于体质较弱，加之仔猪频繁的哺乳，这时应当增加母猪的运动，以利于体质的增强，减少疾病，增加泌乳。可采取母猪先出圈活动，而后入圈再行哺乳。

(4)注射适量药物，预防母猪子宫内膜炎。大部分母猪的分娩时间都比较长，特别是胎衣很长时间暴露外部，甚至胎衣不下，生产后易感染而继发子宫内膜炎。一般在第1头仔猪产出后注射垂体后叶激素，促进子宫复原，减少出血。产后1～3 d，注射青霉素、链霉素、鱼腥草等药物，预防子宫内膜炎的发生。

## 三、任务准备

母猪产仔记录表、仔猪登记表、照明灯、仔猪爽身粉、擦布、剪刀、5%碘酊、2%～5%煤酚皂溶液、结扎线(应浸泡在碘酊中)、秤、耳号钳等。

## 四、任务报告

母猪产仔记录表

| 母猪耳号 | 分娩时间 | 产仔数 | 活仔数 | 弱仔数 | 死胎数 | 木乃伊 | 健康情况 | 操作人 |
|---|---|---|---|---|---|---|---|---|
| | | | | | | | | |
| | | | | | | | | |
| | | | | | | | | |

仔猪登记表

| 产仔母猪编号 | 产仔日期 | 出生序号 | 耳缺号 | 性别 | 初生体重/kg | 奶头数 | | 断奶日期 | 断奶体重/kg | 出生到断奶日增重/kg | 接生员编号 | 备注 |
|---|---|---|---|---|---|---|---|---|---|---|---|---|
| | | | | | | 左 | 右 | | | | | |
| | | | | | | | | | | | | |
| | | | | | | | | | | | | |
| | | | | | | | | | | | | |

## 拓展学习

### 提高家畜繁殖力的措施

**(一)繁殖力的概念**

家畜繁殖力是指家畜在正常生殖功能条件下，生育繁衍后代的能力。这种能力除受生态环境、营养、繁殖方法及技术水平等条件的影响外，公母畜本身的生理状况也起着重要作用。对种畜来说，繁殖力就是生产力，它能直接影响生产水平的高低和发展。种公畜的繁殖力主要表现在精液的数量、质量、性欲、交配能力及利用年限；母畜的繁殖力主要包括性成熟的迟早、繁殖周期的长短、发情表现是否明显、排卵数的多少、卵子受精能力的大小、妊娠维持的正常与否、产后哺乳性能的高低以及护仔性的强弱等。科学饲养管理、正确的发情鉴定、适时配种及人工授精、发情控制、胚胎移植等繁殖控制技术的应用是保证和提高家畜繁殖力的重要技术措施。

**(二)评定繁殖力的主要指标**

**1. 哺乳母畜繁殖力的统计**

哺乳母畜的繁殖力常用繁殖率来表示。母畜从适配年龄开始一直到丧失繁殖能力之前，称为适繁母畜。在一定的时间范围内,如繁殖季节或自然年度内,母畜要经历发情、配种、妊娠、分娩、哺乳直至仔畜断奶,即完成了母畜繁殖的全过程。畜群繁殖率是指本年度内出生的仔畜数占上年度终存栏适繁母畜数的百分比,其可以用下列公式来表示。

$$\text{繁殖率}=\frac{\text{本年度内出生的仔畜数}}{\text{上年度终存栏适繁母畜数}}\times 100\%$$

根据母畜繁殖过程的各个环节,繁殖率为一个综合指标,应包括受配率、受胎率、分娩率、产仔率及仔畜成活率等五个内容。因此繁殖率又可以用下列公式表示。

$$\text{繁殖率}=\text{受配率}\times\text{受胎率}\times\text{分娩率}\times\text{产仔率}\times\text{仔畜成活率}$$

(1)受配率。受配率是指在本年度内参加配种的母畜数占畜群内适繁母畜数的百分率。不包括因妊娠、哺乳及各种卵巢疾病等原因造成空怀的母畜。受配率主要反映畜群内适繁母畜发情配种情况。

$$\text{受配率}=\frac{\text{配种母畜数}}{\text{适繁母畜数}}\times 100\%$$

(2)受胎率。受胎率是指在本年度内配种后妊娠母畜数占参加配种母畜数的百分率。在受胎率统计中又分为总受胎率、情期受胎率、第一情期受胎率和不返情率。

①总受胎率:是指本年度末受胎母畜数占本年度内参加配种母畜数的百分率,不包括配种未孕的空怀母畜,反映了母畜群中受胎母畜头数的比例。

$$\text{总受胎率}=\frac{\text{受胎母畜数}}{\text{配种母畜数}}\times 100\%$$

②情期受胎率:是指在一定期限内受胎母畜数占本期内参加配种母畜总发情周期数的百分率,是以情期为单位统计的受胎率,反映母畜发情周期的配种质量。

$$\text{情期受胎率}=\frac{\text{受胎母畜数}}{\text{配种情期数}}\times 100\%$$

③第一情期受胎率:是指在第一情期配种后,妊娠母畜数占配种母畜数的百分率。

$$\text{第一情期受胎率}=\frac{\text{第一情期配种妊娠母畜数}}{\text{第一情期配种母畜数}}\times 100\%$$

④不返情率:是指在一定期限内,配种后再未出现发情的母畜数占本期内参加配种母畜数的百分率。不返情率又可分为 30 d、60 d、90 d 和 120 d 不返情率。30～60 d 的不返情率,一般大于实际受胎率 7%左右。随着配种后时间的延长,不返情率就越接近于实际受胎率。

$$x\text{天不返情率}=\frac{\text{配种后}\,x\,\text{天未返情母畜数}}{\text{配种母畜数}}\times 100\%$$

(3)分娩率。分娩率是指本年度内分娩母畜数占妊娠母畜数的百分率。不包括流产母畜数。反映维护母畜妊娠的质量。

$$\text{分娩率}=\frac{\text{分娩母畜数}}{\text{妊娠母畜数}}\times 100\%$$

(4)产仔率。产仔率是指分娩母畜的产出仔畜数占分娩母畜数的百分数。

$$产仔率=\frac{产出仔畜数}{分娩母畜数}\times 100\%$$

单胎动物(如牛、马、驴、绵羊)因一头母畜只产出一头仔畜，产仔率一般不会超过100%。因此将单胎动物的分娩率和产仔率看作是同一概念，而不使用产仔率。多胎动物(如猪、山羊、犬、兔等)一胎可产出多头仔畜，产仔率均会超过100%。这样，多胎动物母畜所产的仔畜数不能反映分娩母畜数，所以对于多胎动物应同时使用母畜分娩率和母畜产仔率。

(5)仔畜成活率。仔畜成活率是指在本年度内，断奶成活的仔畜数占本年度产出仔畜数的百分率。不包括断奶前的死亡仔畜数，因此可以反映仔畜的培育成绩。

$$仔畜成活率=\frac{成活仔畜数}{产出仔畜数}\times 100\%$$

**2. 家禽繁殖力的统计**

反映家禽繁殖力的指标有产蛋量、受精率、孵化率、育雏率等。

(1)产蛋量。产蛋量是指家禽在一年内平均产蛋枚数。

$$全年平均产蛋量(枚)=\frac{全年总产蛋数}{总饲养日/(365)}$$

(2)受精率。受精率是指种蛋孵化后，经第一次照蛋确定的受精蛋数与入孵蛋数之比的百分率。

$$受精率=\frac{受精蛋数}{入孵蛋数}\times 100\%$$

(3)孵化率。孵化率可分为受精蛋孵化率、入孵蛋孵化率两种，是指出雏数占受精蛋数或入孵蛋数的百分率。

$$受精蛋孵化率=\frac{出雏数}{受精蛋数}\times 100\% \qquad 入孵蛋孵化率=\frac{出雏数}{入孵蛋数}\times 100\%$$

(4)育雏率。育雏率是指育雏期末成活雏禽数占入舍雏禽数的百分率。

$$育雏率=\frac{育雏期末成活雏禽数}{入舍雏禽数}\times 100\%$$

## (三)家畜的正常繁殖能力

**1. 牛的繁殖率**

据国外资料，奶牛繁殖管理目标：母牛受配率为95%，情期受胎率为60%，总受胎率为95%，产犊间隔为365 d，产后第一次配种为65～75 d，产后最迟受胎天数为85 d；繁殖率为80%～85%；育成牛开始配种月龄为14～16月龄，产犊月龄为23～25月龄。

我国奶牛的繁殖水平，一般成年母牛的情期受胎率为40%～60%，总受胎率为75%～95%，分娩率为93%～97%，繁殖率为70%～90%。母牛年产犊间隔为13～14个月，双胎率为3%～4%，母牛繁殖年限在4个泌乳期左右。其他品种牛的繁殖率均低。黄牛的受配率一般在60%左右，总受胎率为70%左右，母牛分娩率及犊牛成活率均在90%左右，因此繁殖率为 35%～45%。

**2. 猪的繁殖率**

猪的繁殖率很高，中国地方猪种一般产仔 10～12 头，太湖猪平均产 14～17 仔头，个别可产 25 头以上，年平均产仔 1.8～2.2 窝。母猪正常情期受胎率为 75%～80%，总受胎率为 85%～95%。繁殖年限为 8～10 年。

**3. 羊的繁殖率**

绵羊的正常繁殖率因品种和饲养管理条件而异。在气候和饲养条件不良的高纬度和高原地区繁殖率较低。绵羊一般产单羔，但在饲养条件较好的地区，绵羊产双胎、三胎或者更多。其中湖羊的繁殖率，小尾寒羊次之，除初产母羊产单羔较多外，平均每胎产羔 2 只，最多可达 7～8 只，2 年可产 3 胎或年产 2 胎。山羊繁殖率比绵羊高，多为双羔和三羔。羊的受胎率平均在 90%以上，情期受胎率为 70%，繁殖年限为 8～10 年。

**4. 兔的繁殖率**

兔性成熟早，妊娠期短，受胎率春季最高，夏季较低。一年可繁殖 3～5 胎，每胎产仔 6～8 只，高的可达 14～16 只，断奶后成活率为 60%～80%。

**5. 家禽的繁殖率**

家禽因种和品种不同，其产蛋量差异很大。蛋用型鸡的产蛋量高，一般为 250～300 枚，肉用型鸡的产蛋量为 150～180 枚，而蛋肉兼用型鸡的产蛋量居中。蛋用型鸭的产蛋量为 200～250 枚，肉用型鸭的产蛋量为 100～150 枚。鹅的产蛋量为 30～90 枚。蛋的受精率在正常情况下应该达到 90%以上，受精蛋的孵化率应在 80%以上，入孵蛋孵化率应在 65%以上。育雏率一般达 80%～90%。

### （四）影响家畜繁殖力的主要因素

影响家畜繁殖力的因素很多，除繁殖方法和技术水平外，公母畜本身的生理条件起着决定性作用。

二维码 4-7　如何避免母猪假空怀（微课）

二维码 4-8　怀孕母猪配料方法（微课）

**1. 遗传的影响**

遗传性对繁殖力的影响，因不同种、品种及个体之间的差异十分明显。首先，母畜排卵数的多少决定于种和品种的遗传性。例如，牛和马在一个发情周期中一般只排 1 个卵，排 2 个及以上卵者少见；而猪一般排卵较多，且品种不同，差异较大。我国多数地方猪种的产仔性能明显地高于国外品种。其次，公畜精液的质量和受精能力与其遗传性也有着密切关系，而精液的品质和受精能力往往是受精卵数目的决定性因素。

**2. 环境的影响**

环境条件可以改变许多家畜的繁殖过程。日照长短的改变与季节性发情动物的开始发情有关。日照长短和温度是母马、母羊发情的主要环境因素。

**3. 营养的影响**

营养条件是家畜繁殖力的物质基础，所以营养是影响家畜繁殖力的重要因素。营养不足会延迟青年母畜初情期的到来，对于成年母畜会造成发情抑制、排卵率降低，甚至会增加早期胚胎死亡、死胎和初生仔畜的死亡率。营养过剩则会有碍于母畜的排卵、受精，以及公畜的性欲和交配能力。

**4. 年龄的影响**

一般家畜自初配适龄起，随分娩次数或年龄的增加而繁殖力不断提高，以健壮期最高，此后日趋下降。

**5. 泌乳的影响**

母畜产后发情的出现与否和出现的早晚与泌乳期间的卵巢功能、新生仔畜的哺乳、乳用家畜的产乳量及挤奶次数都有直接关系。例如，挤奶母牛在产后 30～70 d 即可发情，而哺乳母牛出现发情的时间往往在产后 90～100 d。母猪在产后泌乳期间有时会出现发情，但征状往往不明显，也不发生排卵；当哺乳 5～7 周再断奶，7 d 后即出现发情。除母马外，哺乳会延迟产后发情。

**6. 配种时间的影响**

在每种家畜的发情期内，都有一个配种效果最佳阶段，这种现象对排卵时间较晚的母畜（如母牛）特别明显。马和猪的发情持续期较长，因此适宜的配种时间对卵的正常受精更为重要。

二维码 4-9　母猪的保健方法（微课）

**7. 饲养管理的影响**

家畜的繁殖力在很大程度上是受人类控制的。合理的饲喂、放牧、运动、调教、使役、畜禽舍建筑、卫生设施和配种制度等一系列饲养管理措施，均对繁殖力产生直接影响。

### （五）提高家畜繁殖力的措施

提高家畜繁殖力，首先要使公畜、母畜保持旺盛的生育能力，保持良好的繁殖体况；其次在管理上要尽可能提高母畜受配率，防止母畜不孕和流产，防止难产；最后从技术上要研究和采用先进的繁殖技术，提高受胎率。

（1）加强种畜的选育和饲养管理，使其保持旺盛的生育能力和良好的体况。繁殖力受遗传因素影响很大，不同品种和个体的繁殖力在遗传上也有差别，因而正常繁殖力对种畜来说是必须具备的条件之一，选好种用公畜、母畜是提高家畜繁殖力的前提。

对于单胎母畜的选择，应对其性成熟的早晚、发情排卵的情况、产仔间隔、受胎能力及哺乳性能等进行综合考查。一般情况下，繁殖群中应经常保持 65%～70% 进入旺盛生育期的母畜。

在公畜的选择上，包括对公畜繁殖历史和繁殖成绩的了解，对公畜的一般生理状态、生殖器官、精液品质和生殖疾病等方面的检查。繁殖力强的公畜不但体质健壮，性欲旺盛，而且能产生质好量多的精液，确保良种。

加强种畜的饲养管理，是保证种畜正常繁殖功能的物质基础。繁殖公畜、母畜均要体质健壮，必须按饲养标准饲喂，达到营养均衡，充分发挥其繁殖潜力。

（2）保证母畜正常的生理功能，促进正常的发情和排卵。加强母畜的饲养管理，特别是在发情配种季节给予适宜的营养和生活环境，是保证母畜正常发情和排卵的物质基础。同时，适当的舍外活动和光照，对母畜的发情也有一定的促进作用。哺乳母畜中断哺乳应适时且合理，以便及早复壮，恢复正常的发情、排卵功能，这对增加胎次具有重要作用。在公母畜隔离饲养和完全采用人工授精的地区，配种季节，公畜、母畜接触，可使母畜发情、排卵提前，发情更加明确和趋于一致，并有增加排卵数的作用，这就是所谓的“公畜效应”，这些影响在母羊方面表现最为明显。

(3)做好发情鉴定和适时输精配种工作，提高母畜受配率。正常情况下，母畜刚刚排出的卵生活力较强，受精能力也最高。而多数家畜的精子在输精后 0.5 h 内即可到达受精部位，如果此时精卵结合，则其完成受精的可能性也最大。

对于舍饲的马、牛等大家畜，以直肠检查法为主，根据卵泡的有无、大小、质地等变化，掌握卵泡发育程度和排卵时间，以决定最适宜的输精时间。一些国家或地区对草地放牧的牛、羊采用人工授精时，使用佩戴有特殊标记装置的结扎输精管的公畜鉴别发情母畜。对于母猪，用公猪直接诱情并结合压背试验，凡有静立反射的母猪，其生殖功能旺盛，排卵较不试情的母猪多，受胎率也高，产仔数相应增加。

(4)做好早期妊娠诊断，防止失配空怀，提高母畜受胎率。通过早期妊娠诊断，能够及早确定母畜是否妊娠，做到区别对待。对已确诊妊娠的母畜，应加强保胎，使胎儿正常发育；对已确诊妊娠但仍发情(反常发情)的母畜，应防止误配而造成流产；对未孕的母畜需要及时找出原因，采取相应措施，不失时机地进行补配，减少空怀时间。

(5)改进繁殖技术和方法，推广繁殖新技术。在现代畜牧业中，繁殖技术不断地改进和提高，从母畜的性成熟、发情、配种、妊娠、分娩直到幼畜的断奶和培育等各个环节陆续出现了一系列的控制技术。例如，同期发情、胚胎移植、控制分娩、缩短产仔间隔、母猪早期断奶等新技术，陆续应用于畜牧业生产实践，为提高母畜的繁殖效率开辟了新的途径。除此之外，配子和胚胎生物工程，如胚胎冷冻保存、胚胎分割与嵌合、胚胎性别鉴定与控制、体外受精、卵核移植和动物克隆、基因导入等的研究已取得一定的进展，这些高新技术可最大限度地挖掘家畜的繁殖潜力，预计这些技术的应用将为人类创造更大的效益。

(6)减少胚胎死亡和流产。对于猪来说，胚胎死亡的比例很大，不仅在配种时，而且在繁殖过程的各个阶段都可发生，因此，保持适宜的饲养水平和管理措施对防止胚胎死亡和流产是极为必要的。对于牛来说，胚胎死亡多发生于妊娠早期，这种死亡发生得很早，有时甚至并不影响下次发情的时间，人们对与此有关的生理机理还缺乏充分的了解，一般认为，适当的营养水平和良好的饲养管理，可减少胚胎早期死亡。对于马来说，流产多发生在妊娠 5 个月前后，在这个时期应避免突然改变饲养条件，合理的使役量或运动量是有效的预防措施。

(7)防制不育症。造成家畜不育的原因很多，大体可分为先天性不育、遗传性不育、衰老性不育、营养性不育、利用性不育和疾病性不育。应根据不育的具体原因，分别采用不同的措施：对于先天性、衰老性以及遗传性不育，应及早淘汰；对于营养性和利用性不育，应通过改善饲养管理条件和合理的利用加以克服；对于传染性疾病引起的不育，应加强防疫，及时隔离和淘汰；对于一般性疾病引起的不育，应采取积极的治疗措施，以便尽快地恢复家畜的繁殖能力。

## 思考题

1. 在家畜分娩过程中是否一定需要缩宫素？
2. 寄养过程中有哪些事项是需要特别注意的？
3. 影响家畜繁殖力的因素有哪些？
4. 提高家畜繁殖力的措施有哪些？

# 模块二 性状遗传

# 项目五
# 遗传物质

**素养目标**

1. 培养独立思考、提出问题、分析问题并解决问题的能力。
2. 培养良好的身心素质，具备进行心理自我调控和自我管理能力。

**知识目标**

1. 掌握DNA的结构和复制的过程。
2. 掌握中心法则及其发展。
3. 了解基因的相关概念。

**技能目标**

1. 掌握核酸提取的技术。
2. 掌握PCR扩增与琼脂糖凝胶电泳技术。

## 知识准备

## 一、遗传的物质基础

### (一)动物细胞的结构与遗传

到目前为止，人类鉴定出的生物物种有170多万个。虽然这些生物在形态、结构和特性上千差万别，但构成它们机体的基本单位都是细胞，除最低等生物如病毒和立克次体外。

二维码5-1　遗传物质的基础（微视频　讲师郑素梅）

组成一个生物体的细胞数量差别大，少的只有一个细胞，如细菌、草履虫，多的则以千万亿计。细胞的形状多种多样，这些数量、大小、形态各不相同的细胞，共同构成了一个有机整体。因此，细胞是构成生物体的形态结构和生命活动的基本单位。

生物界除病毒和噬菌体这类最简单的生物具有前细胞形态外，所有的植物和动物，不论低等的或高等的，都是由细胞构成的。生物体的任何一种细胞，无论它们在数量、大小、形状上是怎样的不同，在形态结构上都具有共同的特征。少数单细胞有机体的细胞核不具有核膜(核物质存在于细胞质中的一定位置)，称为原核细胞，如细菌、蓝藻等。高等动物的细胞有明显的细胞核和完整的细胞结构，其结构由细胞膜、细胞质和细胞核3部分组成(图5-1)，这样的细胞称为真核细胞。

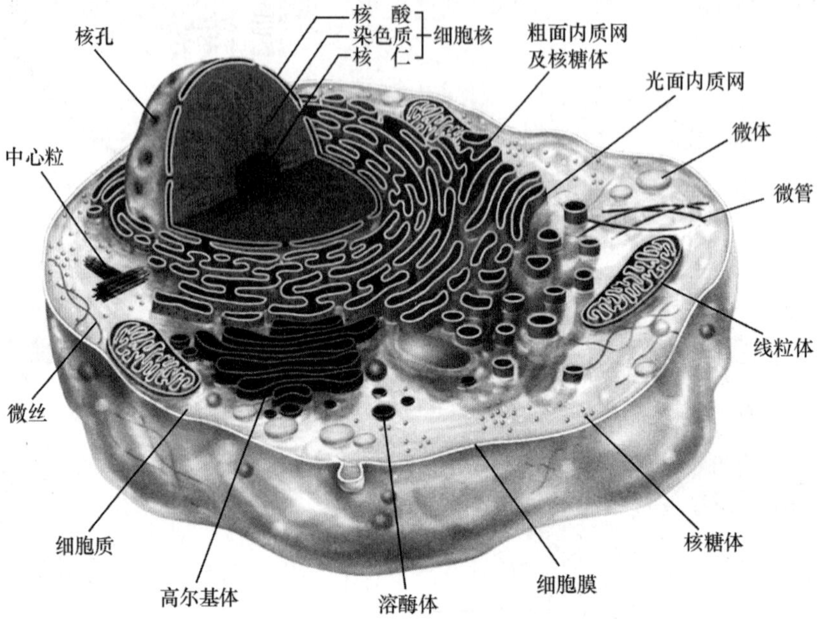


图5-1 细胞结构

**1. 细胞膜**

细胞膜又称质膜，是细胞的重要组成部分，它包在所有细胞的细胞质外面，为一层极薄的膜，具有独特的结构和功能。细胞膜是使细胞成为生命基本单位的重要保证，其基本作用是维护细胞内环境的相对稳定；不断与外界进行物质交换，能量和信息传递，对细胞的生存、生长、分裂及分化都至关重要。

根据对各种细胞膜分析的结果表明，细胞膜主要由脂类和蛋白质组成。有许多细胞膜还含有少量的糖类，形成糖脂和糖蛋白。存在于细胞膜上的糖蛋白(即抗原)具有特异性。它的整个功能是调节免疫反应，而这种特异性是遗传的。例如，有抗原B21的鸡对马立克病有抵抗力，有抗原B2的鸡对淋巴白血病有抵抗力等。因此，以某种特异性抗原为选育指标，可以培育出抗病品系。

**2. 细胞质**

细胞膜以内、细胞核以外的物质统称为细胞质。细胞质包括基质、细胞器和内含物等。基质是指细胞质内在细胞器和内含物以外，较为均质的半透明液态部分，它为细胞质内所进行的多种代谢反应提供内环境，并含有参加细胞质内代谢反应所需的多种酶类、底物和离子，是细胞质的重要组成部分。内含物是一些细胞质内除细胞器以外的有形成分，有的是代谢产物，有些是贮存的营养物质，如糖原、色素等。细胞器有许多种，其中具有界膜的如内质网、高尔基体、线粒体、溶酶体、微体等；不具有界膜的细胞器有核蛋白体、中心体、微管、微丝等。所有的这些细胞器在基质中各有其一定的形态结构，完成一定的功能。

### 3. 细胞核

细胞核是细胞中的一个重要组成部分。细胞核的出现是进化史上的一个飞跃，由于核的出现，提高了细胞对环境的适应能力，为单细胞生物向多细胞生物进化奠定了基础。一般真核生物细胞只有 1 个核，但也有 2 个或多个核的多核细胞，如蟾蜍的肝细胞通常有 2 个核，兔、鼠的肝细胞可达 10 个核。极少数的高度分化细胞没有核（如哺乳动物的成熟红细胞）。

真核生物的细胞核由核膜、核质与核仁组成。核膜由两层单位膜组成，包括内膜和外膜。核膜上有许多的圆孔，孔的周围内外膜相互融合，称为核膜孔。核膜孔是细胞核与细胞质进行物质交换的通道之一。核膜以内、核仁以外的物质称为核质，包括染色质和核液等成分。核仁是细胞核内一个或几个圆形的结构，其化学成分主要是蛋白质和 RNA。核仁的主要功能是合成核糖体 RNA，核糖体 RNA 通过核膜孔进入细胞质内，参与蛋白质的合成。

细胞核的功能是把遗传物质完整地保存起来，并把它从这一代传到下一代，并指导 RNA 的合成。

### 4. 染色体

（1）染色体的一般形态与结构。一个典型染色体的形态可分为着丝粒及其两个臂、次缢痕和随体四个主要部分。着丝粒是染色体上着色较浅并向内缢缩的部分，又称主缢痕，它是纺锤丝附着的地方。着丝粒的两侧是染色体的两臂：长的一端称为长臂，短的一端称为短臂。着丝粒的功能与细胞分裂时染色体的移动有关。有的染色体还可以在一个或两个臂端上存在着色浅或不着色的缢缩部位，称为次缢痕。在细胞分裂末期，核仁总是出现在某些染色体的次缢痕部位，故次缢痕又称核仁组织区。有的染色体次缢痕末端连有一个染色体小片段，称为随体。同种生物细胞内染色体的大小形态，着丝粒和次缢痕的位置，以及随体的有无都是相对恒定的，因此都可以作为识别染色体的标志（图 5-2）。

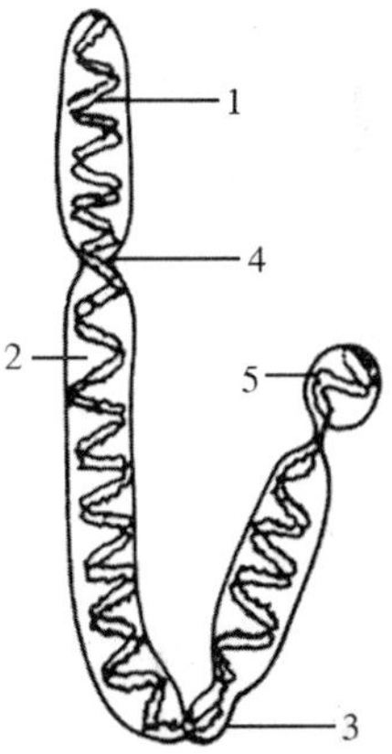


1. 染色质　2. 染色体基质　3. 着丝点
4. 次缢痕　5. 随体

**图 5-2　一个后期染色体的形态与结构**

（2）染色体的数目与类型。各种生物染色体数目都是恒定的，而不同物种间染色体数目有很大的差异（表 5-1）。例如，线虫类的马蛔虫仅有 1 对染色体，而有一种蝴蝶则有 191 对染色体。染色体在体细胞中总是成对存在，而在性细胞中总是成单的，因此体细胞中的染色体数目比性细胞中多一倍，且把在大小、形态和结构上相同的成对染色体，称为同源染色体。

如果将处于有丝分裂中期细胞中的全部染色体按各对同源染色体的形态、大小等特征，依次排列、编号，就是染色体组型或核型。各种生物的染色体组型也是相对稳定的。

**表 5-1　各种畜禽体细胞染色体对数**

| 种名 | 猪 | 牛 | 水牛 | 山羊 | 绵羊 | 兔 | 鸡 | 鸭 | 鹅 |
|---|---|---|---|---|---|---|---|---|---|
| $2n$ | 19 | 30 | 24 | 30 | 27 | 22 | 39 | 40 | 41 |

## (二)细胞分裂

生长和繁殖是生物的基本特征之一,生物的生长和繁殖是通过细胞分裂来实现的。低等的单细胞生物,如细菌、衣藻、变形虫、草履虫等,通过细胞分裂来增加新的个体,繁衍后代。多细胞生物则由最初的一个受精卵通过细胞分裂增加细胞的数量,成长为多细胞的生物个体。性成熟后,雄性动物睾丸产生精细胞,雌性动物卵巢产生卵细胞,通过配种,精细胞与卵细胞结合形成下一代受精卵,亲代通过性细胞将遗传物质传给了子代,使子代表现出与亲代相似的性状,如此循环往复,使物种得以不断延续下去。在此过程中,细胞数目的增多是靠细胞的有丝分裂来实现的,而性细胞的形成是通过细胞的减数分裂来完成的。此外,动物体细胞的寿命是有限的,细胞始终在不断地进行新陈代谢,新生的细胞不断取代衰老死亡的细胞。因此,细胞分裂对于地球上生命的延续是非常重要的。

细胞分裂有 2 种形式:无丝分裂、有丝分裂,减数分裂是特殊的有丝分裂。

无丝分裂又称直接分裂,是一种简单的分裂方式。其分裂过程先是细胞体积增大,然后核延伸,分裂成两部分,细胞质也随之收缩分裂为两部分。原核细胞如细菌,靠无丝分裂进行繁殖。过去认为无丝分裂在高等生物中是病变、衰老或受伤组织的分裂方式,后来发现在某些专门化组织细胞,如某些腺细胞、神经细胞以及愈伤组织的某些细胞中,无丝分裂也是常见的。

真核生物的体细胞靠有丝分裂方式增殖生长,性细胞的形成过程是减数分裂的结果。

### 1. 细胞周期

生物细胞的生长、分裂是有其周期性的。通常把细胞从上一次分裂结束到下一次分裂结束所经历的时间称为细胞周期。一个细胞周期可以分为间期和分裂期两个阶段,如图 5-3 所示。

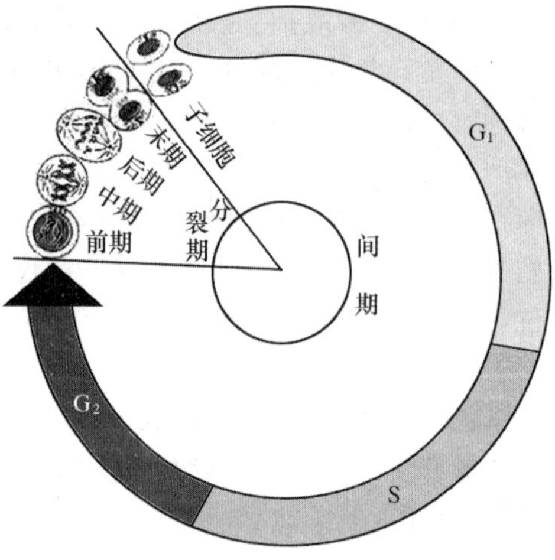

图 5-3 细胞周期

(1)间期。细胞从一次分裂结束到下一次分裂开始前的一段时间,称为间期。在光学显微镜下,经固定处理的间期细胞核,出现网状结构和易被碱性染料染色的细丝。间期细胞核处于高度活跃的状态,进行着一系列的生化反应,包括 DNA 复制、RNA 转录和蛋白质的合成,为子细胞的形成进行物质和能量的准备。

根据 DNA 复制的情况可将间期分为 $G_1$ 期(DNA 合成前期)、S 期(DNA 合成期)和 $G_2$ 期(DNA 合成后期)三个时期。

$G_1$ 期,这一时期细胞核中除了核仁,看不出什么变化。细胞体积明显增大,细胞在进行许多复杂的生物合成,如 3 种 RNA、结合蛋白质和细胞生长所需要的各种酶的合成。

S 期,这一时期细胞主要进行 DNA 的合成。DNA 在 S 期开始时合成的强度大,以后逐渐减弱,到 S 期末 DNA 量增加一倍。DNA 的准确复制,为细胞分裂做好准备,保证子细胞与母细胞在遗传上的一致。DNA 复制一旦发生差错,就会引起变异,导致细胞异常或畸形的发生。

$G_2$ 期,这一时期经历的时间较短,DNA 的合成已经终止,进行着某些染色质凝聚和形成纺锤体所需物质(主要是 RNA、微管蛋白及其他物质)的合成,为细胞进入分裂期做好准备。

(2)分裂期。细胞完成间期的准备,便进入有丝分裂期。有丝分裂的遗传学意义在于把 S

期加倍的 DNA 以染色体的形式平均分配到 2 个子细胞中，使每个子细胞得到一套和母细胞完全相同的遗传物质。

细胞分裂期所需要的时间，因物种、组织和所处的环境条件的不同而异。通常在整个细胞周期中，间期占的时间较长，分裂期较短。如对人体细胞进行培养，在 37 ℃的条件下，一个细胞周期为 18～22 h，其中间期在 17 h 以上，分裂期仅为 45 min。

**2. 细胞的有丝分裂**

在细胞分裂过程中出现的纺锤丝，故称为有丝分裂。有丝分裂是高等生物体细胞增殖的普遍方式。

有丝分裂是一个连续的动态变化过程。通常根据染色体的形态变化特征，将其分为前期、中期、后期、末期 4 个时期，如图 5-4 所示。

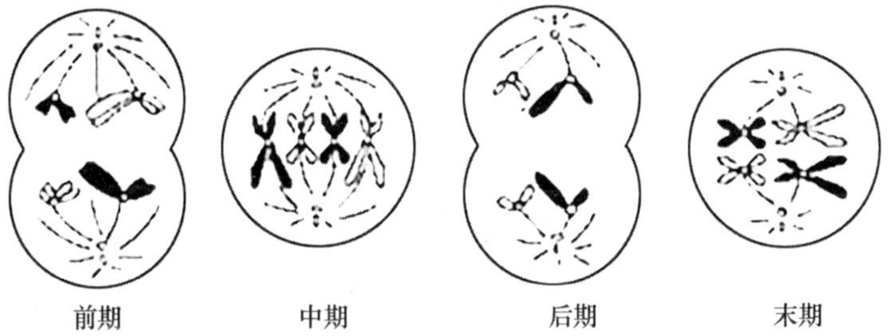


**图 5-4　细胞的有丝分裂**

(1)前期。细胞核膨大，染色质逐渐高度螺旋化，变粗变短，形成具有一定形态、数目的染色体。此时可以看到每条染色体由两条染色单体组成，两条染色单体并不完全分开，仍由着丝粒相连。接着核仁逐渐变小而消失，核膜也逐渐消失。一对中心粒彼此分开，向细胞两极移动。每个中心粒周围出现许多放射状的细丝，形成星体。在两个中心粒之间出现纺锤丝，纺锤丝与星体连接形成纺锤体。

(2)中期。染色体形态清晰，有规律地排列在细胞两极间的赤道平面上，形成赤道板。纺锤体也变得清晰可见。每个染色体的两条染色单体分别由纺锤丝与细胞两极相连。

此时，染色体高度螺旋化形成最典型的形状，适宜进行染色体形态和数目的考察，是核型分析的最佳时期。

(3)后期。两条染色单体从着丝粒分开，由纺锤丝牵引分别向细胞两极移动。各个染色体上的着丝粒的位置不同使后期的染色体呈现出“V”形、“L”形或棒形。染色体向两极移动与着丝粒和纺锤丝有密切关系。如果用药物(如秋水仙素)处理细胞使纺锤体解体，那么染色体的运动就不会发生；若染色体没有着丝粒，也不能向两极移动。

(4)末期。当两组染色体移动到细胞两极后，纺锤丝逐渐消失，染色体开始解螺旋，逐渐变成细长而盘绕的染色质丝，核膜、核仁重新出现，形成新的细胞核，与此同时细胞质也开始逐渐分裂为两部分，最后形成两个子细胞，完成了有丝分裂全过程。

细胞在有丝分裂过程中，染色体复制一次，细胞分裂一次，由一个母细胞分裂为两个子细胞，复制纵裂后的染色体均等而准确地分配到两个子细胞中，子细胞和母细胞在染色体数目、形态结构方面保持相同，保障了个体的正常生长发育，也保障了物种的稳定性和连续性。

### 3. 减数分裂

性细胞(精细胞、卵细胞)形成过程中的分裂方式是一种特殊的有丝分裂,由于分裂以后形成的性细胞(精细胞和卵细胞)中染色体的数目比性母细胞(初级精母细胞和初级卵母细胞)中染色体的数目减少了一半,因此,这种分裂方式称为减数分裂,又称成熟分裂。减数不仅指形态上的染色体数目减半,而且表现在遗传上的基因含量也减半。

减数分裂(图 5-5)分为减数第一分裂和减数第二次分裂,根据染色体的形态减数分裂变化特征,两次分裂各分为前、中、后、末四个时期,习惯上用前期Ⅰ、中期Ⅰ、后期Ⅰ、末期Ⅰ、前期Ⅱ、中期Ⅱ、后期Ⅱ、末期Ⅱ来表示。

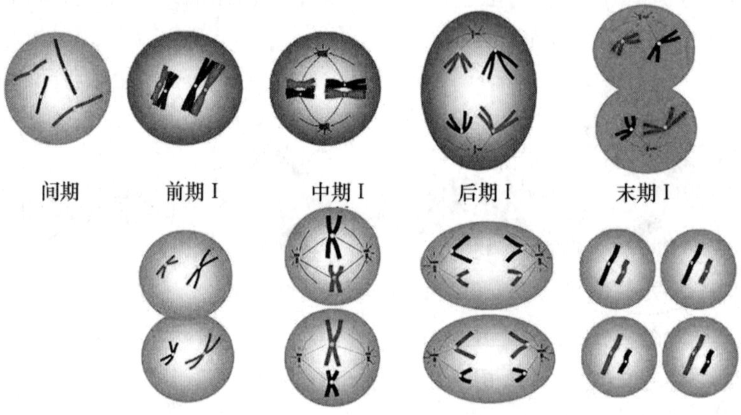


图 5-5 减数分裂

(1)减数第一次分裂。减数第一次分裂由初级精母细胞(初级卵母细胞)形成次级精母细胞(次级卵母细胞),细胞内染色体数目减半,由二倍体($2n$)变为单倍体($n$)。

①前期Ⅰ。此期在减数分裂过程中耗时最长,染色体发生一系列的复杂变化,此期又分为细线期、偶线期、粗线期、双线期和终变期 5 个时期。

a)细线期。细线期从第一次分裂开始,染色质逐渐浓缩呈细线状,盘绕成团,此时每个染色体已复制为两条姊妹染色单体,但在细线期难以识别。

b)偶线期。偶线期每对同源染色体开始互相靠拢,两两并列在一起,在各对应位点上准确地配对,这种现象称为“联会”,是减数分裂特有的现象之一。配对具有严格的选择性,只有同源染色体才能联会在一起。配对时,先在两端靠拢配对,或在染色体上的任何部位开始配对,最后扩展到整个染色体。

c)粗线期。染色体不断缩短变粗,此时可以清楚地看到同源染色体的配对,一对相互配对的同源染色体称为二价体。此时二价体的每一条染色体已复制为两条姊妹染色单体,但着丝粒尚未分开,所以每个二价体都包含四条染色单体,故又称为四分体。一条染色体的两条姊妹染色单体对其同源染色体的两条姊妹染色单体来说彼此互称为非姊妹染色单体。此时非姊妹染色单体之间会发生染色体片段的互换,染色体片段的互换是减数分裂的另一个特有现象,它导致了遗传性状的重组,是生物变异的原因之一。

d)双线期。染色体继续缩短,比粗线期更短更粗。组成二价体的两条同源染色体之间开始彼此分离，由于同源染色体两对染色单体互相缠绕在一起，所以分离时并不是完全分开，在某些部位上仍有一处或几处保持接触，称为交叉现象。

e)终变期。又称浓缩期，染色体继续螺旋化变得更加粗短，此时适宜在显微镜下考察染色体的形态和数目。二价体开始向赤道板移动，核仁还依然存在，但核膜开始变得模糊。纺锤丝开始出现，一对中心粒彼此分开，向细胞两极移动。

②中期Ⅰ。核膜、核仁消失，二价体排列在赤道板上，每个二价体的两个着丝粒分别排列在赤道的两侧，通过纺锤丝牵引与细胞两极相连，此时是考察染色体形态和数目的最佳时期。

③后期Ⅰ。由于纺锤丝的牵引收缩，二价体中的两条同源染色体彼此分离，各自向细胞两极移动，这时每条染色体的两个姊妹染色单体仍由一个着丝粒连在一起。最后每一极只有一对同源染色体中的一条，实现了每一极染色体数目的减半。同源染色体彼此分开，去向哪一极是随机的，非同源染色体自由结合。

④末期Ⅰ。染色体到达细胞两极后开始解螺旋变成细长的染色质，接着核膜和核仁重新形成，细胞质发生分裂，形成两个子细胞(对于雄性动物来说，是两个次级精母细胞；对于雌性动物来说，是一个次级卵母细胞和一个第一极体)，至此完成了第一次减数分裂。这时的两个子细胞内分别含有初级精母细胞(初级卵母细胞)中一半的染色体数目($n$)，实现了染色体数目的减半。

减数第一次分裂结束后，经过短促的分裂间期，即进入减数第二次分裂，但此间期不再发生 DNA 的复制。

(2)减数第二次分裂。

①前期Ⅱ。历时很短，有些生物根本没有。此时染色体由线状重新变短变粗，每条染色体由两条姊妹染色单体组成。

②中期Ⅱ。核仁、核膜消失，纺锤丝出现，染色体排列在赤道板上，通过纺锤丝牵引与细胞两级相连。

③后期Ⅱ。每条染色体的着丝粒一分为二，在纺锤丝的牵引下，两条姊妹染色单体彼此分开向两级移动。

④末期Ⅱ。两组染色体到达细胞两极后开始解螺旋变成细长的染色质。纺锤丝消失，核仁、核膜出现，接着进行细胞质分裂，形成两个子细胞(对于雄性动物来说，是两个精细胞；对于雌性动物来说，是一个卵细胞和一个第二极体)。至此，整个减数分裂全部完成。

细胞在减数分裂过程中，染色体复制一次，细胞分裂了两次，第一次分裂是同源染色体之间彼此分开，第二次分裂是姊妹染色单体之间彼此分开。由一个初级精母细胞(初级卵母细胞)经过连续的两次分裂，形成 4 个精细胞(一个卵细胞和 3 个第二极体)，每个精细胞(卵细胞)的染色体数目只有初级精母细胞(初级卵母细胞)的一半。

减数分裂方式在遗传学上具有重要的意义。达到性成熟的动物体首先通过减数分裂，产生的性细胞染色体数目减半，成为单倍体($n$)，再经过受精结合形成下一代受精卵，恢复成二倍体($2n$)，受精卵经过有丝分裂，发育为一个成年的动物体。如此周而复始循环往复，保证了同一物种子代和亲代间染色体数目的恒定，使物种在世代繁衍过程中具有相对的稳定性。同时由于同源染色体随机分向两极、非同源染色体自由组合以及非姊妹染色体间的交换，丰富了生物的多样性，也为动植物育种及进化提供了丰富的素材。

**4. 高等动物性细胞的形成**

动物性成熟以后，雄性动物睾丸里的精原细胞(雌性动物卵巢里的卵原细胞)首先以有丝分裂方式进行若干代的增殖，产生大量的精原细胞(卵原细胞)，这一阶段称为繁殖期。最后一代精原细胞(卵原细胞)不再进行有丝分裂，而进入生长期，细胞质增加，细胞体积变大。经过生长期以后，每一个精原细胞(卵原细胞)形成一个初级精母细胞(初级卵母细胞)，然后进入成熟期，开始减数分裂过程。

**(三)核酸是遗传物质**

每一个物种都有各自的形态特征，都有各自的生命活动规律。生物子代与亲代在性状上的相似，主要是由于亲本通过性细胞中的染色体把遗传物质传给子代。子代性状与亲代性状的差异，也是由于双亲遗传物质的结合、发育而形成的。所有这一切都是由染色体中的遗传物质来控制的。

根据化学分析，染色体主要由三种不同类型的物质组成，即蛋白质(包括组蛋白和非组蛋白)、脱氧核糖核酸(DNA)和核糖核酸(RNA)，此外还含有少量的无机物质，如钙、镁等。但是，这三种物质中究竟哪一种是遗传物质呢？

**1. 遗传物质应具备的条件**

生物物种的延续和进化过程实际上是遗传物质的传递过程。作为遗传物质，必须具有下列条件。

(1)高度的稳定性与可变性。生物在漫长的世代延续中，能够保持物种固有的特性和特征，根本原因在于遗传物质具有高度的稳定性。所谓高度稳定是指遗传物质在细胞中的含量、存在的位置以及其化学组成是恒定的，不会轻易接受内外环境条件的影响而发生变化。

遗传物质不仅应具有高度的稳定性，而且还必须在一定程度上具有可以变化的潜力。否则，生物就会因遗传物质的僵化而被自然选择所淘汰。可以说，生物进化的历史就是遗传物质突变的历史。

(2)贮存并表达遗传信息。地球上的生物种类繁多，每种生物又有许许多多的性状，而每一个性状又各有其特异的遗传基础，因此遗传物质必须具有复杂的结构和携带各种遗传信息的潜力，才能使无数生物性状得以表达，适应物种的复杂多样性要求。

(3)能把遗传信息传递给子代。遗传物质必须具有自我复制的能力，这样才能把遗传信息传递给子代，使子代具有与亲代相似的遗传性状。不仅如此，在生物体生命活动中，遗传物质还必须具有以自己为模板控制其他物质新陈代谢的能力。

**2. 核酸是遗传物质的直接证据**

染色体主要由核酸与蛋白质组成，其中又以 DNA 和组蛋白最多。现在已经知道除少数不含 DNA 的生物(如病毒)以 RNA 为遗传物质外，绝大多数具有细胞结构的生物，都以 DNA 为遗传物质。

1928 年格里菲斯用肺炎双球菌做实验，证明了遗传物质是 DNA，而不是蛋白质。肺炎双球菌能引起人的肺炎和小鼠的败血症。已知肺炎双球菌有两种类型：一种是 S 型，其细胞壁的外表有一层多糖的荚膜，具有毒性，能引起疾病；另一种是 R 型，无荚膜，无毒性，不致病。S 型和 R 型细菌按血清免疫反应不同，分成许多抗原型，如 SⅠ、SⅡ，SⅢ、RⅠ、RⅡ(图 5-6)。

格里菲斯的实验过程和结果如下：

(1)用活的 SⅢ 型细菌感染小鼠，小鼠发病死亡。

(2)用活的 RⅡ 型细菌感染小鼠，小鼠未感染。

(3)用高温杀死了的 SⅢ 型细菌感染小鼠，小鼠也未感染。

(4)用高温杀死了的 SⅢ 型细菌和活的 RⅡ 型细菌混合注射到小鼠体内。小鼠发病死亡，从死鼠的心血中分离出活的 SⅢ 型细菌。这说明死的 SⅢ 型细菌中的某些物质能使 RⅡ 型细菌转化成致病的 SⅢ 型细菌。

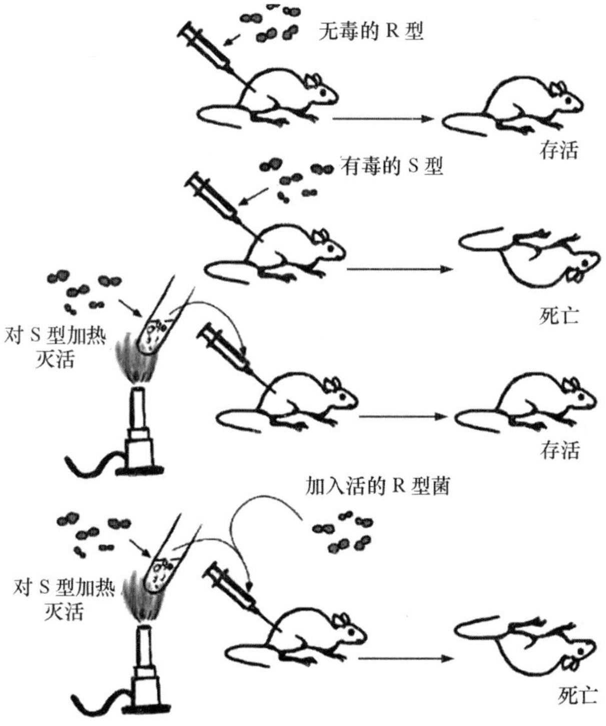


**图 5-6　动物体内肺炎双球菌转化实验**

经过加热杀死的 SⅢ 型细菌可使活的 RⅡ 型细菌合成 SⅢ 型荚膜多糖而成为有毒细菌，这种现象称为转化。1944 年，阿委瑞等将加热杀死的 SⅢ 细菌过滤液中的各种物质进行纯化，提取了多糖、RNA、蛋白质、DNA 等物质，分别加入 RⅡ 细菌中培养，结果只有 DNA 能把活的 RⅡ 型细菌转化为 SⅢ 型细菌(图 5-7)。细菌转化试验首次证明了使肺炎双球菌的遗传性发生改变的转化因子是 DNA，遗传信息是由核酸(DNA)分子传递的，而不是蛋白质。

**3. 核酸的分子结构**

核酸是一种高分子化合物，是由许多单核苷酸聚合而成的多核苷酸链，基本结构单位是核苷酸。核苷酸是由碱基、戊糖和磷酸基团三部分构成(图 5-8)。DNA 中的戊糖为 *D*-2-脱氧核糖，RNA 所含的戊糖为 *D*-核糖，两者的差异在于戊糖第二个碳原子的基团，前者是氢原子，后者是羟基。DNA 中含有 4 种碱基，即腺嘌呤(A)、鸟嘌呤(G)、胞嘧啶(C)和胸腺嘧啶(T)。RNA 含有 4 种碱基，即腺嘌呤(A)、鸟嘌呤(G)、胞嘧啶(C)和尿嘧啶(U)。

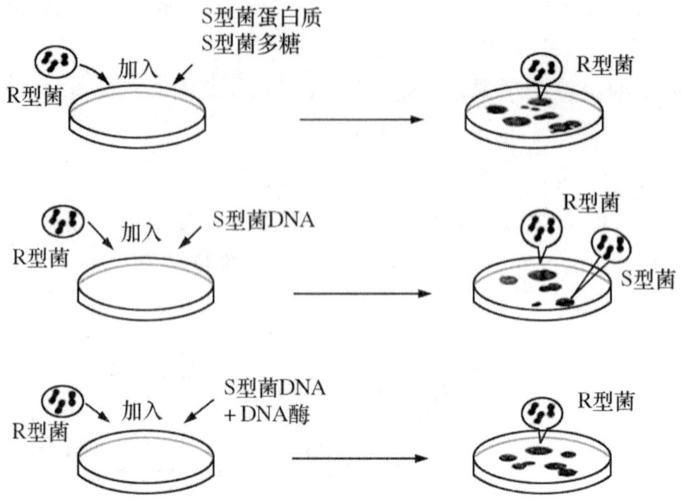


**图 5-7 遗传物质的验证**

核酸→单核苷酸
- 磷酸基团
- 戊糖
  - 脱氧核糖(DNA 中)
  - 核糖(RNA 中)
- 碱基
  - A、G、C、T
  - A、G、C、U

**图 5-8 核酸的构成**

多个核苷酸通过磷酸二酯键按线性顺序连接形成一条 DNA 链或 RNA 链。习惯上把 DNA 或 RNA 分子链上含有游离磷酸基团的末端核苷酸写在左边,称为 5′端;另一端则写在右边,称为 3′端。

**4. DNA 一级结构**

DNA 是由 4 种脱氧核苷酸组成的多核苷酸链。DNA 的一级结构是指在其多核苷酸链中各个核苷酸之间的连接方式,核苷酸的种类、数量以及排列顺序。由于 4 种核苷酸的核糖和磷酸组成是相同的,所以用碱基序列代表不同 DNA 分子的核苷酸序列。

除少数生物,如某些噬菌体或病毒的 DNA 分子以单链的形式存在外,大部分生物的 DNA 分子都是由双链构成,通常以线性或者环状的形式存在;RNA 分子则多以单链形式存在。在 DNA 分子的 4 种碱基中,腺嘌呤(A)和胸腺嘧啶(T),鸟嘌呤(G)和胞嘧啶(C)的摩尔含量总是相等的,即 A=T,G=C,因此嘌呤总量和嘧啶总量是相等的,即 A+G=T+C,这一规律称为 Chargaff 当量规律。此规律揭示了 DNA 分子中 4 种碱基的互补对应关系,即 DNA 两条链上的碱基之间不是任意配对的,A 只能与 T 配对,G 只能与 C 配对,碱基之间的这种一一对应关系称为碱基互补配对原则。根据这一原则,可以从 DNA 某一条链的碱基序列推测出另外一条链的碱基序列。

尽管组成 DNA 分子的碱基只有 4 种,它们之间的配对方式也只有 2 种,但碱基在 DNA

长链中的排列顺序却是千变万化的，由此形成了 DNA 分子的多样性。如果一个 DNA 分子片段由 100 个核苷酸组成，那么这个 DNA 分子片段中的 4 种碱基就有 $4^{100}$ 种排列方式。实际上，每条 DNA 长链中碱基的总数远远超过 100 个，最小的 DNA 分子也包含了数千个碱基对，所以 DNA 分子碱基序列的排列方式几乎是无限的。DNA 分子中碱基的巨大数量和碱基序列的多样性保证了 DNA 分子具有巨大的信息贮存和变异的可能性，而每个 DNA 分子所具有的特定的碱基排列顺序构成了 DNA 分子的特异性。

**5. DNA 的二级结构**

1953 年，沃森和克里克根据对 DNA 采用 X 射线衍射的实验结果，提出了著名的 DNA 双螺旋结构模型(图 5-9)。

在该模型中，DNA 分子的两条反向平行的多核苷酸链围绕同一中心轴构成右手双螺旋结构，核苷酸的磷酸基团与脱氧核糖在外侧，通过磷酸二酯键相连接而构成 DNA 分子的骨架，脱氧核糖的平面与纵轴平行。核苷酸的碱基处于双螺旋的内侧，两条链之间的碱基按照互补配对原则通过氢键相连。A 与 T 之间形成 2 个氢键，G 与 C 之间通过 3 个氢键相连。碱基的环为平面，且与螺旋的中轴垂直，螺旋轴心穿过氢键的中点。双螺旋的直径是 2 nm，螺距为 3.4 nm，上下相邻碱基的垂直距离为 0.34 nm，交角为 36°，每个螺旋有 10 个碱基对。

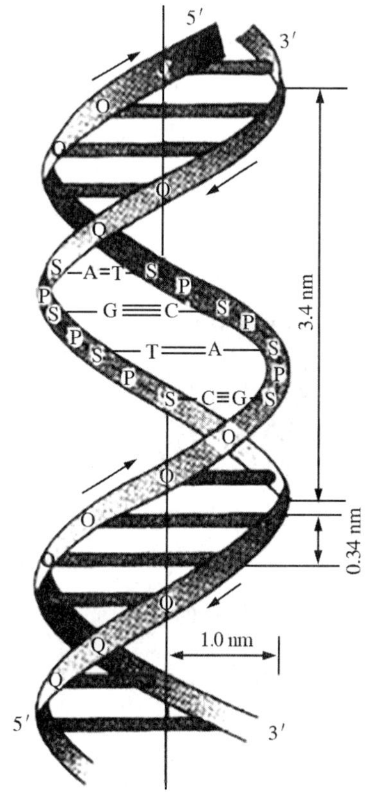

**图 5-9　DNA 双螺旋结构模型**

**6. 基因**

在经典遗传学中，基因被认为是一个有自我复制能力的重组、突变和功能的最小遗传单位，它占据染色体的特定位置。从分子遗传角度看，基因是 DNA 分子中特定的碱基序列片段。它贮存遗传信息，具有复制功能，通过转录和翻译，控制蛋白质的合成，从而对生物性状产生影响。

基因位于每个染色体相应 DNA 链的特定位置上，人们称其为基因位点或基因座，每个位点上的基因，支配一个特定的性状。由于染色体成对存在，基因也是如此。我们将有性繁殖生物的一对同源染色体同一位点上相对应的基因称为等位基因。如果一对同源染色体存在相同的等位基因，我们就称该个体为纯合子，如果存在不同的等位基因，我们就称该个体为杂合子。有些基因可对其影响的性状起较大的作用，因此一对基因可相对决定某一动物的一个特殊性状。在这种情况下，人们就有可能通过观察动物的表现型(基因型与环境共同作用使动物体表现的特征或特性)来判定其基因型(对表现型起作用的基因组成)。还有一些基因对性状均有较弱的作用，许多这类基因同时对一个性状施加效应，决定一个性状。此外，环境(非遗传因素)也可以对动物的表现型产生相应的影响。例如，

**二维码 5-2　基因**
**(微视频　讲师樊倩)**

两个动物，决定其体格大小的基因组成相似，但处于良好的饲养条件下的个体会比处于半饥饿状态下的个体体格大得多。如果环境对一个性状有较大的影响，那么我们就不可能从一个动物的表现型来准确推断其基因型。

同源染色体上的基因是成对的，根据基因对其决定的性状的作用，它们所决定的性状也多是成对的，我们称这对性状为相对性状。相对性状是指某一动物特征或特性的不同表现形式，如动物毛色的黑白、角的有无等。一对等位基因之间可能存在显隐关系，如果等位基因中一个基因的作用可以抑制另一个基因的作用，我们就称前一个基因对后一个基因为显性，相反后一个基因对前一个基因为隐性。如控制牛角有无的等位基因中，无角基因为显性基因，有角基因为隐性基因。为了论述和表示方便，显性等位基因通常用大写字母表示，隐性等位基因用相应的小写字母表示。如果显性基因能够完全抑制隐性基因的作用，我们把这种关系称为完全显性关系；如果显性基因不能完全抑制隐性基因的作用，则称之为不完全显性关系。

## 二、遗传物质的传递

二维码 5-3 遗传物质的传递
（微视频 讲师樊倩）

### （一）DNA 的复制

DNA 的复制是指以亲代 DNA 分子为模板合成一个新的与亲代模板结构相同的子代 DNA 分子的过程。沃森和克里克的 DNA 双螺旋模型为 DNA 的复制奠定了理论基础。遗传信息通过亲代 DNA 分子的复制，随着细胞的分裂而传递给子代。在细胞分裂过程中，染色体加倍的分子基础是 DNA 复制。

#### 1. DNA 复制的特点

DNA 复制有两个最主要的特点，即半保留复制和半不连续复制。

（1）半保留复制。1953 年，沃森和克里克发表了 DNA 双螺旋结构模型，不久之后又提出了 DNA 的半保留复制假说。他们认为：在 DNA 复制中，双螺旋结构的每一条链都可以作为模板，按照碱基互补配对的原则合成一条互补新链，一个双链 DNA 分子复制所产生的两个子代双链 DNA 分子中，一条链是新合成的，另一条则来自亲代 DNA 分子，也就是说子代 DNA 双链中保留了一条亲本链，因此这种复制方式称为半保留复制。

（2）半不连续复制。DNA 双螺旋结构的两条链是反向平行的，因此，在复制起点处解开螺旋的两条 DNA 单链中，一条是 $5'\to 3'$方向，另一条是 $3'\to 5'$方向。以这两条链为模板时，新生链延伸方向一条为 $3'\to 5'$，另一条为 $5'\to 3'$。但生物细胞内所有 DNA 聚合酶只能催化 $5'\to 3'$延伸，这是一个矛盾，冈崎片段（Okazski fragment）的发现使这个矛盾得以解决。在复制起点两条链解开形成复制泡，DNA 向两侧复制形成两个复制叉。以复制叉移动的方向为基准，一条模板链是 $3'\to 5'$，以此为模板而进行的新生 DNA 链的合成沿 $5'\to 3'$方向连续进行，这条链称为前导链。

另一条模板链的方向为 $5'\to 3'$，以此为模板的 DNA 合成也是沿 $5'\to 3'$方向进行，但与复制叉前进的方向相反，而且是分段、不连续合成的，这条链称为后渐链，合成的片段即为冈崎片段。这些冈崎片段以后由 DNA 连接酶连接成完整的 DNA 链。这种前导链的连续复制和后滞链的不连续复制，在生物中是普遍存在的，称为 DNA 合成的半不连续复制。

**2. DNA 复制的基本过程**

DNA 复制过程可以分为起始、延伸和终止 3 个阶段。

(1)DNA 复制的起始。DNA 复制的起始包括 DNA 分子上特定的复制起点双链解开、转录激活合成短的 RNA 分子、RNA 引物的合成及 DNA 聚合酶将第一个脱氧核苷酸加到引物 RNA 的 3′-OH 末端。复制起始之前，由 RNA 聚合酶沿后滞链模板转录一段短的 RNA 分子，它的作用是分开两条 DNA 链，暴露出某些特定序列，以便引发体与之结合，在前导链模板上开始合成 RNA 引物，这个过程称为转录激活。

(2)DNA 复制的延伸。DNA 复制的延伸过程就是复制叉的前移过程，也是 DNA 链的延伸过程。延伸过程可分为 5 个阶段：双链 DNA 的解螺旋；前导链的合成；后滞链上 RNA 引物的合成；冈崎片段的合成；RNA 引物去除和冈崎片段的连接。

(3)DNA 复制的终止。环状 DNA 单向复制终止于复制起点附近，线状 DNA 和环状 DNA 双向复制的复制终点不固定。在复制终止阶段还需进行 RNA 引物切除、缺口补齐和冈崎片段的连接，以产生完整的 DNA 链。有些子代 DNA 分子还需拓扑异构酶的作用以形成超螺旋结构。

**(二)DNA 的转录**

转录是以 DNA 为模板，在 RNA 聚合酶的作用下合成 RNA 的过程。在由 DNA—RNA—蛋白质这样一个遗传信息传递过程中，转录是个中心环节。对于大多数基因而言，转录是基因表达的第一步，也是最关键的步骤。一个基因的遗传信息能否表达往往取决于转录，所以了解转录的分子机制是阐明生物遗传信息表达极为重要的内容。

**1. DNA 转录的基本特征**

DNA 的转录与 DNA 的复制其化学反应十分相似，如两者都在酶的催化作用下，以 DNA 为模板，按碱基互补配对的原则，沿 5′→3′方向合成与模板互补的新链。但是复制是精确地拷贝基因组，而转录是把基因组的遗传信息表达成 RNA，两者的功能极为不同，因而也存在一些明显的差别。

(1)对于一个基因组，转录只发生在一部分区域，基因组中有许多区域并不表达成 RNA。在多数哺乳动物细胞中，只有约 1%的 DNA 序列最后被表达成为成熟的 mRNA 进入细胞质中，指导蛋白质的合成。

(2)转录时只有一条链为模板，人们将这条作为转录模板的 DNA 单链称为模板链。DNA 复制时，两条链都用作模板。

(3)转录起始时，不需要引物的参与，而 DNA 复制一定要有引物的存在。

(4)转录的底物是 4 种核糖核苷三磷酸(rNTP)，即 ATP、GTP、CTP 和 UTP；RNA 与模板 DNA 的碱基相互配对关系为 G—C 和 A—U。而复制的底物是 dNTP，碱基互补配对关系为 G—C 和 A—T。

(5)RNA 的合成依赖于 RNA 聚合酶的催化作用，而 DNA 复制需要 DNA 聚合酶，两种聚合酶系不同。

(6)转录时 DNA-RNA 杂合双链分子是不稳定的，RNA 链在延伸过程中不断从模板链上游离出来，模板 DNA 又恢复双链状态；而 DNA 复制叉形成之后一直打开，不断向两侧延伸，新合成的链与亲本链形成子链。

(7)真核生物基因和 rRNA、tRNA 基因经转录生成的初级转录物，一般都需要经过加工，才能成为具有生物功能和成熟的 RNA 分子。

**2. RNA 的生物合成**

在酶的催化作用下，DNA 双链解开，以一条链为模板，根据碱基互补配对原则，即 C—G、A—U(RNA 中没有 T，取而代之的是尿嘧啶 U)相互连接，在 RNA 聚合酶的作用下，沿 5′→3′方向合成一条与 DNA 互补的 RNA 新链。最后，新生的 RNA 分子从 DNA 分子上脱离，形成信使 RNA(mRNA)，而 DNA 的两条单链又重新恢复成双链。这样，就把 DNA 分子上的遗传信息转录到 mRNA 上。

## (三)蛋白质的生物合成

**1. 核糖体的结构**

核糖体是蛋白质合成的场所，一个细菌细胞中约有 20 000 个核糖体，其蛋白质的含量占细胞蛋白质总量的 10%，其 RNA 量占细胞总 RNA 量的 80%。真核细胞内的核糖体可高达 106 个，而在未成熟的蟾蜍卵母细胞中则高达 1 012 个。核糖体既能以游离状态存在于细胞质内，也可以存在于内质网或线粒体、叶绿体内膜上。

从结构上看，核糖体是由几十种蛋白质和几种核糖体 RNA(rRNA)组成的致密性颗粒。原核生物的核糖体由 3 种 rRNA 和 52 种蛋白质组成，真核生物的核糖体由 4 种 rRNA 和 78 种蛋白质组成。

**2. 蛋白质生物合成的过程**

蛋白质的合成大约有 200 种生物大分子参与，包括核糖体蛋白、rRNA、mRNA、tRNA、氨酰 tRNA 合成酶、起始因子、延伸因子、释放(终止)因子等，比 DNA 的复制和转录都要复杂。

根据 mRNA 上的密码，合成蛋白质的过程称为翻译。它是将核酸序列转变为氨基酸序列的过程。

翻译的过程分为翻译起始、肽链的延伸和翻译终止 3 个阶段。

(1)翻译起始。蛋白质的合成起始过程是指核糖体大小亚基、tRNA 和 mRNA 在起始因子的作用下组装成起始复合物的过程。真核生物的起始过程中并不是先与 mRNA 模板结合，而是在起始因子的协助下，先与起始 tRNA 相结合，再与 mRNA 模板结合。

(2)肽链的延伸。肽链的延伸可分为 3 个阶段：进位、肽链形成和移位。

当 mRNA 单链合成后，便通过核孔进入细胞质，附着在核糖体的亚基上。核糖体能选择相应的氨酰 tRNA(转运 RNA)。氨酰 tRNA 一臂连着一个特定的氨基酸，另一臂具有与 mRNA 密码子互补的 3 个暴露的碱基，称为“反密码子”。氨酰 tRNA 通过这个反密码子可以识别 mRNA 上密码子的位置，把特定的氨基酸送到一定的位置上。

在翻译过程中，通常是多个核糖体与 mRNA 分子结合形成多聚核糖体。核糖体附着在 mRNA 单链的一端，逐渐向 mRNA 另一端移动，识别 mRNA 分子的密码子。同时接受相应的带着氨基酸的氨酰 tRNA，并一个接一个地将氨基酸结合成多肽。

氨基酸并不能直接识别 mRNA 上的密码子，每一种氨基酸都有一种或数种与它相应的 tRNA 来运载它到 mRNA 模板上，这种运载作用通过氨基酸的羧基末端与相应 tRNA 3′端氨基酸臂在氨酰 tRNA 合成酶作用下共价相连来实现。tRNA 反密码子环的反密码子可正确识别 mRNA 模板上的密码子并与之配对，确保肽链的合成按正确顺序进行。原核生物和真核生物都只合成约 30 种带反密码子的 tRNA，可有义密码子有 61 种，这说明一个 tRNA 分子可能与 mRNA 上一种以上的三联体密码进行碱基配对。

(3)翻译终止。当核糖体移动到 mRNA 单链的终止密码时，形成多肽的过程便宣告结束，mRNA 便与核糖体脱离，最后形成的几条多肽链相连，并成为有一定空间结构的蛋白质分子。

**(四)中心法则及其发展**

根据前面的叙述，我们可以把 DNA、RNA 和蛋白质三者的关系概括为以下三点。

(1)DNA 链上的碱基序列就是遗传信息，是产生具有特异性蛋白质的模板。

(2)DNA 双股链打开，以每条单链为模板，按照碱基配对原则，合成新的互补链。这称为 DNA 的复制。DNA 借助复制才能世代继续传递。

(3)以 DNA 双股链中的一条转录链为模板，转录成 mRNA，然后根据 mRNA 上的遗传密码翻译成蛋白质。

以上三点说明，遗传信息由 DNA 传向 DNA，或由 DNA 传向 RNA，然后，决定蛋白质的特异性；蛋白质是遗传信息的受体，遗传信息不能由蛋白质传向蛋白质，或由蛋白质传向 DNA 或 RNA。也就是说，大多数情况下，遗传信息从 DNA 传给 DNA 的复制过程，以及遗传信息以 DNA 传递给 RNA，再由 RNA 通过转录和翻译确定蛋白质特异性过程，这就是分子生物学的中心法则。

中心法则自 1958 年提出以后，科学家又陆续发现。那些只含有 RNA 不含 DNA 的病毒，在感染宿主细胞后，RNA 与宿主的核糖体结合，形成一种 RNA 复制酶，在这种酶的催化作用下，以 RNA 为模板复制出 RNA。也就是说，RNA 的遗传信息可以传向 RNA。

近年来，又发现 RNA 病毒复制的另一种形式。一种 Rous 肉瘤病毒是逆转录 RNA 病毒，存在反转录酶，侵染鸡的细胞后，它能以 RNA 为模板合成 DNA，并结合到宿主染色体的一定位置上，成为 DNA 前病毒。前病毒可与宿主染色体同样复制，并通过细胞有丝分裂，传递给子细胞，并成为肿瘤细胞。某些肿瘤细胞以前病毒 DNA 为模板，合成前病毒 RNA，并进入细胞质中合成病毒外壳蛋白质，最后病毒体释放出来，进行第二次侵染。反转录酶的发现，不仅具有重要理论意义，而且对肿瘤机理的研究，以及在遗传工程方面，以这种酶合成基因都有重要作用，这些发现称为中心法则的发展。

## 任务实施

# 任务一　核酸的提取

## 一、任务说明

核酸是遗传信息的载体，包括 DNA 和 RNA，是最重要的生物信息分子，是分子生物学研究的主要对象，因此核酸提取是分子生物学实验技术中最重要、最基本的操作。

## 二、任务内容

动物肝脏组织中 DNA 的提取实验。

**(一)实验目的**

通过本实验了解并掌握提取基因组 DNA 的原理和步骤。

**(二)实验原理**

在 EDTA 和 SDS 等去污剂存在下,用蛋白酶 K 将核蛋白的核酸和蛋白质分离,根据高浓度的 NaCl 溶解 DNA,沉淀蛋白质,无水乙醇沉淀析出 DNA 的性质来提纯基因组 DNA。

在盐析过程中,高浓度的 NaCl 是关键试剂,NaCl 的最终浓度将直接影响基因组 DNA 的提取率。

## 三、任务准备

**(一)仪器及材料**

**1. 仪器**

高压灭菌锅、玻璃匀浆器、台式离心机、恒温水浴器、琼脂糖凝胶电泳系统、紫外线透射仪。

**2. 材料**

动物肝脏、1.5 mL 微量离心管、微量取样器和吸头。

**3. 试剂**

(1)生理盐水:0.9% NaCl。

(2)组织匀浆液:100 mmol/L NaCl,10 mmol/L Tris-HCl(pH 8.0),25 mmol/L EDTA(pH 8.0)。

(3)酶解液:200 mmol/L NaCl,20 mmol/L Tris-HCl(pH 8.0),50 mmol/L EDTA(pH 8.0),200 μg/mL 蛋白酶 K,1%SDS。

(4)RNA 酶(无 DNA 酶,RNase):将胰 RNA 酶溶于 10 mmol/L Tris-HCl(pH 7.5)、15 mmol/L NaCl 溶液中,终浓度 10 mg/mL,于 100 ℃水浴处理 15 min 以降解 DNA 酶,缓慢冷却到室温,−20 ℃保存。

(5)3.0 mol/L NaCl 溶液。

(6)无水乙醇、75%乙醇。

(7)TE 缓冲液:10 mmol/L Tris-HCl(pH 8.0),25 mmol/L EDTA(pH 8.0)。

**(二)方法与步骤**

本实验在无液氮的条件下,制备鼠肝 DNA。与有液氮条件下相比,产量和质量都有所下降。整个操作过程中,应尽量避免 DNA 酶的污染。特别注意动作温和,减少对 DNA 的机械损伤。

(1)取 0.2 g 肝组织,用冰冷的生理盐水冲洗 3 次,然后置于 2.0 mL 组织匀浆液中,用玻璃匀浆器匀浆至无明显组织块存在。

(2)将组织细胞移至 1.5 mL 微量离心管中,离心(5 000 r/min) 30~60 s(尽可能在低温下操作)，弃上清液，若沉淀中血细胞较多，可再加入 5 倍于细胞体积的匀浆液洗一次。

(3)沉淀加 0.8 mL 无菌水迅速吹散，分两管，再加 0.4 mL 酶解液，翻转混匀(动作一定要轻)，于 55 ℃水浴处理 12～18 h。

(4)沉淀加 RNA 酶至终浓度 200 μg/mL，于 37 ℃水浴处理 1 h。

(5)加入 1/2 体积 3.0 mol/L NaCl 溶液，混匀，静置 30 min 或更长。

(6)4 ℃，12 000 r/min 离心 20 min，将上清液转移到新的离心管。

(7)加两倍体积的预冷的无水乙醇，摇匀，静置 30 min 后，可见白色絮状沉淀出现。

(8)4 ℃，12 000 r/min 离心 15 min，弃上清液；冷 75%乙醇洗涤一次，4 ℃，12 000 r/min 离心 15 min，弃上清液，打开离心管，充分挥发乙醇，室温干燥(不要太干，否则 DNA 不易溶解)，加入适量 TE 缓冲液，存放于 4 ℃冰箱，轻摇溶解过夜，即可得到实验动物基因组 DNA。

## 四、任务报告

完成猪肝脏组织中 DNA 的提取报告。

**猪肝脏组织中 DNA 的提取**

一、实验目的

二、实验原理

二、实验方法与步骤

四、实验思考

分析和讨论在提取猪肝脏组织 DNA 过程中应注意的事项。

# 任务二　扩增与电泳

## 一、任务说明

样品的 DNA 通过试剂盒提取后，我们并不知道这个样品的 DNA 大小。要想对其 DNA

进行鉴定，要先对其进行 PCR 扩增，最后通过琼脂糖凝胶电泳检测其条带的大小。

## 二、任务内容

二维码 5-4 PCR 扩增与琼脂糖凝胶电泳（微视频 讲师郑素梅）

### （一）实验目的

（1）掌握 PCR 反应的原理和方法。

（2）掌握琼脂糖凝胶电泳分离和鉴定 DNA 的原理和方法。

### （二）实验原理

PCR 原理：首先使双链 DNA 在反应液中热变性而分开成单链，然后在低温下与两个引物进行退火。使引物与单链 DNA 配对结合，再在中温下利用 *Taq*DNA 聚合酶的聚合活性及热稳定性进行聚合反应。每经过一次变性、退火、延伸三个步骤为一个循环，通过三个不同温度的重复循环，在经过约 30 次后，所扩增的特定 DNA 序列的数量可增至 10 000 000 倍。由于一轮扩增的产物又充当下一轮扩增的模板，所以在这周而复始的过程中每完成一个循环，就基本上使目的 DNA 模板增加一倍。

DNA 琼脂糖凝胶电泳原理：DNA 分子在碱性环境中带负电荷，外加电场作用下，向正极泳动。不同的 DNA 片段由于其电荷、分子量大小及构型的不同，在电泳时的泳动速率就不同，从而可以区分出不同的区带，电泳后经溴化乙锭（EB）染色；在波长 254 nm 的紫外线照射下，DNA 呈现橙红色荧光。

## 三、任务准备

### （一）仪器及材料

**1. 仪器**

超净工作台、回转式恒温调速摇瓶机、培养箱、冰箱、深冷冰箱（−70 ℃）、冷冻离心机、PCR 仪、电泳仪、水平电泳槽、紫外凝胶成像系统、紫外分光光度计、恒温水浴锅、移液器、微波炉。

**2. 试剂**

蛋白胨、酵母粉、氯化钠、琼脂、氯仿、异戊醇、异丙醇、琼脂糖、饱和酚、氯化苄、CTAB、溴酚蓝、醋酸钠、DL2000 Marker、*Taq*DNA 聚合酶、Pfu 酶、dNTP、Tris、HCl、Tris-HCl、葡萄糖、NaOH、乙醇、乙酸钾、冰乙酸、蔗糖、$ddH_2O$、EB、EDTA、SDS、引物。

### （二）方法与步骤

**1. 设计 PCR 反应体系**

在 0.2 mL PCR 管中配制 50 μL 反应体系（表 5-2）。

**表 5-2　PCR 反应体系**　　μL

| 组分 | 体积 |
|---|---|
| DNA 模板 | 2 |
| 上游引物 F | 1 |
| 下游引物 R | 1 |
| 10×Trans *Taq* TMHiFi | 0.5 |
| Buffer Ⅰ | 5 |
| 2.5 mmoL/L dNTPs | 4 |
| $ddH_2O$ | 配至 50 |

### 2. 设计 PCR 扩增的反应条件

PCR 扩增的反应条件见表 5-3。

**表 5-3　PCR 扩增的反应条件**

| PCR 反应条件 | | 循环/次 |
|---|---|---|
| 温度 | 时间 | |
| 95 ℃ | 5 min | 1 |
| 55 ℃ | 30 s | |
| 72 ℃ | 30 s | 35 |
| 72 ℃ | 30 s | |
| 95 ℃ | 10 min | 1 |

二维码 5-5　PCR 法扩增（微课）

### 3. 对 PCR 反应产物进行水平板琼脂糖凝胶电泳分离和鉴定

将 PCR 反应产物通过水平板琼脂糖凝胶电泳进行分离和鉴定，琼脂糖凝胶电泳的具体方法分为 5 步：配胶→制胶板→上样→电泳→检测。

(1)配胶(配制 1%浓度的琼脂糖凝胶)

将已称量好的 0.3 g 琼脂糖放入锥形瓶，用量筒量取 30 mL 的 1×TAE 电泳缓冲液加入锥形瓶中，放入微波炉中加热至琼脂糖完全溶化，取出来摇匀(注意：取出锥形瓶时戴上绒手套以防烫伤)，得到的就是 1%琼脂糖凝胶。

(2)制胶板

①待琼脂糖凝胶液降温到 60 ℃左右时，放在手背上以不烫手为宜，这时可以加入核酸染料。使用 GoldView 核酸染料时注意，溶液温度高，GoldView 会失效，一般在 60 ℃左右时加入，工作浓度是 5 μL/100 mL。

②取出 1.5 μL GoldView 核酸染料，加入凝胶液中，轻轻旋转混匀。将混匀的胶液缓缓倒入制胶槽中，直至制胶板上形成一层均匀的胶面，注意不要形成气泡。

③待胶液凝固后，轻轻拔出梳子，将制胶槽放入电泳槽内。

④放入电泳槽内，注意凝胶和电极方向。将样品孔一侧朝向电泳槽的负极，DNA 在 1×TAE 电泳缓冲液中带负电，从负极移向正极。取 1×TAE 电泳缓冲液，加入水平电泳槽中，使缓冲液刚好没过胶平面 1 mm。

(3)上样

①取适量体积的 10×loading buffer 加入 DNA 样品中，反复吹打使其充分混匀。

②取混合后的样品，进行上样。用移液器将 DNA 样品混合液缓慢加入样品孔内。分子质量标准 DNA（即 DNA Marker）应加至样品孔的左侧或右侧的孔内（记录点样顺序及点样量）。

（4）电泳

①盖上电泳槽的盖子，打开电泳仪，接通电泳槽与电泳仪的电源，注意正负极，DNA 带负电，电泳时从负极移向正极。设定电压 80 V，确认、运行，开始电泳。

②当溴酚蓝迁移到适当距离后停止电泳，关闭电源，拔出电极插头，打开电泳槽盖子。

（5）检测

取出凝胶进行检测。用凝胶成像仪观察结果，打开凝胶成像仪的门，把凝胶放在凝胶成像仪的黑板上，关上门，选择核酸凝胶，放置凝胶，运行显示结果。从结果上可看到白色条带是 DNA 样品所在位置，左侧泳道是 DNA Marker，右侧泳道是 DNA 样品。

## 四、任务报告

**扩增与电泳**

一、实验目的

二、实验原理

三、实验方法与步骤

四、实验思考

（1）PCR 反应的原理是什么？PCR 反应的主要影响因素是什么？

（2）琼脂糖凝胶电泳分离 DNA 的原理是什么？如何选择琼脂糖凝胶的浓度？EB 的作用是什么？

# 拓展学习

## 一、 酶切与测序技术

酶切是指对黏性末端的 DNA 分子和载体分子进行切割，以获得相应的黏性末端连接。酶切可以分为单酶切和双酶切。

单酶切是指用一个限制性内切酶去切质粒，使得环状的质粒成为线状，但质粒的大小不变。双酶切是指用两个限制性内切酶，质粒上就产生了两个缺口，环状质粒就变成两段线状 DNA。单酶切操作比较简单，但双酶切如果两种酶所用缓冲液成分不同（主要是盐离子浓度不同）或反应温度不同，这时可以采用如下措施解决：①先用一种酶切，然后乙醇沉淀回收 DNA 分子后再用另外一种酶切；②先进行低盐要求的酶进行酶切，然后添加盐离子浓度到高盐的酶反应要求，加入第二种酶进行酶切；③使用通用缓冲液进行双酶切。具体要根据酶的反应要求进行，尽量避免活力损失。

DNA 测序技术，即测定 DNA 序列的技术。在分子生物学研究中，DNA 的序列分析是进一步研究和改造目的基因的基础。用于测序的技术主要有 Sanger 等（1977）发明的双脱氧链末端终止法、Maxam 和 Gilbert（1977）发明的化学降解法。这两种方法在原理上差异很大，但都是根据核苷酸在某一固定的点开始，随机在某一个特定的碱基处终止，产生 A、T、C、G 四组不同长度的一系列核苷酸，然后在尿素变性的 PAGE 胶上电泳进行检测，从而获得 DNA 序列。Sanger 测序法得到了广泛的应用。

## 二、 基因突变与常见基因病

由基因突变或其表达调控障碍引起的疾病，这一类疾病称为基因病，包括两种：单基因病和多基因病。相关文献记载，人类单基因病已达 6 450 多种，平均每年都在增加。还有 15%～20%的人受多基因病所困扰，基因突变及其表达调控障碍在疾病发生中具有重要作用。

### （一）单基因病

单基因病是指由一对等位基因控制的疾病或病理症状。由于基因是位于染色体上，而染色体有常染色体和性染色体之分，基因也有显性基因与隐性基因之别，故位于不同染色体上的致病基因，其遗传方式是不同的。因此，单基因病又可分出常染色体显性遗传病、常染色体隐性遗传病、性连锁遗传病。

#### 1. 常染色体显性遗传病

常染色体显性遗传病是指致病基因位于常染色体上，且由一对等位基因之一发生突变即可引起的遗传性疾病。这类患者的异常性状表达程度不尽相同。杂合体表现出的性状与显性纯合体完全相同，这种情况称为完全显性，大多数常染色体显性遗传病属于这一类。由于某种原因导致杂合体的显性基因不表现出相应的性状，在系谱中可以出现隔代遗传的现象，这种情况称为不规则显性。杂合体表现出的性状介于显性纯合体与隐性纯合体之间，这种情况称为不完全显性。一对等位基因之间，彼此没有显性和隐性的区别，在杂合子状态时，两种基因的作用都能表达，分别独立地产生基因产物，这种情况称为共显性。由于该病的致病基因位于常染色体上，男女发病的机会均等。目前，已经发现的常染色体显性遗传病有 2 400 多种，常见的有家族性高脂蛋白血症、先天性软骨发育不全、多指症、多发性的家族结肠息肉症等。

**2. 常染色体隐性遗传病**

常染色体隐性遗传病是指致病基因位于常染色体上，基因性状是隐性的，在杂合状态时不表现相应性状，只有当隐性基因纯合子时方得以表现。这种遗传病的双亲都是致病基因的携带者，后代患病的概率为 1/4，男女发病的机会均等，多见于近亲婚配的子女。目前，已经发现的常染色体隐性遗传病有 1 500 多种，常见的有白化病、黑尿症、镰刀状红细胞贫血病、侏儒症、婴幼儿型青光眼等。

**3. 性连锁遗传病**

性连锁遗传病是指致病基因位于性染色体上，它随着性染色体传递给后代。这类疾病可以分为 3 种。

(1)X 连锁显性遗传病。该病的致病基因位于 X 染色体上，性状是显性的，男女都可以发病。女性由于有两条 X 染色体，任何一条有致病基因都可以发病；而男性只有一条 X 染色体，所以女性的发病率是男性的 2 倍。这类疾病有遗传性肾病、家族性抗维生素 D 佝偻病等。

(3)X 连锁隐性遗传病。该病的致病基因位于 X 染色体上，性状是隐性的，杂合的状态下不发病。女性有两条 X 染色体，当她只有一个隐性致病基因时，不会发病，属于携带者，有两个隐性致病基因，即隐性纯合时才会发病。男性只有一条 X 染色体，即使致病基因是隐性的，也会出现这种遗传病。这类疾病有血友病、红绿色盲、先天性夜盲症、家族性遗传性视神经萎缩等。

(3)Y 连锁遗传病。该病的致病基因位于 Y 染色体上，属于男性遗传。如 Y 染色体性别决定区发生基因突变或缺失将会导致睾丸发育不全。

**(二)多基因病**

多基因病是指受多对基因控制，每对基因彼此之间没有显性与隐性的区分，而是共显性。这些基因对该遗传性状形成的作用较小(微效基因)，但多对基因累加起来，可以形成一个明显的表型效应，即累积效应。这类遗传性状的形成除受微效基因的影响外，也受环境的影响。这种性状的遗传方式称为多基因遗传。多基因病的发病同时受遗传和环境的因素影响，其中把遗传因素所起作用大小称为遗传力，一般用百分率来表示。有的遗传力大于 60%，表明遗传力高，环境作用小，此类疾病不易控制，如精神分裂症、先天性巨结肠、唇裂、腭裂等。有的遗传力小于 40%，如消化性溃疡，说明环境因素在发病中具有重要作用，该类疾病易于控制。多基因病有几个特点：①发病有家族聚集倾向，患者亲属的发病率高于群体发病率。②随着亲属级别的降低，发病风险也相应降低。③多基因病再现率随妊娠次数及疾病严重程度而相应增高。④发病率有种族差异，表明不同种族的基因库是不同的。

基因突变与肿瘤有密切关系，除少数肿瘤(如家族性结肠息肉症、神经纤维瘤、恶性黑色素瘤)属于单基因病外，绝大多数肿瘤属于多基因病范畴。多基因病涉及多种基因，包括癌基因、抑癌基因、凋亡调节基因、DNA 修复基因等的改变。

## 思考题

1. 遗传物质应具备的条件有哪些？
2. 什么是基因？
3. 什么是中心法则？

# 项目六
## 性状的遗传

**素养目标**

1. 运用科学方法解释生活中的现象。
2. 培养严谨的科学精神和实事求是的科学态度。
3. 激发探究生命科学的好奇心和兴趣。

**知识目标**

1. 理解遗传定律的普遍性及其在育种实践中的意义。
2. 掌握数量性状的遗传特性。

**技能目标**

1. 熟练应用遗传的基本定律解释生产中的遗传现象。
2. 掌握数量性状遗传参数的估算。

### 知识准备

性状是生物体所表现的形态结构、生理生化特征和行为方式等的统称。基因决定性状，是性状表现的内在因素，但环境影响性状，因此性状表现是遗传因素和环境因素共同作用的结果。动物的各种性状通常分为质量性状和数量性状。有些性状的变异是不连续的，各种变异间有明显区别，能用一般形容词来描述其变异特征，这类性状称为质量性状，如角的有无、家畜的毛色、猪的耳型等。有些性状变异是连续的，各种变异间区分不明显，只能用数字来描述其变异特征，这类性状称为数量性状，如泌乳量、产蛋量、瘦肉率等。

长期以来，人们对性状的遗传现象缺乏正确的认知，如认为子代的性状是父本性状和母本性状融合遗传的结果。直到 1856 年奥地利生物学家孟德尔(G. J. Mendel)对豌豆 7 对不同性状的遗传现象经过 8 年的潜心研究，发现性状在遗传过程中，杂交后代的性状并非双亲性状的融合，而是双亲遗传因子的组合，这两种遗传因子将各自独立遗传给后代，从而揭示了一对、两对及两对以上相对性状的遗传规律，即之后遗传学中的分离定律和自由组合定律。继孟德尔提出的两个定律之后，1915 年美国生物学家摩尔根(T. H. Morgan)以果蝇为实验素材，经过深入研究得出另一个遗传定律——连锁互换定律。这 3 个遗传定律，在微生物、动物和植物界得到了广泛的验证，具有普遍的理论及实践意义。

## 一、遗传的基本规律

二维码 6-1 遗传的基本规律
(微视频 讲师樊倩)

### (一)分离定律

分离定律阐明了同源染色体某一位点上一对等位基因在遗传传递过程中保持独立性,在减数分裂产生配子时,两个等位基因分配到不同配子的概率是均等的,一个配子只能携带一对等位基因中的一个,且两性配子受精的概率是均等的。因此,分离定律的实质是等位基因的分离和不同类型配子间的自由组合,其遗传规律为:$F_1$个体都表现为显性性状,$F_1$自交产生的$F_2$表型比例接近3∶1。

如果以纯种白猪约克夏($RR$)和纯种黑猪巴克夏($rr$)作为亲本进行杂交,得到杂种第一代($F_1$)全是白色,将$F_1$进行自群繁殖,杂种第二代($F_2$)则表现出既有白毛,也有黑毛,分离比为3∶1(图 6-1)。

遗传学上把在$F_1$显现出来的那个亲本性状称为显性性状,由显性基因控制。因此,上述遗传现象用基因型可表达如图 6-2 所示。

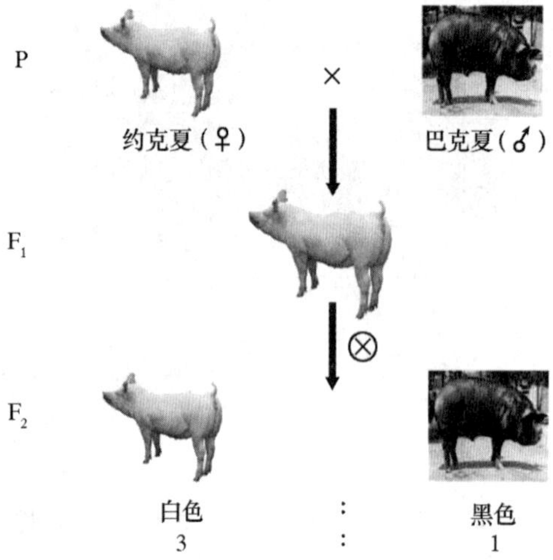


图 6-1 猪一对相对性状的表型分离

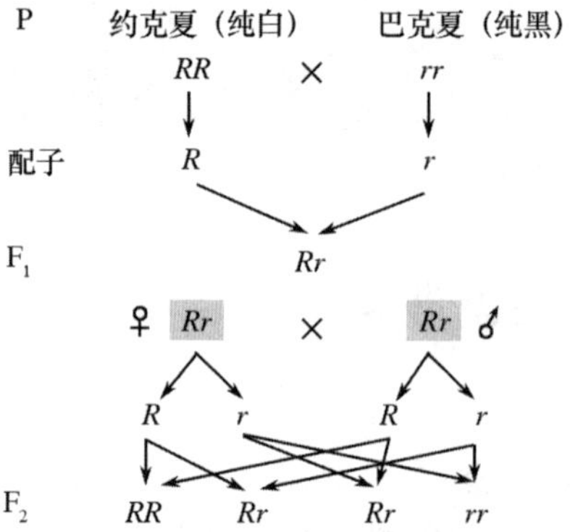


图 6-2 猪一对相对性状的遗传分析图

在这里,$R$和$r$是位于同源染色体上同一位点控制毛色的一对基因,称为等位基因。$R$对$r$是显性,$F_1$表现为白色。在$F_1$自群繁殖过程中,由于隐性基因的纯合,即$rr$的出现,故在$F_2$中除白色外,还分离出黑色性状,这种分离比例在大群统计中大约是3∶1。

### (二)自由组合定律

分离定律只涉及一对相对性状的遗传,但在动物育种中,经常涉及两对或多对相对性状的杂交,希望通过杂交把双亲的优良性状结合在一起,育成一个比双亲都优越的新品种。

孟德尔选择了两对具有相对性状差别的豌豆品种进行杂交试验,一个是具有黄色子叶和圆形种子的纯合体亲本,另一个是绿色子叶和皱皮种子的纯合体亲本。通过杂交,得到的$F_1$全部都是黄色圆形的豌豆,说明黄色圆形是显性性状。$F_1$自花授粉,得到的$F_2$共出现四种表型,分离比接近9∶3∶3∶1。其中,两种都是亲本型,另外两种是重组型。如果对每一对性状进行分析发现性状分离比大体上都是3∶1。这说明一对性状的分离和另一对性状的分离无关,互不影响；同时，还能重新组合产生新的性状组合。

在家畜中也存在不少类似的现象。例如，纯种垂耳白猪和纯种竖耳黑猪进行杂交（图 6-3），白色基因（*R*）对黑色基因（*r*）为显性，垂耳基因（*B*）对竖耳基因（*b*）为显性；若双亲均为双纯合个体，垂耳白猪（*BBRR*）和竖耳黑猪（*bbrr*）杂交，$F_1$ 则都是垂耳白猪（*BbRr*）；若 $F_1$ 自群繁殖，在 $F_2$ 中出现了四种表型：垂耳白猪、垂耳黑猪、竖耳白猪和竖耳黑猪，其表型比例为 9∶3∶3∶1。

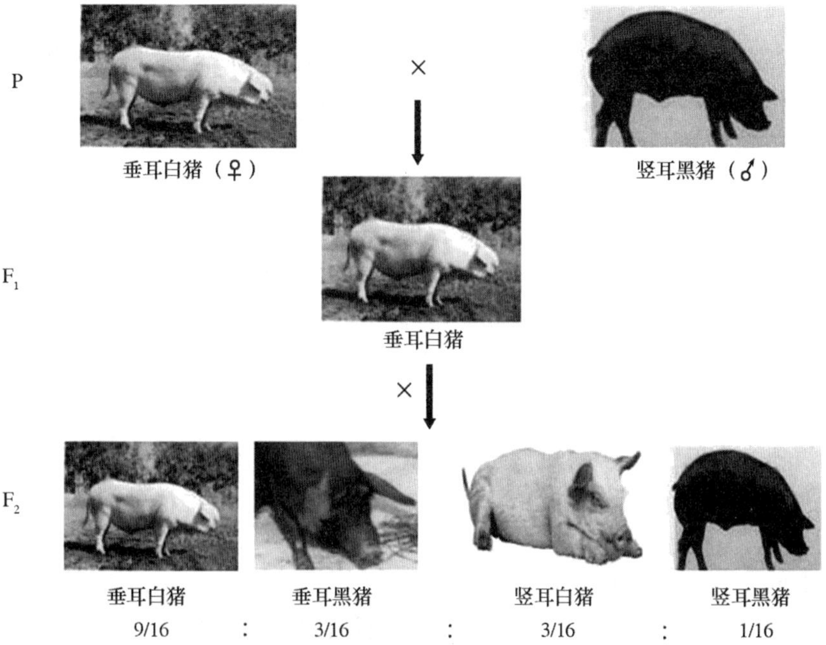


**图 6-3　猪两对相对性状的表型分离**

自由组合定律的遗传现象用基因型表达如图 6-4 所示。

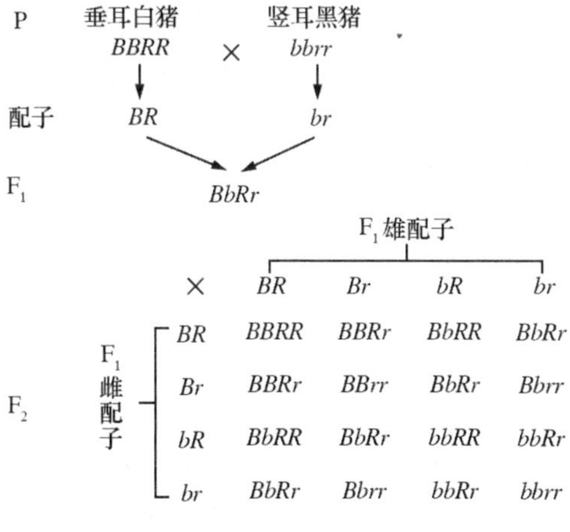


**图 6-4　猪两对相对性状的遗传分析图**

分离定律和自由组合定律对指导动物育种实践具有重要意义。

**1. 通过分离定律可以明确相对性状间的显隐性关系**

在畜禽育种工作中，必须搞清楚相对性状间的显隐性关系。例如，我们要选育的性状哪些是显性，哪些是隐性？以便我们采取适当的杂交育种措施，预见杂交后代各种类型的比例，从而为确定选育群体大小、性状提供依据。

**2. 判断畜禽某种性状是纯合体或杂合体**

在畜牧业生产中，常常需要培育优良的纯种，首先要选择出某些性状上是纯合体的种公畜（禽）。例如，在山羊的育种中，如果我们需要无角纯合体的种公羊，而对现有的或引进的无角公羊究竟是纯合体还是杂合体不清楚的话，这时我们可以把这个待鉴定的无角公羊与有角母羊（有角是隐性）进行交配。交配后代如果全部是无角，则此公羊是纯合体；否则，就是杂合体。

**3. 淘汰带有遗传缺陷性状的种用畜（禽）**

种用畜禽应是没有遗传缺陷的。遗传缺陷性状大多数是受隐性基因控制的，因此在杂合体中表现不出来，这样杂合体就成为携带者，可在畜群中扩散隐性基因。尤其是种公畜（禽），如果是携带者，将会给畜牧业带来不可估量的损失。因此，在育种工作中，我们不仅要把具有遗传缺陷性状的隐性纯合体淘汰，而且要采用测交的方法，检测出携带者，并把它们从畜群中除掉。

**4. 培育优良新品种**

在畜禽育种工作中，选择具有不同优良性状的品种或品系，根据自由组合定律，杂交亲本可以重新组合，逐步使之纯化，可以培育出符合育种要求的优良新品种或品系。例如，猪的一个品种适应性强，但生长速度慢；另一个品种生长速度快，但适应性差。让这两个品种杂交，在杂种后代中有可能出现生长速度既快，适应性又强的类型。只要我们加强选择，就有可能培育出新品种。目前，抗病育种是培育动物新品种的一个重要方向。

二维码 6-2 遗传规律的发展
（微视频 讲师郑素梅）

### （三）连锁互换定律

众多实验表明染色体是基因的载体，但每一物种的染色体数目是有限的，而生物的性状有成千上万个，控制这些性状的基因也有成千上万个，因此每条染色体上必然聚集着很多基因。位于同一染色体上的基因称为一个基因连锁群。例如，人共有 23 对染色体，基因数目约有 3 万个，基因数目远多于染色体数目。显然，位于同一条染色体上的基因不可能进行独立分配，必定随着这条染色体作为一个共同单位而传递，从而表现出连锁遗传。

自然界中完全连锁的情况极少见，更多的是以不完全连锁形式进行遗传。不完全连锁是指连锁的非等位基因在形成配子的过程中发生了交换的遗传现象。例如，在家鸡的白色卷羽鸡中，已知控制卷羽的基因（$F$）对控制常羽的基因（$f$）为显性，鸡羽毛的白色（$I$）对有色（$i$）为显性。现用纯合体的有色卷羽鸡（$iiFF$）跟纯合体的白色常羽鸡（$IIff$）杂交，$F_1$ 均为白色卷羽鸡（$IiFf$）。$F_1$ 产生的配子应有 $IF$、$If$、$iF$ 和 $if$ 四种，其比例应为 1∶1∶1∶1。用 $F_1$ 与双隐性公鸡进行测交，产生的后代却不是像自由组合定律所得到的 1∶1∶1∶1，而得到的结果如图 6-5 所示。

P　　有色卷羽（*iiFF*）　×　白色常态（*IIff*）

↓

$F_1$　　白色卷羽（*IiFf*）　×　有色常态（*iiff*）

↓

| $F_2$ | *IiFf* 白色常态 | | *iiFF* 有色卷羽 | | *IIff* 白色常态 | | *iiff* 有色常态 |
|---|---|---|---|---|---|---|---|
| 理论上: | 1 | : | 1 | : | 1 | : | 1 |
| 实际上: | 18 | : | 63 | : | 63 | : | 13 |

**图 6-5　家鸡的不完全连锁**

有色卷羽（*iiFF*）与白色常态（*IIff*）为亲本型，占 80.25%；白色卷羽和有色常态为重组型，仅占 19.75%。在自由组合情况下，亲本型和重组型应该各占 50%，上述的结果显然与之相差很大。

我们知道，染色体是基因的载体，每一条染色体上必定有很多基因存在。存在于同一条染色体上的非等位基因，在形成配子的减数分裂过程中，如果没有发生染色体片段交换，就会出现完全连锁遗传的现象。当两对非等位基因不完全连锁时，$F_1$不但产生亲本型配子，而且产生重组体配子。其原因在于 $F_1$在形成配子时，性母细胞在减数分裂的粗线期，非姐妹染色单体之间发生了 DNA 片段的互换，基因也随之发生了互换，由此形成的 4 种基因组合的染色单体分别组成 4 种不同的配子，其中两种配子是亲本型组合，两种配子是重组型组合。由此可见，上述 $F_2$表型中亲本型多于重组型的原因在于只有部分性母细胞发生了互换。

连锁互换定律的意义在于根据育种目标选择杂交亲本时，必须考虑性状之间的连锁关系。如果几个优良性状连锁在一起，这对育种工作是有利的，要是不利性状与优良性状连锁在一起，就应采取措施，打破连锁，把有利的性状组合在一起。为了组合双亲有利的性连锁性状，淘汰不利性状，必须加大分离世代的群体数量，来增加选择机会，获得我们所需要的类型。另外，由于基因连锁造成的某些性状的连锁关系，可及早地选到所需要的类型，进而提高选择的效果。

此外，家畜的有些性状往往与性别有一定的连锁关系，根据性连锁遗传的原理还可以进行幼雏早期性别鉴定。

### （四）性别决定与伴性遗传

在有性生殖的动物群体中，雌雄性别之比大多是 1∶1，这是一个典型的一对基因杂合体测交后代的比例，说明性别和其他性状一样，也和染色体及染色体上的基因有关。但生物的性别是一个十分复杂的问题，性别决定也因生物的种类不同而有很大的差异。在多数二倍体真核生物中，决定性别的关键基因位于一对染色体上，这一对染色体称为性染色体，除此之外的染色体称为常染色体。常染色体的各对同源染色体一般都是同型的，但性染色体却有很大的差别，它是动物性别决定的基础。

#### 1. 性别决定

动物的性染色体类型常见的有 XY、ZW、XO 和 ZO 四种类型，畜禽中性染色体主要有 XY 和 ZW 两种类型。

（1）XY 型。包括人类在内的全部哺乳动物、某些两栖类、硬骨鱼类、昆虫等的性染色体属于这种类型。雌性是一对形态相同的性染色体，用符号 XX 表示；雄性只有一条 X，另一条较

X 的形态大小有很大不同，用 Y 表示，故雄性用符号 XY 表示。

(2)ZW 型。家禽(如鸡、火鸡、鸭、鹅)和鸟类、若干鳞翅目类昆虫、某些鱼类等的性染色体属于这种类型。这种类型的性别决定方式刚好和 XY 类型相反，雌性为异型性染色体，雄性为同型性染色体。为了与 XY 相区别，用 Z 和 W 代表这一对性染色体，雌性用符号 ZW 表示，雄性用符号 ZZ 表示。

**2. 伴性遗传**

在遗传学上，把性染色体上的基因所控制的某些性状总是伴随着性别而遗传的现象称为伴性遗传(性连锁遗传)。在两性生物体中，不同性别的个体所带有的性染色体是不同的，因此伴性遗传和常染色体遗传也是不同的。常染色体遗传没有性别上的差别，而伴性遗传特点有：性状分离比与常染色体基因控制的性状分离比不同；正反交结果不一样，表现为交叉现象；两性间的分离比数也不同。现举例说明如下。

芦花鸡的羽色遗传是伴性遗传。芦花鸡的绒羽为黑色，头上有白色斑点，成羽有横斑，是黑白相间的。如果用芦花母鸡与非芦花公鸡交配，得到的 $F_1$ 中，公鸡都是芦花，而母鸡都是非芦花。让 $F_1$ 自群繁殖，产生的 $F_2$ 公鸡中一半是芦花，一半是非芦花；母鸡也是如此。这种遗传现象如何解释呢？可假设芦花基因($B$)对非芦花基因($b$)为显性，$B$ 和 $b$ 这对基因位于 Z 染色体上，常用 $Z^B$ 和 $Z^b$ 来表示，在 W 染色体上不携带它的等位基因。这样，芦花母鸡的基因型是 $Z^BW$，非芦花公鸡的基因型为 $Z^bZ^b$。两者交配，$F_1$ 公鸡的羽毛全是芦花，基因型是 $Z^BZ^b$；$F_1$ 母鸡的羽毛全是非芦花，基因型是 $Z^bW$。$F_2$ 中，母鸡一半是芦花，基因型是 $Z^BW$，一半是非芦花，基因型是 $Z^bW$；公鸡的一半也是芦花，基因型是 $Z^BZ^b$，另一半是非芦花，基因型是 $Z^bZ^b$。芦花母鸡与非芦花公鸡杂交(正交)结果如图 6-6 所示。

如果以非芦花母鸡($Z^BW$)与芦花公鸡($Z^BZ^B$)杂交(反交)，结果就大不相同了。$F_1$ 公鸡和母鸡的羽毛全是芦花。$F_1$ 公母鸡相互交配，$F_2$ 的公鸡全是芦花，母鸡则一半是芦花，一半是非芦花。这些结果表明正交和反交的结果是不同的，两性之间的分离比数也是不同的。非芦花母鸡与芦花公鸡杂交(反交)结果如图 6-7 所示。

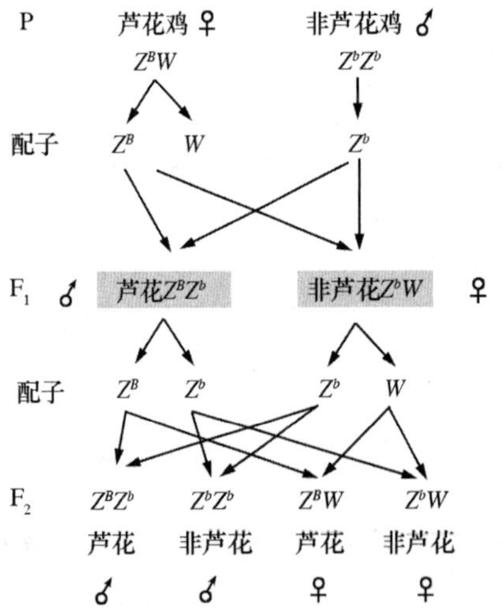


**图 6-6　芦花母鸡与非芦花公鸡杂交(正交)结果**

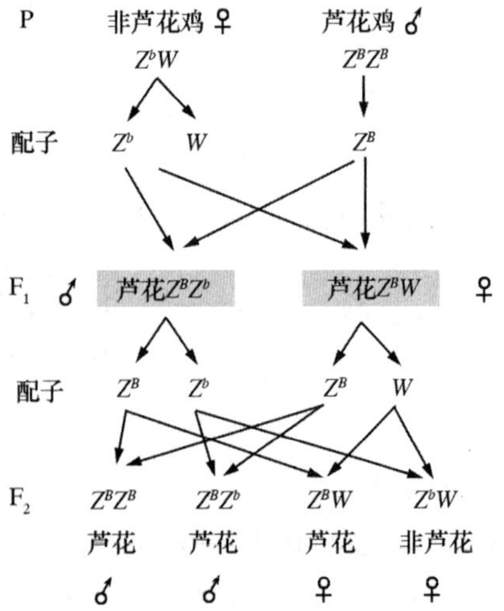


**图 6-7　非芦花母鸡与芦花公鸡杂交(反交)结果**

根据上述试验，可总结出伴性遗传的3个特点：性状的遗传与性别有关；正反交结果不一样；若配子同型的性别传递隐性伴性性状，则 $F_1$ 表现交叉遗传现象；若配子同型的性别传递显性伴性性状，$F_1$ 表现一个显性亲本的性状。

## 二、主要遗传参数及其应用

研究数量性状一般采用统计学方法。为了说明某性状的特性以及不同性状之间的表型关系，可以根据表型值计算平均数、标准差、相关系数等，统称为表型参数。在育种实践中，一项重要工作就是借助遗传参数对畜禽进行遗传评估。常用的遗传参数有遗传力、重复力和遗传相关。

二维码6-3　数量性状遗传参数及其运用一
（微视频　讲师樊倩）

### （一）数量性状表型值与表型方差的剖分

在数量遗传学中，一个数量性状的表型值就是在动物生产中所度量或观察到的数值，以 $P$ 表示；表型值中由基因型所决定的部分称为基因型值，以 $G$ 来表示；由环境原因造成的部分称为环境偏差，以 $E$ 来表示。三者的数量关系用公式表示为：

$$P=G+E$$

即任何一个数量性状的表现都是由遗传和环境共同作用的结果。例如，某头种猪的窝产活仔数为13头，这个表型值可因营养、气候、饲养管理方式等环境条件的改变而发生变化，也可以因为品种不同或遗传结构的不同而发生改变。

如果对基因型做进一步的分析研究，它又可剖分为：基因的加性效应（$A$）、基因的显性效应（$D$）和基因的上位效应（$I$）3个部分。于是，表型值的剖分公式可以表示为：

$$P=G+E=A+D+I+E$$

式中，$A$ 是许多基因效应的总和，是在动物育种工作中能够获得的效应，是能够遗传的，所以又称为育种值；$D$ 是等位基因之间相互作用所产生的显性效应，它随着基因在不同世代中的分离和重组而发生变化，是不能在后代中固定的；$I$ 是非等位基因之间的相互作用所产生的效应，也是在后代中无法固定的部分。

由于 $D$ 和 $I$ 都不能固定，常常与环境效应（$E$）一起统称为剩余值（$R$），所以表型值的剖分公式还可以表示为：

$$P=G+E=A+D+I+E=A+R$$

当求平均表型值时，由于 $R$ 值有正有负，正负 $R$ 值相抵消，所以表型平均值就等于加性效应平均值。也就是说，群体的表型平均值可以代表群体的平均育种值水平。

$$\overline{P}=\overline{A}$$

因此，两个群体的平均表型值之差，可以反映它们的平均育种值之差，但必须具备两个条件：一是所处的环境条件相同，二是有足够大的群体。不同环境中的群体表型平均值之间不能比较。因为它们包含不同的固定环境值，必须剔除固定环境值后才能比较。

数量性状变异的原因总括起来也不外乎两大类：一是遗传，二是环境。因此其总的表型方差按变因可剖分为两部分。

$$V_P = V_G + V_E$$

式中，$V_P$、$V_G$和$V_E$分别为表型值方差（总方差）、遗传方差（基因型方差）和环境方差。

### （二）遗传力

如果说表型值是数量性状的表现形式，那么育种值可以说是它的主要遗传物质。我们所能观察和度量的只是性状的表型值，表型值是家畜性状的外在表现，但却是估计育种值的唯一依据。我们要认识数量性状的遗传规律，就必须由表及里，从表型值中剔除由于其他原因造成的各种偏差，找出代表主要遗传实质的育种值在世代交替中的变化规律。遗传力是我们通过数量性状表型值认识性状遗传本质的一把钥匙，是数量遗传学的重要参数。

**1. 遗传力的概念**

遗传力（heritability），又称遗传率，是指亲代将其遗传特性传递给子代的能力。可以表示为一个群体中某性状遗传方差与表型总方差的比值，通常用百分数表示。

根据遗传力估计值中所包含的成分不同，遗传力可分为广义遗传力和狭义遗传力两种。

（1）广义遗传力。广义遗传力是指遗传方差在表型总方差中所占的比值，记作$H^2$，用公式表示：

$$H^2 = \frac{V_G}{V_P} \times 100\% = \frac{V_G}{V_P + V_E} \times 100\%$$

由此可知，遗传方差占表型总方差的比重越大，环境方差占表型总方差的比重越小，所求得的广义遗传力也就越大，说明这个性状传递给子代的传递能力就越强，受环境条件的影响也越小。

（2）狭义遗传力。数量性状的表型方差可以做如下剖分：

$$V_P = V_G + V_E = V_A + V_D + V_I + V_E$$

因为显性方差（$V_D$）和上位方差（$V_I$）不能通过选择加以固定，所以狭义遗传力（$h^2$）定义为加性方差占表型总方差的比值，其公式是：

$$h^2 = \frac{V_A}{V_P} \times 100\% = \frac{V_A}{V_A + V_D + V_I + V_E} \times 100\%$$

根据上述定义可知，狭义遗传力的值比广义遗传力的值要小。由于加性效应是基因累加效应，可在自交纯合过程中保存并传递给子代，而非加性效应的表现依赖于等位基因杂合状态与非等位基因间的特定组合形式，不能在自交过程中保持，所以，狭义遗传力作为性状选择指标的可靠性要高于广义遗传力。

遗传力的估计值如果是 1（100%），表明某性状在后代中的变异完全是由遗传因素造成的；遗传力估计值如果是 0，则说明性状的变异是由环境改变造成的，而与遗传因素无关。事实上，任何一个数量性状的变异都与遗传或环境存在一定的关联。因此，数量性状遗传力的估计值介于 0～1。

当然，遗传力估计值只是表明后代某性状的变异在遗传与环境两类因素影响的相对重要性，并不是指该性状能遗传给后代个体的绝对值。例如，在一个鸡群中平均蛋重为 60 g，蛋重遗传力为 0.6（60%）。在此，在绝不是说平均蛋重的 60 g 中，只有 60%（36 g）能遗传给后代，而其余 40%不能传给后代，而是指蛋重的变异部分，60%来自遗传原因，其余则是由环境条件造成的。

根据性状遗传力估计值的大小，可将其大致划分为三类：大于 0.5 者为高遗传力；0.2～0.5 为中等遗传力；0.2 以下则为低遗传力。部分畜禽主要数量性状的遗传力如表 6-1 所示。

**表 6-1　部分畜禽主要数量性状的遗传力**

| 畜禽种类 | 性状 | 遗传力 | 畜禽种类 | 性状 | 遗传力 |
|---|---|---|---|---|---|
| 牛 | 泌乳量 | 0.25～0.36 | 猪 | 产仔数 | 0.15 |
| | 乳脂率 | 0.50～0.62 | | 初生重 | 0.15 |
| | 6 月龄体重 | 0.30 | | 背膘厚 | 0.55 |
| | 成年体重 | 0.40 | | 瘦肉率 | 0.30 |
| | 体长 | 0.50 | | 胴体长 | 0.59 |
| 羊 | 剪毛量(污毛) | 0.30～0.47 | 鸡 | 产蛋量 | 0.05 |
| | 净毛量 | 0.40～0.52 | | 蛋重 | 0.60 |
| | 毛长 | 0.46～0.55 | | 开产日龄 | 0.30～0.50 |
| | 断奶至 1 周岁日增重 | 0.40～0.55 | | 8 周龄体重 | 0.35～0.47 |
| | 成年体重 | 0.40 | | 育雏成活率 | 0.10 |
| | 多产频率 | 0.10 | | 胴体重 | 0.30 |

由于遗传力是由亲属间信息而估计得来的，而群体的遗传结构与其所处的固定环境都会影响亲属间表型相关，所以同一性状的遗传力在不同的畜群或不同的环境条件下都会得到不同的估计值。由此可见，遗传力不仅决定于性状本身的遗传特性，而且受畜群的遗传状况(如近交程度、选择程度、杂交)和环境条件的制约。严格说来，每一个畜群都必须估计自己各性状的遗传力才能适用于本畜群，而且在遗传结构和环境条件不稳定的畜群中，上一代估计的遗传力对下一代也不一定适用，即使是同一畜群，也需要经常进行遗传力的估测。在实际工作中，也不应该把此问题绝对化，因为并不是每个畜群都具备估计遗传力的条件。同一性状在不同情况下估计的遗传力虽然各有差异，但还是具有相对的稳定性。例如，鸡的产蛋量，在大多数情况下估计的遗传力值都是很低的，而猪的一些胴体性状的估计遗传力值一般都较高。一般来说，同一品种或品系的同一性状的估计遗传力可以通用。

**2. 遗传力的估算方法**

估算遗传力常用的方法有子亲回归法和半同胞相关法两种。

(1)由子亲关系估算遗传力。该方法要求有两代资料，即子女和父母的表型记录资料。因为子代与亲代的相似性可以反映遗传力，相似性的程度在统计学中往往用回归系数来表示。对于两个性别都表现的性状，如体重、成活率等，可用子代均值对双亲均值的回归系数估测遗传力，即$h^2=b_{OP}$。对于限性性状，如泌乳量、产仔数、产蛋量等，因仅有母亲和女儿的资料，所以用女儿对母亲的回归系数，即母女回归法来估算遗传力，即$h^2=2b_{OP}$。

**【例 1】**某猪场饲养一群纯种甘肃黑猪，从中随机称量 10 窝仔猪初生重，并将这 10 窝仔猪初生重与其双亲的平均初生重进行列表计算，如表 6-2 所示。

**表 6-2 仔猪初生重与其双亲平均初生重的回归关系计算表**

| 编号 | 仔猪均值 $O$ | 双亲均值 $P$ | $O^2$ | $P^2$ | $OP$ |
|---|---|---|---|---|---|
| 1 | 1.2 | 1.2 | 1.44 | 1.44 | 1.44 |
| 2 | 1.2 | 1.3 | 1.44 | 1.69 | 1.56 |
| 3 | 1.3 | 1.3 | 1.69 | 1.69 | 1.69 |
| 4 | 1.2 | 1.3 | 1.44 | 1.69 | 1.56 |
| 5 | 1.3 | 1.2 | 1.69 | 1.44 | 1.56 |
| 6 | 1.2 | 1.2 | 1.44 | 1.44 | 1.44 |
| 7 | 1.3 | 1.3 | 1.69 | 1.69 | 1.69 |
| 8 | 1.2 | 1.2 | 1.44 | 1.44 | 1.44 |
| 9 | 1.3 | 1.3 | 1.69 | 1.69 | 1.69 |
| 10 | 1.1 | 1.3 | 1.21 | 1.69 | 1.43 |
| $\sum$ | 12.3 | 12.6 | 15.17 | 15.90 | 15.50 |

计算回归系数：

$$b_{OP}=\frac{\sum OP-\left(\sum O\times\sum P\right)/n}{\sum P^2-\left(\sum P\right)^2/n}=\frac{n\times\sum OP-\sum O\times\sum P}{n\times\sum P^2-\left(\sum P\right)^2}$$

式中，$O$ 为仔猪平均表型值，$P$ 为双亲平均表型值。

表 6-2 中的相关数据代入公式得：

$$b_{OP}=\frac{10\times15.5-12.3\times12.6}{10\times15.9-12.6^2}=0.08;h^2=b_{OP}=0.08$$

(2)由半同胞相关估算遗传力。同父异母或同母异父的仔畜为半同胞，半同胞个体某性状育种值间的相关系数为$\frac{1}{4}$。由通径分析原理可推导出计算遗传力的公式为：

$$h^2=\frac{r_{HS}}{r_A}=4\,r_{HS}$$

式中，$r_{HS}$为半同胞个体同一性状表型值间的相关系数；$r_A$为半同胞个体同一性状育种值间的相关系数，又称遗传相关系数，即亲缘系数。

计算半同胞个体间的表型相关系数公式为：

$$r_{HS}=\frac{\sigma_B^2}{\sigma_B^2+\sigma_B^2}=\frac{MS_B-MS_W}{MS_B+(n-1)MS_W}$$

式中，$MS_B$为组间(或公畜间)均方，$MS_W$为组内(或公畜内)均方，$n$ 为所有公畜或母畜的总子女数。

**【例 2】**某场 5 头公牛的半同胞经产女儿产奶量记录如表 6-3 所示，试计算该性状的遗传力。

表 6-3　某场 5 头公牛的半同胞经产女儿产奶量　kg

| 女儿 | 公牛号 | | | | |
|---|---|---|---|---|---|
| | 01 | 02 | 03 | 04 | 05 |
| 1 | 5.06 | 6.50 | 4.35 | 4.33 | 5.49 |
| 2 | 5.01 | 5.61 | 4.16 | 5.80 | 5.97 |
| 3 | 5.72 | 5.20 | 6.00 | 5.32 | 4.92 |
| 4 | 6.08 | 5.26 | 5.46 | 4.45 | 5.04 |
| 5 | 5.00 | 5.84 | 5.25 | 4.99 | 6.69 |
| 6 | 6.10 | 5.08 | 4.54 | 4.48 | 3.70 |
| 7 | 5.09 | 4.20 | 1.17 | 5.12 | 3.83 |
| 8 | 5.55 | 4.66 | 3.70 | 6.05 | 5.16 |
| 9 | 4.68 | 6.20 | 3.92 | 5.53 | 5.61 |
| 10 | 5.48 | 5.56 | 5.61 | 5.73 | 5.46 |
| $\sum x$ | 53.77 | 54.11 | 47.16 | 51.80 | 51.87 |
| $\sum x^2$ | 291.24 | 297.05 | 228.13 | 271.70 | 276.41 |
| $\frac{(\sum x)^2}{n_i}$ | 289.12 | 292.79 | 222.41 | 268.32 | 269.05 |

**解：**

①计算各项指标总和。

$$\sum\sum x = 53.77 + \cdots + 51.87 = 258.71$$

$$\sum\sum x^2 = 291.24 + \cdots + 276.41 = 1\,364.53$$

$$\sum\sum \frac{(\sum x)^2}{n_i} = 289.12 + \cdots + 269.05 = 1\,341.69$$

②计算平方和、自由度、均方。

组内平方和：

$$SS_W = \sum\sum x^2 - \sum \frac{(\sum x)^2}{n_i} = 1\,364.53 - 1\,341.69 = 22.84$$

组间平方和：

$$SS_B = \sum \frac{(\sum x)^2}{n_i} - \frac{(\sum\sum x)^2}{\sum n_i} = 1\,341.69 - \frac{258.71^2}{10 \times 5} = 3.07$$

组内自由度：

$$df_W = \sum n_i - k = 5 \times 10 - 5 = 45$$

组间自由度：

$$df_B = k - 1 = 5 - 1 = 4$$

组内均方：

$$MS_W = \frac{SS_W}{df_W} = \frac{22.84}{45} = 0.51$$

组间均方：

$$MS_B = \frac{SS_B}{df_B} = \frac{3.07}{4} = 0.77$$

③算半同胞个体间的表型相关系数。

$$r_{HS} = \frac{MS_B - MS_W}{MS_B + (n-1)MS_W} = \frac{0.77 - 0.51}{0.77 + (10-1) \times 0.51} = 0.05$$

④计算遗传力。

$$h^2 = 4\, r_{HS} = 4 \times 0.05 = 0.20$$

**3. 遗传力的应用**

(1)估计种畜的育种值。育种值是表型值中能真实遗传给后代的部分，基于表型值并借助遗传力进行估计。利用性状的遗传力来估计育种值，可使选种工作准确而有效。

(2)确定繁育方法。遗传力高的性状上下代的相关性大，通过对亲代的选择可以在子代得到较大的反应，因此选择效果好。这类性状采用纯繁可得到较大的提高。在20世纪20年代，人们预测鸡日增重的遗传力较高，通过纯繁选择可提高此性状，从而出现高效的肉鸡新品种，这个预见目前已为育种实践所证明。遗传力低的性状一般说来杂种优势比较明显，可通过经济杂交利用杂种优势。但有些遗传力低的性状，品种间的差异明显，而品种内估测的遗传力却因随机环境方差过大而呈低值，这类性状可以通过杂交引入优良基因来提高。

(3)确定选择方法。遗传力中等以上的性状可以采用个体表型选择这种简便又有效的选择方法。而遗传力低的性状宜采用均数选择的方法。因为个体随机环境偏差在均数中相互抵消，平均表型值接近于平均育种值，根据平均表型选择的效果接近于根据育种值选择。均数选择有两种：一种是根据个体多次度量值的均数进行选择，这样能选出好的个体，但受世代间隔影响，所需时间较长；另一种是根据家系均值进行选择，即家系选择，可选出好的家系，但无法选择好的个体。近几十年来，鸡的产蛋量遗传繁育进展很快，主要是采用家系选择的结果。

(4)应用于综合选择指数的制订。在制订多个性状的“综合选择指数”时，必须使用遗传力这个参数，同时，遗传力还可应用于遗传进展的预测。

**(三)重复力**

**1. 重复力的概念**

同一个体，同一性状，常常度量很多次，每次都有度量记录。例如，一头母猪，每个胎次都有一个产仔数记录，一生就有好几胎产仔数记录。很多性状都可以多次重复度量，可以在时间上重复，也可以在空间上重复。在评定种畜品质时，究竟应当依据哪次记录？一般来讲，依据哪一次都行，但不如依据多次度量的综合资料进行评定更为可靠。因为度量次数越多，信息量越大，取样误差越小，也就越可靠。但到底需要度量多少次合适，这决定于该性状各次度量间的相关程度。相关等于1，说明每次度量的结果一样，这时只要度量一次就可代表各次的度量；随着相关程度的减小，需要度量的次数就增加。我们把各次度量值之间的相关程度称为重复力，用符号$r_e$表示。

一般来说度量次数不止2次，所以需用组内相关法求重复力。重复力的公式为：

$$r_e=\frac{\text{个体间方差}}{\text{个体间方差}+\text{个体内度量间方差}}$$

为了说明重复力的性质，需要引入两个概念。一部分是一般环境方差($V_{Eg}$)，这部分虽不是遗传因素，但能影响动物终生的生产性能，如仔猪在生长发育期间营养不良、发育受阻，对生产力的影响是永久性的；另一部分是特殊环境方差($V_{Es}$)，由暂时的或局部的条件所造成，这种影响是暂时的（只影响个体的某一阶段），如暂时的饲养条件变换，会造成产量下降，当条件改善时，产量即可恢复正常。故重复力是遗传方差与一般环境方差之和占表型总方差的比例。即：

$$r_e=\frac{V_G+V_{Eg}}{V_G+V_{Eg}+V_{Es}}=\frac{V_G+V_{Eg}}{V_G+V_E}=\frac{V_G+V_{Eg}}{V_P}$$

由此可见，重复力受性状的遗传方差、一般环境方差和总方差的影响，所以性状的群体遗传特性和畜群所处的环境条件都能影响重复力。特定条件下测定的重复力，只能反映特定条件下的情况。家畜常见性状的重复力估计值范围如表6-4所示。

**表6-4 家畜常见性状的重复力**

| 家畜种类 | 性状 | 重复力 | 家畜种类 | 性状 | 重复力 |
|---|---|---|---|---|---|
| 牛 | 泌乳量 | 0.35～0.55 | 猪 | 窝产仔数 | 0.10～0.20 |
| | 乳脂率 | 0.50～0.70 | 绵羊 | 剪毛量 | 0.40～0.80 |
| | 持续泌乳力 | 0.15～0.25 | | 毛长 | 0.50～0.80 |
| | 受精率 | 0.01～0.05 | | 断奶重 | 0.20～0.30 |
| | 妊娠期 | 0.15～0.25 | 马 | 奔跑速度 | 0.60～0.80 |
| | 牛奶断奶重 | 0.30～0.50 | | 步距 | 0.30～0.40 |
| | 断奶成绩 | 0.20～0.60 | | 外形评分 | 0.30～0.80 |

引自：F. Pirchner，1983，Population Genetics in Animal Breeding。

注：一般说来，重复力$r_e \geqslant 0.60$称为高重复力；$0.30 \leqslant r_e < 0.60$称为中等重复力；而$r_e < 0.30$称为低重复力。

**2. 重复力的计算方法**

由重复力的定义可知，重复力实际上就是以个体多次度量值为组内成员的组内相关系数，因而其估计方法与组内相关系数的计算完全一致。其计算公式是：

$$r_e=\frac{MS_B-MS_W}{MS_B+(n-1)MS_W}$$

式中，$MS_B$代表个体间均方；$MS_W$代表个体内度量间均方；$n$为度量次数。

如果每个个体度量次数不等,则需要计算加权平均度量次数($n_0$),用$n_0$代替 $n$。

$$n_0 = \frac{1}{k-1}\left[\sum n_i - \frac{\sum n_i^2}{\sum n_i}\right]$$

式中,$k$ 为度量的个体数,$n_i$为每一个体的度量次数。

**3. 重复力的应用**

(1)检验遗传力估计的正确性。由重复力估计的原理可以知道,重复力的大小取决于基因型效应和一般环境效应,这两部分之和必然高于基因加性效应,因而重复力是同一性状遗传力的上限。另外,计算重复力的方法比较简单,而且估计误差比相同性状遗传力的估计误差要小,故估计更为准确。因此,如果遗传力估计值高于同一性状的重复力估计值,则说明遗传力估计有误。

(2)确定性状需要度量的次数。重复力高的性状,说明各次度量值间相关程度强,只需要度量几次就可正确估计个体生产性能;相反,重复力低的性状,则需要多次度量才能做出正确的估计。根据计算结果,当$r_e$=0.9 时,度量 1 次即可;$r_e$=0.7～0.8 时,需度量 2～3 次;$r_e$=0.5～0.6 时,需度量 4～5 次;$r_e$=0.25 时,需度量 7～8 次;$r_e$=0.1 时,需度量 9～10 次。假设母猪窝产仔数的重复力$r_e$=0.122 9,说明其相关程度低,选种时要根据母猪 8～9 胎窝产仔数资料,才能确定该性状表现的优劣。

(3)估计畜禽个体可能的生产力。有了重复力参数,可以从家畜早期生产记录资料估计其一生可能达到的生产力,从而做到早期选种。

Lush(1937)提出的估计畜禽最大可能生产力(MPPA)公式是:

$$MPPA = \bar{P} + \frac{n \times r_e}{1+(n-1)r_e}(\bar{P}_n - \bar{P})$$

式中,MPPA 代表个体的最大可能生产力估计值;$\bar{P}$为全群均数;$\bar{P}_n$是个体 $n$ 次度量的均值;$r_e$是该性状的重复力;$n$ 为度量次数。

MPPA 不仅与多次度量均值有关,而且与度量次数也有关系。度量次数多的个体,其平均值的准确度也高。

(4)应用于评定家畜的育种值。在评定家畜育种值时,重复力是不可缺少的一个参数。

## (四)遗传相关

**1. 遗传相关的概念**

畜禽作为一个有机的整体,所表现的多性状间必然存在一定的联系;如体尺大的牛产乳量较高,体尺小的牛产乳量可能低,这种联系的程度称为性状间的相关,用相关系数来表示。群体中所有个体两性状间的相关称表型相关,以$r_{P(xy)}$表示,表型相关可剖分为遗传相关和环境相关两部分。两个性状基因型值(育种值)之间的相关称为遗传相关,以 $r_{A(xy)}$表示;性状的环境效应值相关则为环境相关,以$r_{E(xy)}$表示。

表型相关并不等于两个性状的遗传相关和环境相关之和。如果两个性状的遗传力低,则表型相关主要取决于环境相关;反之,如果两性状遗传力高,则表型相关主要取决于遗传相关。实际上,造成表型相关的这两种因素间的差异非常大,有时甚至一个正相关,一个负相关。如鸡的体重和蛋重呈正相关，而体重和产蛋量呈负相关。

从育种角度来看，遗传相关相对重要，因为只有这部分是可遗传的。常见畜禽部分经济性状的遗传相关系数如表 6-5 所示。

**表 6-5　常见畜禽部分经济性状的遗传相关系数**

| 畜禽种类 | 经济性状 | $r_{P(xy)}$ | $r_{A(xy)}$ | $r_{E(xy)}$ |
|---|---|---|---|---|
| 牛 | 产乳量与乳脂率 | −0.14 | −0.20 | −0.10 |
| | 产乳量与乳脂量 | 0.93 | 0.85 | 0.96 |
| 猪 | 体长与背膘厚 | −0.24 | −0.47 | −0.01 |
| | 生长速度与饲料消耗量 | −0.84 | −0.96 | −0.50 |
| | 背膘厚与饲料消耗量 | 0.31 | 0.28 | 0.32 |
| 鸡 | 18 周体重与开产日龄 | −0.30 | 0.29 | −0.50 |
| | 18 周体重与产蛋量 | 0.09 | −0.16 | 0.18 |
| | 18 周体重与蛋重 | 0.16 | 0.50 | −0.05 |

**2. 遗传相关的估测**

性状间遗传相关系数的估计，主要利用子亲两代资料或同胞资料进行估计。由于涉及两个性状，所以计算较为复杂，需要应用协方差分析法。

（1）利用亲子关系估测性状间遗传相关。

$$r_{A(xy)}=\sqrt{\frac{\mathrm{Cov}_{x_1y_2}\times\mathrm{Cov}_{x_2y_1}}{\mathrm{Cov}_{x_1x_2}\times\mathrm{Cov}_{y_1y_2}}}=\sqrt{\frac{SP_{x_1y_2}\times SP_{x_2y_1}}{SP_{x_1x_2}\times SP_{y_1y_2}}}$$

式中，$\mathrm{Cov}_{x_1y_2}$ 和 $\mathrm{Cov}_{x_2y_1}$ 为亲代一个性状与子代另一个性状间的协方差；$\mathrm{Cov}_{x_1x_2}$ 和 $\mathrm{Cov}_{y_1y_2}$ 为亲代与子代同一个性状间的协方差；$SP_{x_1y_2}$ 和 $SP_{x_2y_1}$ 为亲代一个性状与子代另一个性状间的乘积和；$SP_{x_1x_2}$ 和 $SP_{y_1y_2}$ 为亲代与子代同一个性状间的乘积和。

（2）利用半同胞资料估计遗传相关。

$$r_{A(xy)}=\frac{MP_{B(xy)}-MP_{W(xy)}}{\sqrt{(MS_{B(x)}-MS_{W(x)})(MS_{B(y)}-MS_{W(y)})}}$$

式中，$MP_{B(xy)}$ 是组间均积，即 $x$ 性状和 $y$ 性状的组间乘积和除以组间自由度；$MP_{W(xy)}$ 是组内均积，即 $x$ 性状和 $y$ 性状的组内乘积和除以组内自由度；$MS_{B(x)}$ 是 $x$ 性状的组间均方，$MS_{W(x)}$ 是 $x$ 性状的组内均方；$MS_{B(y)}$ 是 $y$ 性状的组间均方，$MS_{W(y)}$ 是 $y$ 性状的组内均方。

**3. 遗传相关的应用**

（1）进行间接选择。利用两个性状间的遗传相关，选择容易度量的性状来间接提高难以度量的性状。如利用猪的日增重和饲料利用率存在强正相关，在选种中只选择生长速度，而饲料的利用率也随之提高，从而加快选种速度，降低饲养成本。又如猪的初生重与断奶后平均日增重呈较强的正相关（$r_A=0.65$），就可通过选择初生重大的个体留做种用，以提高后代猪群断奶后的平均日增重。

（2）比较不同环境下的选择效果。遗传相关可用于比较不同环境条件下的选择效果，可以把同一性状在不同环境下的表现作为不同的性状看待。这就为解决育种工作中的一个重要实际问题提供了理论依据，即在条件优良的种畜场选育的优良品种，推广到条件较差的生产场如何保持其优良特性的问题。

(3)遗传相关系数是制订综合选择指数的重要参数。如果两个性状间呈负相关，要想通过选择同时提高这两个性状，则很难取得理想结果。

## 任务实施

## 任务一　遗传力的估算

### 一、任务说明

遗传力是我们理解遗传与环境因素对性状影响的基础，在育种实践中有重要的应用意义。性状的遗传力是某性状的育种值方差占表型总方差的比值，可以用百分数或小数表示。遗传力是畜群的遗传特性，不是个体特性，因此要用群体资料来计算。不同年份、不同畜群的同一性状遗传力，由于受不同环境条件的影响，计算结果会有差异；同一畜群中不同性状的遗传力也是不同的。在实际应用时，最好应用本场畜群资料来估测遗传力参数，而且应尽可能扩大样本含量，以减少取样误差，增加计算的正确性。采用子亲回归法估算性状的遗传力公式为$h^2=2b_{OP}$，计算出子代对一个亲本的回归系数后，乘 2 就是遗传力。全同胞估算性状的遗传力公式为$h^2=2r_{FS}$，半同胞估算性状的遗传力公式为$h^2=4r_{HS}$。

### 二、任务内容

了解遗传力在育种实践中的应用意义，熟悉和掌握遗传力估计的原理和方法。遗传力的公式是：

$$h^2=\frac{V_A}{V_P}$$

式中，$h^2$代表性状的遗传力；$V_A$代表育种值方差；$V_P$代表表型值方差。

由于育种值不能直接度量，故育种值方差只能用亲属的表型值资料间接估计，常用的方法有以下两种。

**(一)子亲回归法(女母回归法)**

此法是用子代与父母两代的表型资料求出其回归系数，以估计遗传力。因为子代与亲代的相似性可以反映遗传力，相似性的程度在统计学中往往用回归系数来表示。估计遗传力的公式是：

$$h^2=2b_{OP}$$

式中，$b_{OP}$为女儿对母亲的回归系数。

【例 3】某种猪场部分母猪乳头数的母女配对资料如表 6-6 所示，试用公畜内女母回归法计算乳头数的遗传力。

表 6-6　某种猪场部分母猪乳头数的母女配对资料

| 编号 | 种公猪 | | | | | |
|---|---|---|---|---|---|---|
| | 1 | | 2 | | 3 | |
| | 母($P$) | 女($O$) | 母($P$) | 女($O$) | 母($P$) | 女($O$) |
| 1 | 12 | 13.7 | 16 | 13.5 | 13 | 13.3 |
| 2 | 15 | 15.0 | 12 | 13.9 | 13 | 13.6 |
| 3 | 14 | 13.3 | | | 13 | 13.5 |
| 4 | 12 | 14.1 | | | 15 | 14.2 |
| 5 | 14 | 13.7 | | | | |
| 6 | 14 | 14.0 | | | | |
| 7 | 12 | 13.8 | | | | |
| 8 | 15 | 14.7 | | | | |
| 9 | 14 | 14.2 | | | | |
| 10 | 14 | 13.2 | | | | |
| $n_i$ | 10 | | 2 | | 4 | |
| $\sum O$ | 139.7 | | 27.4 | | 54.6 | |
| $\sum P$ | 136 | | 28 | | 54 | |
| $\sum O^2$ | 1 954.49 | | 375.46 | | 745.74 | |
| $\sum P^2$ | 1 862 | | 400 | | 732 | |
| $\sum OP$ | 1 902.3 | | 382.8 | | 738.2 | |

具体计算过程：

(1)整理资料，计算各项总和。

$$N = 16, \sum\sum O = 221.7, \sum\sum p = 218, \sum\sum O^2 = 3\,075.69,$$

$$\sum\sum p^2 = 2\,994, \sum\sum OP = 3\,023.3$$

(2)计算公猪内平方和、乘积和。

$$SS_{W(P)} = \sum\sum p^2 - \sum\frac{\left(\sum P\right)^2}{n_i} = 2\,994 - 2\,970.4 = 23.4$$

$$SS_W = \sum\sum OP - \sum\frac{\sum O\sum P}{n_i} = 3023.3 - 3020.62 = 2.68$$

(3)计算乳头数的遗传力。

$$h^2 = 2\,b_{OP} = 2\times\frac{SS_W}{SS_{W(P)}} = 0.1145$$

二维码 6-4 奶牛为什么怀孕也能产奶(微课)

### (二)半同胞相关法(由半同胞相关估计遗传力)

同父异母或同母异父的兄弟姐妹为半同胞。用半同胞资料估计遗传力的公式为:

$$h^2=4\,r_{HS}$$

式中,$r_{HS}$是半同胞相关系数。

$$r_{HS}=\frac{MS_S-MS_W}{MS_S+(n-1)MS_W}$$

式中,$MS_S$是公畜间均方,即公畜间平方和除以公畜间自由度;$MS_W$是公畜内均方,即公畜内平方和除以公畜内自由度;$n$为女儿数。

**【例 4】** 4 头种公牛的 23 头女儿的乳脂率资料如表 6-7 所示。试用半同胞相关估计乳脂率的遗传力。

**表 6-7 4 头种公牛的 23 头女儿的乳脂率资料**

| 公牛 | 半同胞女儿乳脂率记录/% | $n_i$ | $\sum x$ | $\sum x^2$ | $\frac{(\sum x)^2}{n}$ |
|---|---|---|---|---|---|
| $S_1$ | 3.8 3.5 3.6 3.4 3.5 | 5 | 17.8 | 63.46 | 63.37 |
| $S_2$ | 3.3 3.4 3.7 3.2 3.5 3.4 | 6 | 20.5 | 70.19 | 70.04 |
| $S_3$ | 3.6 3.7 3.5 3.6 3.4 3.8 3.5 | 7 | 25.1 | 90.11 | 90.00 |
| $S_4$ | 3.9 3.4 3.6 3.8 3.5 | 5 | 18.2 | 66.42 | 66.25 |

具体计算过程:

(1)整理资料,计算各项指标总和。

$$\sum n_i=23,\sum\sum x=17.8+20.5+25.1+18.2=81.6$$

$$\sum\sum x^2=63.46+70.19+90.11+66.42=290.18$$

$$\sum\frac{(\sum x)^2}{n}=63.37+70.04+90.00+66.25=289.66$$

(2)计算平方和、自由度、均方、$n$。

组内平方和:

$$SS_W=\sum\sum x^2-\sum\frac{(\sum x)^2}{n_i}=290.18-289.66=0.52$$

组间平方和:

$$SS_B=\sum\frac{(\sum x)^2}{n_i}-\frac{(\sum\sum x)^2}{\sum n_i}=289.66-\frac{81.6^2}{23}=0.16$$

组内自由度：

$$df_W - \sum n_i - k = 23 - 4 = 19$$

组间自由度：

$$df_B = k - 1 = 4 - 1 = 3$$

组内均方：

$$MS_W = \frac{SS_W}{df_W} = \frac{0.52}{19} = 0.027$$

组间均方：

$$MS_B = \frac{SS_B}{df_B} = \frac{0.16}{3} = 0.053$$

$n$：

$$n = \frac{1}{k-1}\left[\sum n_i - \frac{\sum n_i^2}{\sum n_i}\right] = \frac{1}{4-1} - \left[23 - \frac{5^2 + 6^2 + 7^2 + 5^2}{23}\right] = 5.71$$

(3)计算半同胞个体间的表型相关系数。

$$r_{HS} = \frac{MS_B - MS_W}{MS_B + (n-1)MS_W} = \frac{0.053 - 0.027}{0.053 + (5.71 - 1) \times 0.027} = 0.1443$$

(4)计算遗传力。

$$h^2 = 4r_{HS} = 4 \times 0.1443 = 0.5772$$

## 三、任务准备

(1)理解遗传力的概念及原理。

(2)整理某羊群育成母羊剪毛量资料如表 6-8 所示。

**表 6-8　育成母羊剪毛量资料**

| 公羊组 | $n$ | $\sum O$ | $\sum P$ | $\sum O^2$ | $\sum P^2$ | $\sum OP$ |
|---|---|---|---|---|---|---|
| 22029 | 11 | 9.7 | −0.3 | 20.85 | 11.73 | 0.83 |
| 61022 | 30 | 8.3 | −1.7 | 21.39 | 22.57 | 6.74 |
| 93087 | 30 | 8.1 | 19.6 | 43.85 | 122.20 | 9.29 |
| 15214 | 14 | 9.5 | 2.0 | 35.37 | 6.56 | 2.05 |
| 25205 | 14 | 9.1 | 2.1 | 33.89 | 11.29 | 9.04 |
| 05222 | 23 | 20.0 | −0.3 | 55.86 | 46.29 | 10.13 |
| $\sum$ | 122 | 64.7 | 21.40 | 211.21 | 220.64 | 38.08 |

注：$O$ 代表女儿的剪毛量，$P$ 代表母亲的剪毛量，为了计算方便，每个实测值减去 5 后进行统计，第二位小数四舍五入。

## 四、任务报告

(1)基于表 6-8 的资料,利用女母回归法计算剪毛量的遗传力。

(2)利用表 6-8 中女儿剪毛量资料采用半同胞相关法计算遗传力。

具体报告格式如下。

**一、基于女母回归法计算剪毛量的遗传力**

1.整理资料,计算各项指标总和。

2.计算平方和、乘积和。

3.计算遗传力。

**二、基于半同胞相关法计算剪毛量的遗传力**

1.整理资料,计算各项指标总和。

2.计算平方和、自由度、均方、$n$。

3.计算半同胞个体间的表型相关系数。

4.计算遗传力。

# 任务二 重复力的估算

## 一、任务说明

重复力是衡量一个数量性状在同一个体多次度量值之间的相关程度的指标。个体多次重复度量值相关的原因,除个体基因效应外,个体所处的持久性环境效应也会对性状的终身表现产生相同的影响。此外,一些暂时的或局部的特殊环境因素只对个体性状的某次度量值产生影响，这种效应称为暂时性环境效应。当个体性状有多次度量时，这种暂时性环境效应对多次度量值的影响有大有小、有正有负，可以相互抵消一部分，从而可提高个体性状生产性能估计的准确性。

## 二、任务内容

熟悉与数量性状重复力有关的基本概念和基本计算方法。具体的方法与步骤如下：

重复力实际上就是以个体多次度量值为组的组内相关系数，因而其估计方法与组内相关系数的计算完全一致。组内相关系数描述了组内有某种特定联系的多组数据两两之间的平均相关系数，如果是按个体分组，那么每组数据就是一个个体的各次度量值，与两变量简单相关系数计算一样，组内相关系数也是通过计算变量方差和协方差得到的。通过推导，组内相关系数等于组间方差($\sigma_B^2$)在总方差中占的比例，在方差分析中通常用组间方差和组内方差($\sigma_W^2$)之和代替总方差。因此，重复力通常是在按个体分组后的单因素方差基础上计算的，计算公式如下：

$$r_e=\frac{\sigma_B^2}{\sigma_B^2+\sigma_W^2}=\frac{MS_B-MS_W}{MS_B+(n-1)MS_W}$$

式中，$MS_B$代表个体间均方，$MS_W$代表个体内度量间均方，$n$ 为度量次数。如果每个个体度量次数不等，则需要计算加权平均度量次数($n_0$)，用$n_0$代替 $n$。

$$n_0=\frac{1}{k-1}\left[\sum n_i-\frac{\sum {n_i}^2}{\sum n_i}\right]$$

式中，$k$ 为度量的个体数；$n_i$ 为每一个体的度量次数。

**【例 5】**某种猪场 10 头母猪的各胎产仔数资料如表 6-9 所示，试计算产仔数的重复力。

**表 6-9　某种猪场 10 头母猪的各胎产仔数资料**

| 母猪号 | 胎数 | | | | | | | | | $n_i$ | $\sum x$ | $\sum x^2$ | $\frac{(\sum x)^2}{n}$ |
|---|---|---|---|---|---|---|---|---|---|---|---|---|---|
| | 1 | 2 | 3 | 4 | 5 | 6 | 7 | 8 | 9 | | | | |
| 1 | 11 | 13 | 12 | 14 | 10 | 12 | 9 | | | 7 | 81 | 955 | 937.29 |
| 2 | 9 | 12 | 13 | 11 | 12 | 15 | 13 | 10 | 11 | 9 | 106 | 1274 | 1 248.44 |
| 3 | 10 | 12 | 14 | 9 | 15 | 11 | 10 | 12 | | 8 | 93 | 1 111 | 1 081.13 |
| 4 | 8 | 11 | 13 | 9 | 15 | 12 | | | | 6 | 68 | 804 | 770.67 |
| 5 | 13 | 11 | 15 | 13 | 14 | 12 | 15 | 13 | 10 | 9 | 116 | 1 518 | 1 495.11 |
| 6 | 9 | 0 | 14 | 13 | 14 | 9 | 12 | | | 7 | 81 | 967 | 937.29 |
| 7 | 14 | 11 | 13 | 12 | 15 | 13 | 12 | 15 | 12 | 9 | 117 | 1 537 | 1 521.00 |
| 8 | 8 | 10 | 12 | 13 | 11 | 13 | 12 | | | 7 | 79 | 911 | 891.57 |
| 9 | 10 | 11 | 15 | 13 | 11 | 10 | | | | 6 | 70 | 836 | 816.67 |
| 10 | 12 | 15 | 14 | 13 | 13 | 12 | 11 | 14 | 11 | 9 | 115 | 1 485 | 1 469.44 |

具体的计算过程：

(1)整理资料，计算各项指标总和。

$$\sum n_i = 77, \sum\sum x = 81 + \cdots + 115 = 926$$

$$\sum\sum x^2 = 955 + \cdots + 1\,485 = 11\,398$$

$$\sum \frac{\left(\sum x\right)^2}{n} = 937.29 + \cdots + 1\,469.44 = 11\,168.60$$

(2)计算平方和、自由度、均方、$n_0$。

组内平方和：

$$SS_W = \sum\sum x^2 - \sum \frac{\left(\sum x\right)^2}{n_i} = 11398 - 11136.05 = 261.95$$

组间平方和：

$$SS_B = \sum \frac{\left(\sum x\right)^2}{n_i} - \frac{\left(\sum\sum x\right)^2}{\sum n_i} = 11168.60 - \frac{926^2}{77} = 32.55$$

组内自由度：

$$df_W = \sum n_i - k = 77 - 10 = 67$$

组间自由度：

$$df_B = k - 1 = 10 - 1 = 9$$

组内均方：

$$MS_W = \frac{SS_W}{df_W} = \frac{261.95}{67} = 3.42$$

组间均方：

$$MS_B = \frac{SS_B}{df_B} = \frac{32.55}{9} = 3.62$$

$n$：

$$n = \frac{1}{k-1}\left[\sum n_i - \frac{\sum n_i^2}{\sum n_i}\right] = \frac{1}{10-1} - \left[77 - \frac{607}{77}\right] = 7.68$$

(3)计算重复力。

$$r_e = \frac{MS_B - MS_W}{MS_B + (n-1)MS_W} = \frac{3.62 - 3.42}{3.62 + (7.68 - 1) \times 3.42} = 0.007\,6$$

## 三、任务准备

（1）理解遗传力的概念及原理。

（2）整理某绵羊群 2～5 周岁毛长资料如表 6-10 所示。

**表 6-10　某绵羊群 2～5 周岁毛长资料**

| 羊号 | 2 周岁 | 3 周岁 | 4 周岁 | 5 周岁 | 羊号 | 2 周岁 | 3 周岁 | 4 周岁 | 5 周岁 |
|---|---|---|---|---|---|---|---|---|---|
| 1 | 9.0 | 8.0 | 8.5 | 9.5 | 11 | 8.0 | 7.5 | 7.5 | |
| 2 | 8.0 | 7.0 | 7.0 | | 12 | 9.0 | 9.0 | 8.0 | 8.0 |
| 3 | 8.0 | 9.0 | 9.0 | 8.0 | 13 | 7.5 | 7.5 | 7.0 | |
| 4 | 8.0 | 8.0 | 8.5 | 8.5 | 14 | 8.0 | 7.0 | 7.0 | |
| 5 | 7.0 | 7.5 | 8.0 | 7.0 | 15 | 7.5 | 9.0 | 8.0 | 8.0 |
| 6 | 8.5 | 9.0 | 8.0 | | 16 | 7.0 | 8.0 | 7.0 | |
| 7 | 8.5 | 8.0 | 8.0 | 8.0 | 17 | 7.0 | 7.0 | 8.0 | |
| 8 | 8.0 | 8.0 | 8.0 | 7.0 | 18 | 7.5 | 6.0 | 8.0 | |
| 9 | 8.5 | 7.5 | 7.5 | 8.0 | 19 | 8.0 | 8.0 | 7.5 | |
| 10 | 7.0 | 7.5 | 6.5 | 7.0 | 20 | 7.0 | 8.0 | 6.0 | |

## 四、任务报告

基于表 6-10 的资料，计算绵羊毛长的重复力。

报告具体格式如下：

1. 整理资料，计算各项指标总和。

2. 计算平方和、自由度、均方、$n$。

3. 计算遗传力。

# 任务三 遗传相关的估算

## 一、任务说明

遗传相关是两个性状育种值之间的相关，在育种工作中可应用遗传相关确定与育种目标性状有联系的某些性状的相对重要性。倘若某性状的遗传与育种目标性状的遗传高度相关，就可利用它对育种目标性状进行相关选择(或称间接选择)。这种方法特别适用于育种目标性状难以准确测量或遗传力极低的情况，因为在这种情况下可通过对遗传力高且与育种目标性状高度相关的性状的选择，有效地改进育种目标性状。遗传相关系数的计算较复杂，要求资料的样本大，否则会出现很大的误差。因此，在实际育种中计算时，要尽量抽取大样本，才能保证估计值的可靠性。估计遗传相关系数的常用方法有两种：一是亲子相关法；二是半同胞资料遗传相关估计法。本任务采用后一种方法来估计性状的遗传相关系数。

## 二、任务内容

熟悉遗传相关系数的计算方法，并能应用于育种实践。

具体的方法与步骤：

对于大家畜而言，大量的全同胞资料较难得到，为扩大样本量一般采用半同胞资料估计遗传相关。由于同父半同胞个体很多，与遗传力估计时一样，需要计算公畜组内两性状方差组分和协方差组分来估计性状的遗传方差及它们之间的遗传协方差。其计算公式为：

$$r_{A(xy)}=\frac{MP_{B(xy)}-MP_{W(xy)}}{\sqrt{(MS_{B(x)}-MS_{W(x)})(MS_{B(y)}-MS_{W(y)})}}$$

式中，$MP_{B(xy)}$是组间均积，即 $x$ 和 $y$ 性状的组间乘积和除以组间自由度；$MP_{W(xy)}$是组内均积，即 $x$ 和 $y$ 性状的组内乘积和除以组内自由度；$MS_{B(x)}$是 $x$ 性状的组间均方，$MS_{W(x)}$是 $x$ 性状的组内均方；$MS_{B(y)}$是 $y$ 性状的组间均方，$MS_{W(y)}$是 $y$ 性状的组内均方。

【例 6】某种羊场 3 头公羊女儿的毛长和剪毛量资料如表 6-11 所示，试用半同胞遗传相关估计方法，估计毛长和剪毛量的遗传相关系数。

**表 6-11 某种羊场 3 头公羊女儿的毛长和剪毛量资料**

| 公羊 | 女儿毛长(上，$x$)和剪毛量(下，$y$)记录 | $n$ | $\sum x$<br>$\sum y$ | $\sum x^2$<br>$\sum y^2$ | $\sum xy$ |
|---|---|---|---|---|---|
| 1 | 10.0 11.0 11.0 10.0 9.5 10.0 9.5<br>8.6 8.8 7.1 8.3 7.0 7.8 7.8<br>11.0 9.5 8.5 10.0 7.5 9.5<br>9.2 7.0 8.0 8.0 7.0 7.5 | 13 | 127.0<br>102.1 | 1 252.50<br>808.27 | 1 001.95 |

续表 6-11

| 公羊 | 女儿毛长（上，$x$）和剪毛量（下，$y$）记录 | $n$ | $\sum x$ / $\sum y$ | $\sum x^2$ / $\sum y^2$ | $\sum xy$ |
| --- | --- | --- | --- | --- | --- |
| 2 | 9.5　9.0　10.5　10.0　11.0　8.0　9.0　10.0 | 25 | 239.0 | 2 325.00 | 2 078.6 |
| | 7.4　7.5　10.0　8.5　11.0　7.3　8.0　8.0 | | 215.6 | 1 883.88 | |
| | 10.5　13.0　9.5　8.5　7.5　8.5　11.0　10.0 | | | | |
| | 8.8　11.0　7.8　8.7　8.5　7.9　8.4　9.0 | | | | |
| | 10.0　11.0　10.5　8.5　8.5　8.0　7.5　10.0　9.5 | | | | |
| | 10.3　8.5　8.0　9.4　8.1　8.0　8.5　8.3　8.7 | | | | |
| 3 | 9.0　7.0　8.0　9.5　8.5　8.0　9.0　10.5　7.0 | 17 | 149.0 | 1 323.50 | 1 188.45 |
| | 8.3　7.4　7.4　8.4　7.5　9.1　8.2　8.5　9.3 | | 135.6 | 1 088.86 | |
| | 9.0　9.0　8.0　8.5　10.0　10.5　8.0　9.5 | | | | |
| | 7.0　8.6　8.0　7.4　8.0　7.7　7.0　7.8 | | | | |

具体的计算过程：

(1)整理资料，计算各项指标总和。

$$\sum n_i = 13 + 25 + 17 = 55$$

$$\sum\sum x = 127.0 + 239.0 + 149.0 = 515$$

$$\sum\sum y = 102.1 + 215.6 + 135.6 = 453.3$$

$$\sum\sum x^2 = 1\,252.5 + 2\,325.0 + 1\,323.5 = 4\,901.0$$

$$\sum\sum y^2 = 808.27 + 1\,883.88 + 1\,088.86 = 3\,781.01$$

$$\sum\sum xy = 1\,001.95 + 2\,078.6 + 1\,188.45 = 4\,269.0$$

$$\sum \frac{\left(\sum x\right)^2}{n_i} = \frac{127^2}{13} + \frac{239^2}{25} + \frac{149^2}{17} = 4\,831.47$$

$$\sum \frac{\left(\sum y\right)^2}{n_i} = \frac{102.1^2}{13} + \frac{215.6^2}{25} + \frac{135.6^2}{17} = 3\,742.82$$

(2)计算平方和($SS$)、乘积和($SP$)、自由度($df$)、均方($MS$)及均积($MP$)

组间平方和。

$$SS_{B(x)} = \sum \frac{\left(\sum x\right)^2}{n_i} - \frac{\left(\sum\sum x\right)^2}{\sum n_i} = 4\,831.47 - \frac{515^2}{55} = 9.20$$

$$SS_{B(y)} = \sum \frac{\left(\sum y\right)^2}{n_i} - \frac{\left(\sum \sum y\right)^2}{\sum n_i} = 3\,742.82 - \frac{453.3^2}{55} = 6.80$$

组内平方和：

$$SS_{W(x)} = \sum \sum x^2 - \sum \frac{\left(\sum x\right)^2}{n_i} = 4\,901.0 - 4\,831.47 = 69.53$$

$$SS_{W(y)} = \sum \sum y^2 - \sum \frac{\left(\sum y\right)^2}{n_i} = 3\,781.01 - 3\,742.82 = 38.19$$

组间乘积和：

$$SP_{B(xy)} = \sum \frac{\sum x \sum y}{n_i} - \frac{\sum \sum x \sum \sum y}{\sum n_i}$$

$$= \left(\frac{127.0 \times 102.1}{13} + \frac{239.0 \times 215.6}{25} + \frac{149.0 \times 135.6}{17}\right) - \frac{515 \times 453.3}{55}$$

$$= 4\,247.068\,6 - 4\,244.536\,4 = 2.53$$

组内乘积和：

$$SP_{W(xy)} = \sum \sum xy - \sum \frac{\sum x \sum y}{n_i} = 4\,269.0 - 4\,247.068\,6 = 21.93$$

组间自由度：

$$df_B = k - 1 = 3 - 1 = 2$$

组内自由度：

$$df_W = \sum n_i - k = 55 - 3 = 52$$

组间均方：

$$MS_{B(x)} = \frac{SS_{B(x)}}{df_B} = \frac{9.20}{2} = 4.60$$

$$MS_{B(y)} = \frac{SS_{B(y)}}{df_B} = \frac{6.80}{2} = 3.40$$

组内均方：

$$MS_{W(x)} = \frac{SS_{W(x)}}{df_W} = \frac{69.53}{52} = 1.34$$

$$MS_{W(y)} = \frac{SS_{W(y)}}{df_W} = \frac{38.19}{52} = 0.73$$

组间均积：

$$MP_{B(xy)} = \frac{SP_{B(xy)}}{df_B} = \frac{2.53}{2} = 1.27$$

组间均积：

$$MP_{W(xy)}=\frac{SP_{W(xy)}}{df_W}=\frac{21.93}{52}=0.42$$

(3)计算遗传相关系数。

$$r_{A(xy)}=\frac{MP_{B(xy)}-MP_{W(xy)}}{\sqrt{(MS_{B(x)}-MS_{W(x)})(MS_{B(y)}-MS_{W(y)})}}=\frac{1.27-0.42}{\sqrt{(4.60-1.34)(3.40-0.73)}}=0.29$$

## 三、任务准备

(1) 理解遗传相关的概念及原理。

(2) 整理某牛场 3 头公牛女儿头胎产奶量和 12 月龄体重资料如表 6-12 所示。

**表 6-12　某牛场 3 头公牛女儿头胎产奶量和 12 月龄体重资料**　kg

| 序号 | 公牛 A 性状 | | 公牛 B 性状 | | 公牛 C 性状 | |
|---|---|---|---|---|---|---|
| | 产奶量 | 体重 | 产奶量 | 体重 | 产奶量 | 体重 |
| 1 | 4 730 | 364 | 2 990 | 344 | 4 700 | 377 |
| 2 | 4 720 | 368 | 3 820 | 330 | 5 010 | 325 |
| 3 | 5 310 | 397 | 4 200 | 336 | 4 160 | 324 |
| 4 | 3 340 | 317 | 4 490 | 352 | 3 870 | 347 |
| 5 | 4 360 | 346 | 3 740 | 267 | 5 510 | 324 |
| 6 | 5 560 | 407 | 3 920 | 315 | | |
| 7 | 3 360 | 319 | | | | |

## 四、任务报告

基于表 6-12 的资料，计算产奶量和体重的遗传相关系数。

报告具体格式如下。

1. 整理资料，计算各项指标总和。

2. 计算平方和（$SS$）、乘积和（$SP$）、自由度（$df$）、均方（$MS$）及均积（$MP$）组间平方和。

3. 计算遗传相关。

# 拓展学习

## 一、遗传规律及其扩展

生物的遗传现象是极其复杂的。20 世纪以来，科学家通过杂交试验，发现某些性状的遗传并不完全服从孟德尔定律的支配。通过进一步研究，这些遗传现象不是否定孟德尔定律，而是对它的进一步发展和补充。

### (一)不完全显性现象

前面凡讲到一个基因为其等位基因的显性时，指的都是完全显性。在显性作用完全的情况下，$F_1$只出现显性性状，$F_2$表现了 3∶1的分离比数。但是在某种情况下，等位基因之间的显隐关系并不是那么简单和严格的。例如，有的等位基因的显性仅仅是部分的、不完全的，这时情况就不同了。

例如，短角品种牛，毛色有白色的，也有红色的，都是纯合体，能真实遗传。这两种类型的牛交配后，后代很特别，既不是白毛，也不是红毛，而全部是沙毛(即红毛与白毛相互间杂)。再让 $F_1$沙毛牛相互交配，生下的 $F_2$有$\frac{1}{4}$ 的个体是白毛，$\frac{2}{4}$ 是沙毛，$\frac{1}{4}$ 是红毛，性状分离比为 1∶2∶1，而不是 3∶1。这似乎与分离规律不符，其实是更加证明了分离规律的正确性。设白毛牛的基因型为 $WW$，红毛牛的基因型为 $ww$，则 $F_1$的基因型为 $Ww$，现 $F_1$的表现型为沙毛，因此我们可以假定 $W$ 与 $w$ 之间的显隐关系不是那么严格，它们既不是完全明确的显性，也不是完全的隐性，也就是说它们都在发生作用。再让 $F_1$的 $Ww$ 个体互相交配，根据等位基因必然分离的原理，$F_1$可形成 $W$ 和 $w$ 两种配子，那么 $F_2$就有 3 种基因型，即 $WW$、$Ww$ 和 $ww$，呈现 1∶2∶1 的比数，根据上面的假定，其表型及比例应为 1 白毛∶2沙毛∶1红毛。实际结果与该假定相符。

用沙毛牛与白毛牛回交，后代是 1 沙毛∶1白毛；用沙毛牛与红毛牛回交，后代是 1 沙毛∶1红毛。通过回交说明，尽管 $F_1$表现出不完全显性现象，似乎与分离规律不符，但从后代基因型和表型来看，证明分离规律是完全正确的。

以上现象表明，显性现象来自两个亲本，两个亲本的基因作用，可以在不同部位分别表现出非等量的显性。

### (二)致死基因

孟德尔的论文被重新发现后不久，有人就发现小鼠中黄色鼠不能真实遗传，其后代分离比为 2∶1。现列举两个交配方案及其后代表现的材料，结果如下。

黄鼠×黑鼠→黄鼠 2 378 只∶黑鼠2 398 只
黄鼠×黄鼠→黄鼠 2 396 只∶黑鼠1 235 只
(以上数据是多次研究资料的综合)

从第一个交配看来，黄鼠很像是杂种，因为与黑鼠交配结果：2 378∶2 398 是属于 1∶1的范畴。如果黄鼠是杂合体，那么黄鼠与黄鼠交配，后代的性状分离比应该是 3∶1，可是以上面第二种交配结果看来，却是 2∶1。还发现，黄鼠与黄鼠交配产生的子代中，每窝小鼠数要比黄鼠与黑鼠交配产生的子代中少一些，大约少$\frac{1}{4}$。于是假设黄鼠与黄鼠交配本应产生$\frac{1}{4}$纯合黄色，$\frac{2}{4}$杂合黄色，$\frac{1}{4}$黑鼠等三组合子，只因$\frac{1}{4}$纯合黄色一组不能生存，也就是说黄色基因纯合时，对个体有致死作用，因而分离比为 2∶1。

这种假设被此后的研究所证实，他们发现黄鼠与黄鼠交配产生的胚胎，有一组在胚胎早期死亡。这是由于黄色基因$A^Y$在纯合时有致死作用，从而出现了这种现象。故存活的黄鼠毛色性状为杂合体，基因型为$A^Ya$，黑鼠毛色性状基因型为$aa$。

黄鼠毛色基因$A^Y$对黑鼠毛色基因$a$为显性，当$A^Y$基因纯合时对个体有致死作用，引起$A^YA^Y$个体死亡。这个$A^Y$基因称为纯合致死基因。

致死基因的作用可以发生在配子期、胚胎期或出生后的仔畜阶段。在畜牧业中，致死基因引起的家畜遗传缺陷颇多，如牛的软骨发育不全和先天性水肿、马的结肠闭锁、羊的肌肉挛缩、猪的脑积水、鸡的下颚缺损等，患畜（禽）往往在出生后不久就死亡。

**（三）复等位基因**

相对性状是由同源染色体上的一对等位基因控制的。后来发现，在一个群体内，有比两个基因更多的基因占据同一位点，因此就把在群体中占据同源染色体上同一位点的两个以上的基因定义为复等位基因。同一群体内的复等位基因不论有多少个，但每个个体的体细胞内最多只有其中的任意两个，仍是一对等位基因，因为一个个体的某一同源染色体只能是一对。表示复等位基因的方法通常是：用一个字母作为该位点的基础符号，不同的等位基因就在这字母的右上方做不同的标记。作为基础符号的字母可大写和小写，分别表示显性和隐性。

例如，人的 ABO 血型系统中，有 4 种常见的血型：O 型、A 型、B 型和 AB 型，由 3 个等位基因$I^A$、$I^B$和$i$所决定。$I^A$和$I^B$对$i$呈显性，但它们之间呈等显性。由 3 个等位基因就可以有 6 种基因型，由于$i$是隐性基因，所以减少为 4 种血型（表 6-13）。

**表 6-13　人 ABO 血型系统的基因型和表现型**

| 血型（表现型） | 基因型 | 血型（表现型） | 基因型 |
|---|---|---|---|
| A | $I^AI^A$、$I^Ai$ | AB | $I^AI^B$ |
| B | $I^BI^B$、$I^Bi$ | O | $ii$ |

从表 6-13 可推知，ABO 血型系统的遗传情况。父母双方如果都是 O 型，则它们的子女都是 O 型；如果都是 AB 型，则他们的子女可能有 A 型、B 型或 AB 型 3 种，但不可能出现 O 型；如果一方是 A 型，另一方是 B 型，则情况比较复杂。

**（四）累加作用**

当两种显性基因同时存在时，产生一种性状，单独存在时分别表现出两种相似的性状。

例如，杜洛克品种猪红毛性状的遗传。该品种猪有红、棕、白 3 种毛色。如果用 2 种不同基因型的棕色杜洛克猪杂交，$F_1$产生出红毛，$F_2$有 3 种表型为$\frac{9}{16}$红毛∶$\frac{6}{16}$棕毛∶$\frac{1}{16}$白毛，如图 6-8 所示。

P　　棕色杜洛克猪（*Aabb*）　×　棕色杜洛克猪（*aaBB*）

↓

$F_1$　　红色（*AaBb*）

↓×

$F_2$　　红（*A__B__*）：棕（*A__bb/aaB__*）：白（*aabb*）

　　　　9　　　　　6　　　　　1

**图 6-8　杜洛克猪的毛色遗传**

由图 6-8 可知，两对基因为隐性纯合时形成白毛，如果只有一个显性基因 *A* 或 *B* 存在时，都产生棕色毛，而当这两个显性基因 *A* 和 *B* 同时存在时，则产生红毛。

### （五）上位作用

在影响同一性状的两对基因互作时，其中一对基因抑制或掩盖了另一对非等位基因的作用，这种不同对基因间的抑制或遮盖作用称为上位作用。起抑制作用的基因称为上位基因，被抑制的基因称为下位基因。如果起上位作用的基因是显性时称为显性上位，如果是隐性时称为隐性上位。

非同源染色体上的基因在遗传时互不干扰，可以自由组合，这并不意味着它们在控制性状的表现上也是彼此孤立的、没有联系的。生物的某些性状是被一对基因决定的，但也有的性状是被两对或两对以上的基因决定的。这些非等位基因在控制某一性状上表现了各种形式的相互作用，即所谓基因互作。因此，在性状遗传过程中，等位基因在起作用，而非等位基因间常有着相互联系和影响。

基因互作的现象广泛存在于动植物中，大致可以归纳为两大类：一类是不同基因对某一性状的表现起互补累积效应，如累加作用；另一类是对某一性状起抑制的效应，如上位作用。

## 二、群体遗传学基础

群体遗传学是研究群体结构及其变化规律的遗传学分支学科。它应用数学和统计学方法研究群体基因频率、基因型频率以及影响这些变化的因素。这些变化包括选择、突变、迁移、遗传漂变及交配制度等。群体遗传学的目的在于阐明生物进化的遗传机制，在群体的基础上研究遗传现象及其规律。

### （一）孟德尔式群体与基因库

所谓群体（population），是指一个种、一个亚种、一个变种、一个品种或一个其他同类生物类群的所有成员的总和。群体中的每一个成员称为个体。例如，槐猪，不管在什么地方，只要是槐猪，都属于槐猪这个群体，每一个槐猪都是这个群体中的一个个体。但不同类群生物个体的总和不能称为群体，如马和驴组成的个体群。

所谓孟德尔式群体（Mendelian population），是指具有共同的基因库，并由有性交配个体所组成的繁殖群体。这里所说的基因库是指一个群体中全部个体所共有的全部基因。在群体遗传的研究中，如果没有特殊说明，所指的群体一般是指孟德尔式群体。孟德尔式群体是以有性繁殖为前提的，在有性繁殖的生物中，一个物种就是一个最大的孟德尔式群体。一般而言，分布于同一地区的、同一物种的个体间，可以预期有基因的自由交流，因此可以认为属于一个单一的孟德尔式群体。但是，处于同一空间的同一物种的个体，未必属于单一的孟德尔式群体。某种自然的或人为的限制条件妨碍了其中的个体间基因的自由交流，保持着各自不同的基因库，因而不可避免地出现了在同一地区内共存着几个孟德尔式群体的状况。

### （二）基因频率与基因型频率

在个体中，遗传组成用基因型表示，而在群体中遗传组成则用基因型频率和基因频率表示，所以基因频率和基因型频率可以表示群体的遗传组成。不同群体的同一基因往往有不同频率，不同基因组合体系反映了各群体性状的表现特点。

（1）基因型频率是指群体中某一基因型个体数占群体总数的比率。

$$基因型频率=\frac{某一基因型个体数}{群体总数}$$

**【例 7】**某羊群的有角和无角由一对等位基因 $P$ 和 $p$ 控制，他们组成的基因型有 3 种：$PP$、$Pp$ 和 $pp$。设 3 种基因型的总数为 $N$，显性个体（$PP$）数为$n_1$，杂合个体数（$Pp$）为$n_2$，隐性个体数（$pp$）为$n_3$，即$n_1+n_2+n_3=N$。用 $D$、$H$、$R$ 分别表示 3 种基因型的频率，则 $PP$ 的基因型频率为 $D=\frac{n_1}{N}$，$Pp$ 的基因型频率为 $H=\frac{n_2}{N}$，$pp$ 的基因型频率为 $R=\frac{n_3}{N}$。由此可知，$D+H+R=1$，即符号 $D$、$H$、$R$ 表示了群体中基因型频率的组成。

（2）基因频率是指群体中某一基因占其同一位点全部基因的比率。

$$基因频率=\frac{某基因个体}{群体中同一位点基因总数}$$

在上例中，有角和无角群体中，每个个体有 2 个等位基因，群体中总的等位基因数为 $2N$，$PP$（有角）个体有 2 个 $P$ 基因，$Pp$ 个体有 1 个 $P$ 基因，所以群体中 $P$ 基因的总数为 $2n_1+n_2$，同理 $p$ 基因的总数为 $2n_3+n_2$。于是，$P$ 基因频率（$P_P$）$=\frac{2n_1+n_2}{2N}=D+\frac{n_2}{2N}=D+\frac{1}{2}H$，$p$ 基因频率（$q_p$）$=\frac{2n_3+n_2}{2N}=R+\frac{n_2}{2N}=R+\frac{1}{2}H$，即一个基因的频率等于该基因纯合体的基因型频率加上一般杂合体的基因型频率。不同群体间的差异是由基因频率不同所引起，品种间的差异实际上就是基因频率的差异。

同一位点各基因频率之和等于 1，即 $p+q=1$；群体中同一性状的各种基因型频率之和等于 1，即 $D+H+R=1$。基因频率和基因型频率的范围为大于或等于 0，小于或等于 1。

**【例 8】**在某次抽样检测我国北方汉族人群的 9 274 人的 MN 血型，说明等位基因$L^M$和$L^N$频率及其基因型$L^ML^M$，$L^ML^N$，$L^NL^N$频率的计算方法（表 6-14）。

表 6-14 MN 血型的群体遗传分析

| 表型 | 基因型 | 人数 | 基因型频率 | 等位基因数目 | | 等位基因总数 |
|---|---|---|---|---|---|---|
| | | | | $L^M$ | $L^N$ | |
| M 型 | $L^ML^M(D)$ | 2 235 | 0.241 | 4 470 | | |
| MN 型 | $L^ML^N(H)$ | 4 460 | 0.481 | 4 460 | 4 460 | |
| N 型 | $L^NL^N(R)$ | 2 579 | 0.278 | | 5 158 | |
| 总数 | | 9 274 | 1 | 8 930 | 9 618 | 18 548 |

根据定义，依表 6-14 的资料分别计算基因型及基因频率。

$L^ML^M$基因型频率：

$$D=\frac{2\ 235}{9\ 274}=0.241$$

其余类推，结果如表 6-14 所示。

$L^M$基因型频率：

$$p=\frac{8\ 930}{18\ 548}=0.48$$

$L^M$基因型频率：

$$q=\frac{9\ 618}{18\ 548}=0.52$$

且必有 $p+q=0.48+0.52=1$；$D+H+R=0.241+0.481+0.278=1$

### (三)哈迪-温伯格定律

当一个大的孟德尔式群体的个体间进行随机交(婚)配，即一种性别的任何一个个体有同样的机会与相反性别的个体交配的前提下，同时没有选择、突变、迁移和遗传漂变发生时，下一代基因型频率将和前一代一样，于是这个群体被称为处于随机交配系统下的平衡中。所谓平衡，指的是在一个群体中，从一代到另一代，没有基因型频率的变化，这实质上也意味着基因频率也不变。此定律是在 1908 年分别由英国数学家 G. H. Hardy 和德国医生 W. Weinberg 各自独立地发现的，故称为哈迪-温伯格定律或遗传平衡定律。

设：常染色体中的一对等位基因 $A$ 和 $a$ 的频率分别为 $p$ 和 $q$，且 $p+q=1$。在群体中这一对基因的 3 种可能的基因型频率为：

$$\begin{bmatrix} AA & Aa & aa \\ D & H & R \\ p^2 & 2pq & q^2 \end{bmatrix}$$

在下一代中，基因型的频率将与前一代的频率相同，则这个群体($p^2$，$2pq$，$q^2$)称为平衡群体，也可以$(p_A+q_a)^2=p^2(AA)+2pq(Aa)+q^2(aa)$二项式展开式表示。因此，哈迪-温伯格定律又称二项式平方定律。此定律是群体遗传学的重要理论基石，也是进化理论的基础。

哈迪-温伯格定律的要点如下。

(1)在随机交配的大群体中,若没有其他因素的影响,基因频率世代不变,即 $p_0=p_1=\cdots=p_n$。

(2)任何一个大群体,无论其基因频率如何,只要经过一代随机交配,一对常染色体基因型频率就达到平衡,若无其他因素影响,一直进行随机交配,这种平衡状态始终不变,即$D_1=D_2=\cdots=D_n$,$H_1=H_2=\cdots=H_n$,$R_1=R_2=\cdots=R_n$。

(3)在平衡群体中,基因频率和基因型频率的关系为:$D=p^2$,$H=2pq$,$R=q^2$。如果随机交配系统得以保持(这是平衡定律最关键的假设),群体中的基因型频率保持在上述平衡状态不会改变,这便是理想群体中基因的遗传行为。

判断某抽样群体中的基因型频率是否符合哈迪-温伯格定律,需要运用$\chi^2$检验方法,现举例说明。

**【例 9】** 在我国某一城市随机抽样调查 1 788 人的 MN 血型,其中 397 人是 M 型($L^ML^M$),861 人是 MN 型($L^ML^N$),530 人是 N 型($L^NL^N$)。该 3 种基因型及其频率分布是否符合哈迪-温伯格定律?

首先需要从实际所收集的数据中计算$L^M$基因频率($p$)和$L^N$基因频率($q$)(表 6-15)。

**表 6-15　MN 血型的基因频率计算**

| 基因型(表型) | 人数 | $L^M$ | $L^N$ | 总计 |
|---|---|---|---|---|
| $L^ML^M$(M 型) | 397 | 794 | | |
| $L^ML^N$(MN 型) | 861 | 861 | 861 | |
| $L^NL^N$(N 型) | 530 | | 1 060 | |
| 总数 | 1 788($N$) | 1 655 | 1 921 | 3 576 |

$L^M$基因频率:

$$p=\frac{397\times2+861}{3\ 576}=0.462\ 8$$

$L^N$基因频率:

$$q=\frac{861+530\times2}{3\ 576}=0.537\ 2$$

将计算得到的 $p$、$q$ 值代入下表,作$\chi^2$检验的相关计算(表 6-16)。

**表 6-16　MN 基因型频率$\chi^2$检验的计算**

| 项目 | $L^ML^M$ | $L^ML^N$ | $L^NL^N$ | 总计 |
|---|---|---|---|---|
| 实际频数($O$) | 397 | 861 | 530 | 1 788(人) |
| 预计频数($E$) | ($Np^2$)<br>382.96 | ($N2pq$)<br>889.05 | ($Nq^2$)<br>515.98 | ($N$)<br>1 788(人) |
| $\frac{(O-E)^2}{E}$ | 0.51 | 0.88 | 0.38 | 1.77 |

计算$\chi^2=1.77$，根据自由度$df=3-1-1=1$，$P=0.05$，查表得$\chi^2=3.841$。$1.77<3.841$，差异不显著。表明MN基因的基因型频率符合哈迪-温伯格定律。在$\chi^2$检验时，要注意自由度的确定，因为3个预期频数的总和是由样本大小固定了的；又因为在计算预期频数时，要应用基因频率$p$，而它是从样本的实得数据中估计而来的，自由度又要减去1。

不言而喻，通常人们不会对血型而进行选择性婚配；随机抽样群体的样本量足够大，一对等位基因在常染色体上遗传时，只需要一个世代的随机交配，即可达到哈迪-温伯格平衡。

**(四)影响群体遗传结构的因素**

基因频率和基因型频率的平衡是有条件的、相对的。实际上，无论在自然界还是家畜群体中，无论是动物还是植物，每一个群体的基因频率和基因型频率都处在不断变化中，研究引起他们变化的原因，对于阐明生物进化的遗传进程和加速畜禽遗传改良都具有重要的意义。

**1. 突变**

突变对改变群体的遗传组成有两个作用：一是突变本身就改变了基因频率，二是突变为自然选择提供了物质基础。突变可分为频发突变和非频发突变。非频发突变是指在一个大群体中，无方向性无规律性偶然发生的突变。这类突变不是改变基因频率的主要原因。因为单一突变频率非常低，而这个突变的基因在一个大群体中，遗传下去的概率很小，对群体影响不大。例如，群体只有一个$Aa$个体，而其他全是$AA$，这个突变基因除非是在选择上有强大优势，否则很容易消失。频发突变是指在一个大群体中，有规律性、有一定频率的经常发生的突变。它是导致基因频率变化的一个主要因素。例如，一对等位基因$A$和$a$，当基因$A$突变为$a$时，由于这种突变经常发生，那么群体中基因$A$的频率将逐渐减少，而基因$a$的频率逐渐增加，最后$A$将被$a$完全代替。不过由于突变率非常低，单靠突变使基因频率和群体的遗传结构发生明显地改变，就要经过很多世代，需要很长的时间。由于微生物世代间隔短，突变就可以成为改变基因频率的一个重要因素，而对高等生物来说就显得不那么重要了。

**2. 选择**

自然选择和人工选择都是导致基因频率改变的重要原因。就家畜而言，选择在某种意义上说，就是把合乎人类要求的性状留下来，使其基因型频率逐代增加，从而使群体的遗传结构向着有利于人类需要的方向改变。如果全部淘汰显性性状，能迅速改变基因频率。若外显率为100%，经过一代淘汰，隐性基因和隐性性状的频率就达到1。其显性基因和显性性状就完全消除。由于隐性基因常常受到显性基因的作用而表现不出来，所以要淘汰隐性基因相对较慢。一方面，可以通过测交彻底剔除群体中隐性基因；另一方面，可以通过淘汰群体中每个世代的隐性纯合体，使隐性基因频率逐代降低，但很难完全消除。如果从0世代开始每世代淘汰隐性纯合体，$n$世代时隐性基因频率由$q_0$降为$q_n$的计算公式为：$q_n=\frac{q_0}{1+nq_0}$；相反，如果要使群体中隐性基因频率由$q_0$降为$q_n$所需代数$n$的计算公式为：$n=\frac{1}{q_n}-\frac{1}{q_0}$。

【例10】有一猪群有白猪和黑猪，白色对黑色为显性，已知黑色基因频率为0.4，如果把黑猪全部淘汰，下一代黑色基因的频率是多少？还会出现多少黑猪？如果淘汰20代又如何？假设要使黑猪基因频率降到0.01，共需多少代？

已知：$q_0=0.4$，$q_n=0.01$

求：$q_1=$？ $R_1=$？ $q_{20}=$？ $R_{20}=$？ $n=$？

**解**：$q_1=\frac{q_0}{1+q_0}=\frac{0.4}{1+0.4}=0.286$

$$R_1=q_1^2=0.286^2=0.081\ 8$$

$$q_{20}=\frac{q_0}{1+20\ q_0}=\frac{0.4}{1+20\times0.4}=0.044\ 4$$

$$R_{20}=q_{20}^2=0.044\ 4^2=0.001\ 975=0.2\%$$

$$n=\frac{1}{q_n}-\frac{1}{q_0}=\frac{1}{0.01}-\frac{1}{0.4}=97.5(\text{代})$$

这时，$R_{97.5}=q_n^2=0.01^2=0.000\ 1$

**3. 迁移**

迁移实际上就是两个基因频率不同群体的混杂。迁移产生的原因有：混群、杂交、迁入（引种）。两个群体混杂后，基因频率会发生什么样的变化呢？如何计算？

(1)第一种情况是混群：设有 M 和 N 两个群体，分别以 $m$ 和 $n$ 个个体相混杂，M 群体的基因频率为 $p_m$，N 群体的基因频率为 $p_n$，混合群体的基因频率为 $p_{mn}$。那么，混合群体的基因频率就等于两个群体基因频率以各自群体个数为权的加权平均数。即：$p_{mn}=\frac{m\,p_m+n\,p_n}{m+n}$。例如：有一个 100 个体的群体，某一基因 $A$ 的频率为 0.4，另有一个 200 个个体的群体，某基因 $A$ 的频率为 0.5，则混合群体的基因频率为：$p_{mn}=\frac{m\,p_m+n\,p_n}{m+n}=\frac{100\times0.4+200\times0.5}{100+200}=0.467$。

(2)第二种情况是杂交：如果是两个群体的雌雄个体杂交所产生的杂种群体，其基因频率为两个亲本群体基因频率的算术平均数。例如：一个 1 500 只蛋鸡群（全是母鸡），$a$ 的频率 $q=0.6$；另一个 500 只公鸡群，$q=0.2$。公母鸡混群后，$a$ 基因频率为：$q=\frac{1\ 500\times0.6+500\times0.2}{1\ 500+500}=0.5$；公母鸡交配后，$F_1$ 群体的基因频率为：$q_1=\frac{0.6+0.2}{2}=0.4$。

(3)第三种情况迁入（引种）：如果迁入的个体中基因频率与原群体不同，将改变群体基因频率。在没有其他因素影响下，假设每一代中有一部分迁入者，迁入个体占迁入后整个群体的比例为迁移率，用 $m$ 表示，则原来个体的比例为 $1-m$。迁入个体中某一基因频率为 $q_m$，原来个体中某一基因频率是 $q_0$，则迁入后新群体的基因频率 $q_1$ 为：$q_1=m\,q_m+(1-m)q_0=q_0-m\,q_0+m\,q_m$。则由迁入引起的基因频率变化：$\Delta q=q_1-q_0=m(q_m-q_0)$。因此，在有迁入的群体里基因频率的变化等于迁入率同个体基因频率与本群基因频率差异的乘积。例如：在有 1 000 个个体所组成的群体中，某一隐性基因频率 $q=0.6$，迁入一个有 400 个个体所组成的群体，同一基因频率为 0.3，则迁移后整个群体的该基因频率为：$q_1=m\,q_m+(1-m)q_0=\frac{400\times0.3}{1\ 400}+\left(1-\frac{400}{1\ 400}\right)\times0.6=0.514$，迁入后新群体的基因频率介于两个群体之间。

**4. 遗传漂变**

哈迪-温伯格定律成立的一个最基本的前提就是“在一个随机交配的大群体内”，所谓大群体，理论上是无穷大的。而实际上任何一个群体大小都是有限的，由于个体数目比较少或者是随机抽样误差，造成基因频率在小群体内随机增加或减少，从而引起上下代之间基因频率的变化，称为遗传漂变。漂变的原因有：引种、留种、分群、建系等。漂变在所有的群体中都会出现，群体越大，漂变就越小，可以忽略不计。当群体很小时，漂变的效应就很明显。

例如，在一个存栏一千头种猪的猪场中，有 20 头猪是某一隐性有害基因的携带者（表型与正常猪无区别）。这一隐性基因在该猪群中的频率为 1%。如果有两个买主来猪场购买种猪，甲购买的 10 头种猪中没有一头带有该隐性基因，因而该隐性基因频率由原来的 1%一下子降到 0；若乙购买的 10 头种猪全部是隐性基因携带者，于是该隐性基因频率由原来的 1%猛增到 50%。从上述例子可以看出：由于取样误差或样本含量较少，往往使子代群体的基因频率与原群体不相同，即发生漂变。一个频率很低的基因会因漂变在子群体中消失。相反一个频率高的基因，在子群体中也有可能消失，但概率很小，而向高频率漂变的概率很大。当群体很大时，个体间容易实现充分的随机交配，遗传漂变趋于缓和。

**5. 非随机交配**

哈迪-温伯格定律成立的前提必须保证随机交配，如果是同型交配或近亲交配则会影响群体的基本组成。同型交配就是选择相同基因型的个体进行交配。以一对基因为例，同型交配有 3 种交配类型：$AA \times AA$、$Aa \times Aa$、$aa \times aa$，第一种和第三种交配类型所生后代与亲本完全相同，都是纯合体。而第二种交配类型所生后代则分离为 3 种基因型 $AA$、$Aa$、$aa$，频率分别为 $\frac{1}{4}$、$\frac{1}{2}$、$\frac{1}{4}$。也就是说通过一代同型交配，杂合体的频率减少一半。在畜禽近交过程中，由于近交个体有限，加上严格选择，所以，基因频率会发生显著变化，但这并不是近交本身的效应，而是选择和遗传漂变的效应。近交和同质选配是不完全的同型交配，因此，其效应不如完全的同型交配，但其性质是相同的，能使杂合体逐代减少，纯合体逐代增加，群体趋向分化，而对基因频率则无影响。

## 思考题

1. 分离定律、自由组合定律对畜禽育种实践有何意义？
2. 简述主要遗传参数及其在畜禽育种实践中的应用。
3. 简述哈迪-温伯格定律的要点及成立的条件。

动物遗传繁育

# 模块三 良种选育

# 项目七
# 选　种

**素养目标**

1. 通过对我国畜禽地方品种选种及育种成果的了解，关注我国选种育种技术的发展及在国际上的竞争力。

2. 理解品种选育与育种技术在畜牧业发展及解决民生问题中的重大意义。

3. 通过对选种知识与技术的了解，体会到科学技术在发展社会生产力、推动社会进步中的重要作用。

**知识目标**

1. 掌握不同生产用途家畜的体质与外貌特点和种畜禽的外貌鉴定方法。

2. 掌握家畜生产性能测定的基本原则及方法。

3. 掌握估算畜禽育种值的基本原理。

**技能目标**

1. 能根据畜禽的外貌特点鉴定其生产用途或种用价值。

2. 能根据动物选育目的开展体尺测量。

3. 掌握运用不同资料估算畜禽育种值的基本方法以及育种值在选种中的应用。

## 知识准备

## 一、体质与外貌

### （一）畜禽的体质

体质就是人们通常所说的身体素质，是机体功能和结构协调性的有机统一。动物体是一个复杂的有机整体，只有在有机体各部分、各器官间以及整个有机体与外界环境间保持一定协调的情况下，才能很好地生长发育和繁殖，充分发挥其特有的生产性能。这种协调性的表现就是体质。

二维码 7-1　畜禽体质外貌的鉴定（微视频 讲师樊倩）

体质和外貌是两个联系紧密、不可割裂而又有所区别的概念。外貌是体质的外在表现，是体质的重要组成部分，其概念偏重于“样子”,而体质的概念偏重于“功能”。两者均与生产性能和健康状况有关,因此在外形鉴定时,应将体质和外貌充分有机地结合起来鉴定。

体质的分类方法很多,在畜禽生产和育种工作中,常用的是库列硕夫分类法,后来伊凡诺夫又进行了补充。通常将畜禽的体质分为以下 5 种类型。

(1)结实型。这种体质类型的畜禽,身体系统各部分协调匀称,骨骼、内脏、皮和肉的发育适度。皮紧而富有弹性,骨骼坚实而不粗,肌肉发达而不肥胖。外表健壮结实,有很强的抗病力,生产性能良好。这是一种理想的体质类型,种畜(图 7-1)应该具有这种体质。

(2)粗糙紧凑型。这种体质类型的畜禽,骨骼粗壮结实、四肢粗大强健有力、皮肤粗厚、头粗重、皮下脂肪不多、体躯魁梧、适应性和抗病力较强,神经敏感程度中等。一般役畜(图 7-2)、粗毛羊多为该种体质。

图 7-1 结实型

图 7-2 粗糙紧凑型

(3)细致紧凑型。这种体质类型的畜禽,骨骼细致而结实、肌肉结实有力、头清秀、角蹄致密有光泽。同时皮薄有弹性,结缔组织少,不易沉积脂肪。外貌清瘦,新陈代谢旺盛,轮廓清晰,反应敏感灵活,动作迅速敏捷。乘用马、细毛羊、乳牛(图 7-3)、蛋用型鸡多为此种体质。

(4)细致疏松型。这种体质类型的畜禽,全身丰满、结缔组织发达、皮下及肌肉内易积贮大量脂肪。它的肌肉肥嫩松软,同时骨细皮薄。体躯宽广低矮,神经反应迟钝,性情安静,四肢比例小,代谢水平较低,早熟易肥。肉用型畜禽(图 7-4)多为该种体质。

图 7-3 细致紧凑型

图 7-4 细致疏松型

(5)粗糙疏松型。这种体质类型的畜禽,骨骼粗大,结构疏松,神经易疲劳,皮厚毛粗,反应迟钝,肌肉松软无力,繁殖力和适应性均差。在选种时,是一种被淘汰的体质类型。

**(二)畜禽的外貌**

外貌是指畜禽的外表形态,我国古代称为“相”,外貌不仅是畜禽的外部性状表现,而且能在一定程度上反映出畜禽的生产性能、内部结构、营养水平和健康状况。早在公元前1 000多年,当时根据外貌来鉴定家畜的现象已非常盛行,如伯乐和他的《相马经》。后人有“伯乐一过,其马群遂空,非无马也,无良马也”的记载,说明在当时伯乐相马技术已经相当高超。我国古代的外貌鉴定普遍带有相同观点,如“肺欲得大,鼻大则肺大,肺大则能奔;心欲得大,目大则心大,心大则猛烈不惊”;同时,系统整体观念强,看重动静结合,如“相马之道,形骨为先”“徒以貌取,失之远矣”“举蹄轻快不起尘者善走”等。

通过外貌观察,不仅可以鉴别年龄、品种、了解畜禽对环境条件的适应性、畜禽的体质、健康状况等,而且还能判断畜禽的主要生产用途和大致的生产性能,这一点在生产中具有非常大的实用价值,因为直接研究畜禽的内部功能有一定困难,而外貌观察就是为畜禽内部功能的研究打开了一条通道。

不同生产用途和不同性别的畜禽,其外貌特征差别非常大。要想精准地进行外貌鉴定,就必须掌握不同生产用途畜禽的外貌特征。

(1)肉用型。肌肉和皮下结缔组织发育良好,低身广躯,体形呈圆桶形或长方形。头短宽,胸宽且深,背腰平直,颈粗厚,肩宽广,四肢短小,后躯宽广丰满,皮肤松软有弹性。肉用型猪外貌特征如图7-5所示。

(2)乳用型。中躯相对较长,后躯比前躯发达,体形呈三角形。全身清瘦,棱角突出,体大肉不多。头清秀而长,胸深长,背腰宽平,颈长而薄,腹圆大,乳房大呈四方形,乳镜大,乳静脉粗多弯曲,皮肤薄而有弹性。乳用型奶牛外貌特征如图7-6所示。

**图7-5 肉用型**

**图7-6 乳用型**

(3)蛋用型。目前,蛋用禽主要是鸡、鸭、鹅等,它们的外貌特征是:头颈宽长适中,腹部相对发达,胸宽深而圆,整个体形小而紧凑,腿细,毛紧,身体呈船形。蛋用型鸡外貌特征如图7-7所示。

(4)毛用型。全身被毛密度大,四肢长,体形窄,皮薄有弹性,呈长方形。颈中等长,头宽大,颈肩结合良好,颈上通常有横皱褶;背腰平直,肋部弓圆,四肢长而结实。目前常见的毛用畜有绵羊、山羊、兔等。毛用型绵羊外貌特征如图 7-8 所示。

图 7-7 蛋用型

图 7-8 毛用型

(5)役用型。身高且瘦,体窄而深,四肢稍长,体高与体长接近相等。头清秀,背腰短平,肩长而斜,颈细长,胸部深长但较窄,尻平长,四肢端正,蹄质地坚实,关节明显,大小适中,精神活泼,行动灵活,运步轻快。役用型马外貌特征如图 7-9 所示。

图 7-9 役用型

## 二、常用经济性状

**1. 繁殖性状**

(1)初生窝仔数。包括总仔数和产活仔数。总仔数是包括死胎、木乃伊、畸形动物在内的出生时窝产动物总数。例如:母猪的初生窝仔数对种用母猪的选择,具有重要的意义。

(2)窝均匀度。出生动物个体重的变异,与成活率密切相关。

(3)泌乳力(断奶窝重)。以猪为例,出生后 21 日龄全窝重,包括寄养的仔猪在内,反映猪的哺乳带仔能力(图 7-10)。

(4)动物利用年限(年产胎次)。影响动物的终身利用能力。

(5)初情期。后备动物第一次发情的日龄,影响后备动物的选育。

(6)精液品质(雄性动物)。公畜的精液质量,直接影响公畜的繁殖效率。

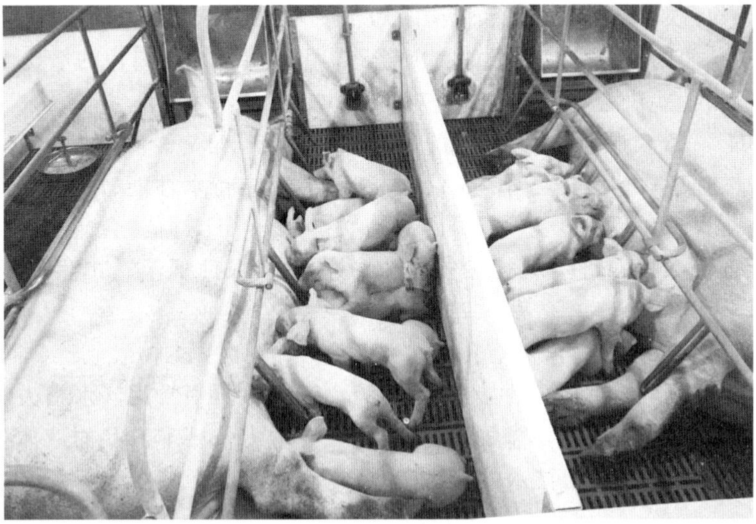

图 7-10　母猪哺乳

**2. 生长性状**

(1)生长速度。以达到上市体重的日龄为主要指标,也可用动物断奶至上市体重期间的平均日增重指标。猪的生长速度遗传力估值约为 0.30。

(2)饲料报酬。饲料报酬是按照生长育肥期或者性能测定期每单位活重增长所消耗的饲料量来表示,即消耗饲料/增长活重的值。

(3)采食量。分为自由采食量与残留采食量。其中,自由采食量是指在不限食条件下猪的平均日采食量;残留(剩余)采食量是指实际采食量减去维持体重和生长所需的采食量。采食量是度量食欲的性状,遗传力估值约为 0.29。

**3. 胴体性状**

(1)背膘厚度。反映猪的脂肪沉积能力,遗传力为 0.45 左右。活体测量一般用超声波测膘仪,测量部位一般在距离背中线 4～6 cm 处,取肩胛骨后缘、最后肋骨和髋结节前缘三点的平均值。

(2)胴体长度。分为胴体直长与胴体斜长。其中,胴体直长是指从寰椎到耻骨联合前缘的长度;胴体斜长是指从第一肋骨与胸骨结合处前缘,到耻骨联合前缘的长度。

(3)眼肌面积。是指最后肋骨处背最长肌横断面的面积,遗传力较高,约为 0.48。可用求积仪计算其面积,或按公式计算(估计):

$$眼肌面积(cm^2)=眼肌高度(cm)\times眼肌宽度(cm)\times 0.7$$

(4)腿臀比。腿臀比是指腿臀部质量占胴体质量的百分数。一般按半胴体计算,测量部位从倒数第一二腰椎间切割,包括最后腰椎的腿臀部质量。腿臀比遗传力约为 0.56,与其他产瘦肉性状呈强正遗传相关,在提高瘦肉率的选择中都重视对其选择。

(5)胴体瘦肉率。传统测量方法是用手工剥离半胴体,分成瘦肉、脂肪、皮、骨四部分,分别称重,再相加,作为 100%。分别计算瘦肉、脂肪、皮、骨所占比例。胴体瘦肉率和脂肪率都属高遗传力性状，胴体瘦肉率的遗传力约为0.55。

**4. 肉质性状**

(1)肉色。它反映了新鲜度、健康或污染状况；影响视觉感受，影响消费者购买意愿。肉色的深浅主要取决于肌肉组织中肌红蛋白的含量及其化学组成。猪肉色的遗传力估值为0.28。肉色测定方法分为色差仪测定和肉色卡比对两种。

(2)肌肉pH。pH反映肌肉的酸度，可分为$pH_{45\ min}$与$pH_{24\ h}$。其中，$pH_{45\ min}$反映糖原酵解程度；$pH_{24\ h}$反映糖原酵解程度及肉品最终酸化程度，影响持水性能、肉品嫩度。肌肉pH跟糖原含量、蛋白酶含量和活性以及肌纤维组成有关。肌肉pH过低，会造成肌肉颜色灰白，肌肉严重渗水，24 h滴水损失超过5%，甚至达到10%。24 h pH低于5.6，生产实践中发生率大于20%。

(3)系水力。即肌肉保水力，是指当肌肉受到外力作用时(如加压、切碎、加热、冷冻、融冻、贮藏、加工等)保持其原有水分与添加水分的能力。实际检测中常用滴水损失和失水率表示。“滴水损失”度量的系水力，是指不施加任何外力，只受重力作用下肉品的液体损失量，或称为贮藏损失、自由滴水，反映肉品持水性能。滴水损失过大，会影响“出品率”，影响消费者购买意愿。

(4)大理石花纹评分。它是指一块肌肉范围内，可见的肌内脂肪的分布情况。大理石纹评分的遗传力为0.20。测定方法是切取胸腰椎结合处背最长肌横断面，对照大理石纹评分标准评分。

(5)剪切力。它是指用一定钝度的力切断一定粗细的肉柱所需要的力，反映了肌肉中各种蛋白质的结构特性、肌肉中脂肪的分布状态及肌纤维中脂肪数量等。最早最常用的测定仪器为剪切仪。目前国内通用的方法是：原料肉的肉块厚度在2.54 cm，水浴加热或烤至肉块中心温度72～75 ℃，自然冷却或低温至一定温度后，沿肌纤维方向取6个以上直径1.27 cm的肉柱，再用剪切仪沿肌纤维方向切断肉柱，记录剪切力值。

(6)肌内脂肪含量。它是指肌肉所含有脂肪的比例，是沉积在肌束和肌纤维之间的脂肪，主要存在于肌外膜、肌束膜，同时肌内膜也可见。肌内脂肪含量反映了瘦肉中脂肪和风味物质的沉积程度。

## 三、质量性状的选择方法

质量性状是指表型呈不连续性分布，各变异类型间存在明显区别，能够直接加以描述的性状。其遗传规律符合孟德尔经典遗传学理论，如角的有无、皮毛的颜色、血型等。质量性状是表现为不连续变异，由单个或少数几个基因控制，受环境影响比较小的性状，可以用经典的孟德尔遗传学方法进行分析。质量性状往往是品种最显著的外观特征，尽管不一定会影响畜禽产品的数量和质量，但会成为消费者选择产品的偏好。所以，质量性状也可能附加了较高的经济价值，值得育种工作者高度重视。

二维码7-2　质量性状的基因选择(微视频 讲师樊倩)

对质量性状的选择，主要根据哈迪-温伯格定律来进行选择效果的评定。

**1. 对隐性基因有利的选择(目的是淘汰显性不利基因)**

为便于阐明选择原理,以一对等位基因为例加以说明,如表 7-1 所示。

表 7-1 对隐性基因有利的选择

| | | | |
|---|---|---|---|
| 设有一对等位基因 | $A$ | | $a$ |
| 在大群体中的频率 | $p_0$ | | $q_0$ |
| 由这对基因构成的基因型 | $AA$ | $Aa$ | $aa$ |
| 基因型频率 | $p_0^2$ | $2p_0q_0$ | $q_0^2$ |
| 淘汰率 | $S$ | $S$ | 0 |
| 留种率 | $1-S$ | $1-S$ | 1 |
| 选择后的基因型频率 | $\frac{p_0^2(1-S)}{1-S(1-q_0^2)}$ | $\frac{2p_0q_0(1-S)}{1-S(1-q_0^2)}$ | $\frac{q_0^2}{1-S(1-q_0^2)}$ |

$$\text{选择后的基因型频率}=\frac{\text{原始群体基因型频率}\times\text{留种率}}{\sum(\text{原始群体基因型频率}\times\text{留种率})}$$

经过 1 代的选择后,隐性基因频率为:$q_1=\frac{1}{2}H_1+R_1=\frac{q_0-S(q_0-q_0^2)}{1-S(1-q_0^2)}$。

若 $S=1$,则 $q_1=1$。经过一代选择,群体固定(条件:外显率为 100%)。

若 $S=0$,则 $q_1=q_0$。此时群体处于自然平衡状态。

结论:对隐性基因有利的选择,其选择进展很快。

**2. 对显性基因有利的选择(目的是淘汰隐性有害基因)**

(1)根据表型淘汰隐性个体。

隐性-显性性状:牛红毛-黑毛;猪黑毛-白毛。

从表型上不能区分显性纯合子个体和杂合子个体,故隐性基因难以从群体中彻底剔除。例如:猪的氟烷基因($Hal^n$);海福牛的侏儒症(隐性纯合子)一岁前死亡,但杂合子公牛具有粗壮而紧凑的体躯和清秀的头部,易被选留种用,导致该基因的扩散。仍以一对等位基因为例加以说明,如表 7-2 所示。

表 7-2 对显性基因有利的选择

| | | | |
|---|---|---|---|
| 设有一对等位基因 | $A$ | | $a$ |
| 在大群体中的频率 | $p_0$ | | $q_0$ |
| 由这对基因构成的基因型 | $AA$ | $Aa$ | $aa$ |
| 基因型频率 | $p_0^2$ | $2p_0q_0$ | $q_0^2$ |
| 淘汰率 | 0 | 0 | 1 |
| 留种率 | 1 | 1 | 0 |
| 选择后的基因型频率 | $\frac{p_0^2}{p_0^2+2p_0q_0}$ | $\frac{2p_0q_0}{p_0^2+2p_0q_0}$ | 0 |

则经过1代选择后，隐性基因 $a$ 的频率为：$q_1=\dfrac{p_0q_0}{p_0^2+2p_0q_0}=\dfrac{q_0}{1+q_0}$。

经过2代选择后，隐性基因 $a$ 的频率为：$q_2=\dfrac{q_1}{1+q_1}=\dfrac{q_0}{1+2q_0}$。

经过 $n$ 代选择后，隐性基因 $a$ 的频率为：$q_n=\dfrac{q_0}{1+nq_0}$，则：$n=\dfrac{q_0-q_n}{q_0q_n}=\dfrac{1}{q_n}-\dfrac{1}{q_0}$。

例如：假设某群体10 000个的个体中有一隐性纯合子个体，每代淘汰隐性纯合子个体，将隐性基因频率降低一半需要多少代？

**解**：$n=\dfrac{q_0-q_n}{q_0q_n}=\dfrac{1}{q_n}-\dfrac{1}{q_0}=\dfrac{1}{\frac{1}{200}}-\dfrac{1}{\frac{1}{100}}=100$ 代；如果家畜的世代间隔较长，则所需时间非常长。可见选择进展非常缓慢，故单纯根据表型淘汰隐性纯合子个体不能彻底剔除隐性基因。

(2)应用测交淘汰杂合子个体。目的是区分显性纯合子和杂合子。原则是完全显性情况下，当一个表现显性性状的个体其双亲之一或其后代之一表现隐性性状时，则它一定是个杂合子个体。测交方法如下。

①被测公畜与隐性纯合子母畜交配：仅一对等位基因而言，如公畜为杂合子，其后代中出现显性纯合子的概率为0.5。若有 $n$ 个后代，则这 $n$ 个个体都为显性纯合子的概率为 $\left(\dfrac{1}{2}\right)^n$。

当 $\left(\dfrac{1}{2}\right)^n\leqslant 5\%$ 时，$n\geqslant 5$。也就是说，被测公畜与隐性纯合子母畜交配，所生5个后代均表现为显性时，有95%的把握判定该公畜为显性纯合子。

当 $\left(\dfrac{1}{2}\right)^n\leqslant 1\%$ 时，$n\geqslant 7$。也就是说，被测公畜与隐性纯合子母畜交配，所生7个后代均表现为显性时，有99%的把握判定该公畜为显性纯合子。

特点：所需交配数最少。

条件：隐性纯合个体能够活到成年，且生活力、繁殖力不降低。

②被测公畜与已知为杂合子母畜交配：当隐性纯合子个体活不到成年或繁殖率过低时采用。

假设被测公畜为杂合子，此交配形式下，测交后裔表型为显性（包含显性纯合子和杂合子）的概率为3/4，$n$ 个后代均为显性的概率为 $\left(\dfrac{3}{4}\right)^n$。

当 $\left(\dfrac{3}{4}\right)^n\leqslant 0.05$（显著性水平）时，$n\geqslant 11$，即所生11个后代无一隐性表型时，有95%把握判定被测公畜为非隐性基因携带者。

当 $\left(\dfrac{3}{4}\right)^n\leqslant 0.01$（显著性水平）时，$n\geqslant 16$，即所生16个后代无一隐性表型时，有99%把握判定被测公畜为非隐性基因携带者。

③被测公畜与其女儿或与一已知为杂合子公畜的女儿交配。

设被测公畜为杂合子；与配母畜中显性纯合子的比例为 $D$，杂合子比例为 $H$；后代数为 $n$，后代表现显性的概率为 $P$。则：

$$P=\left(D+\frac{3}{4}\times H\right)^n$$

例如：若与配母畜显性纯合子与杂合子各半，即 $D=1/2$，$H=1/2$；则：

$$P=\left(\frac{1}{2}+\frac{3}{4}\times\frac{1}{2}\right)^n=\left(\frac{7}{8}\right)^n$$

当 $P\leqslant 0.05$ 时，$n\geqslant 23$。也就是说，所生 23 个后代均表现显性，就有 95%把握判定被测个体为显性纯合子。若是单胎家畜，被测公畜至少要与 23 个符合条件的母畜交配（表 7-3）。

当 $P\leqslant 0.01$ 时，$n\geqslant 35$。也就是说，所生 35 个后代均表现显性，就有 99%把握判定被测个体为显性纯合子。若是单胎家畜，被测公畜至少要与 35 个符合条件的母畜交配。多胎家畜测交所需最少与配母畜数见表 7-4。

优点：可以测定该公畜可能携带的全部有害隐性基因。

缺点：容易造成较高的近交系数（25%），且所需女儿数量较大，单胎家畜难以办到。

**表 7-3　单胎家畜测交所需最少与配母畜数**

| 测交类型 | 最少与配母畜数 | |
|---|---|---|
| | $P=0.05$ | $P=0.01$ |
| 与隐性纯合子母畜交配 | 5 | 7 |
| 与已知为杂合子母畜交配 | 11 | 16 |
| 与另一头已知为杂合子公畜的未经选择的女儿交配 | 23 | 35 |
| 与未经选择的女儿交配 | 23 | 35 |

**表 7-4　多胎家畜测交所需最少配偶数和子女数**

| 测交类型 | 所需最少配偶数 | | 全部为显性表型个体的最少子女数 | |
|---|---|---|---|---|
| | $P=0.05$ | $P=0.01$ | $P=0.05$ | $P=0.01$ |
| 与隐性纯合子母畜交配 | 1 | 1 | 共 5 个 | 共 7 个 |
| 与已知为杂合子母畜交配 | 1 | 2 | 共 11 个 | 共 16 个 |
| 与另一头已知为杂合子公畜的未经选择的女儿交配 | 5 | 8 | 10（每头母畜） | 10（每头母畜） |
| 与未经选择的女儿交配 | 5 | 8 | 10（每头母畜） | 10（每头母畜） |

④被测公畜与其未经选择的半姐妹交配。

目的：测定公畜是否携带从它父亲或其他共同祖先处继承下来的任何隐性基因。

缺点：不能测定来自另一个亲本的隐性基因，且近交系数为 12.5%。测定所需配偶数和子女数与③相同。

⑤被测公畜与其全同胞交配。

目的：测定来自双亲的任何隐性基因。

缺点：所需全同胞姐妹数较多（23～35 个）。

⑥其他方法：直接进行后裔调查，只要发现一头隐性个体，则其父母都是杂合子。

⑦分子生物学方法：PCR-RFLP 法。

**3. 对杂合子的选择**

目的：选留杂合子个体。

原因：杂合子具有更好的经济价值或更好的适应性。

例如：镰刀状贫血隐性纯合子幼年死亡，显性纯合子对疟疾的抵抗力低，杂合子适应性强；卡拉库尔羊银灰色羔皮较名贵，其显性纯合子有致死性，只能选留杂合子。现仍以一对等位基因为例加以阐述，如表 7-5 所示。

**表 7-5 对杂合子的选择**

| | | | |
|---|---|---|---|
| 一对等位基因 | $A$ | | $a$ |
| 在大群体中的频率 | $p_0$ | | $q_0$ |
| 由这对基因构成的基因型 | $AA$ | $Aa$ | $aa$ |
| 基因型频率 | $p_0^2$ | $2p_0q_0$ | $q_0^2$ |
| 淘汰率 | $S_1$ | 0 | $S_2$ |
| 留种率 | $1-S_1$ | 1 | $1-S_2$ |
| 选择后的基因型频率 | $\frac{p_0^2(1-S_1)}{1-S_1p_0^2-S_2q_0^2}$ | $\frac{2p_0q_0}{1-S_1p_0^2-S_2q_0^2}$ | $\frac{q_0^2(1-S_2)}{1-S_1p_0^2-S_2q_0^2}$ |

则经过 1 代选择后，隐性基因 $a$ 的频率为：

$$q_1=\frac{1}{2}H+R=\frac{p_0q_0+q_0^2(1-S_2)}{1-S_1p_0^2-S_2q_0^2}=\frac{q_0(1-S_2q_0)}{1-S_1p_0^2-S_2q_0^2}$$

若 $\Delta q=q_1-q_0=0$，即 $\frac{q_0(1-S_2q_0)}{1-S_1p_0^2-S_2q_0^2}-q_0=\frac{p_0q_0(S_1p_0-S_2q_0)}{1-S_1p_0^2-S_2q_0^2}=0$ 时，群体处于平衡状态（$S_1p_0=S_2q_0$），那么平衡时基因频率为：$q=\frac{S_1}{S_1+S_2}$，$p=\frac{S_2}{S_1+S_2}$。

特点：基因频率总是向着中间趋于平衡，使两个等位基因都保存在群体中不消失。即当显性纯合子的淘汰率与显性基因频率之积，等于隐性纯合子的淘汰率与隐性基因频率之积时，群体基因频率达到平衡。在选择作用下，群体何时达到新的平衡，与群体初始频率无关，完全决定于 2 种纯合子的淘汰率。

**4. 伴性性状的选择**

遗传学研究表明，绝大多数的伴性基因仅被携带在一条性染色体上，即哺乳动物的 X 染色体或鸟类的 Z 染色体，而且伴性基因所决定的都是表型等级分明的质量性状。因此，对某一伴性基因的判别和选择，主要通过对个体的表型辨别来实现。

在鸡的 Z 染色体上有着丰富的伴性基因，目前已经研究清楚的伴性基因包括：头纹基因（*Ko-ko*）、真皮黑色素基因（*ld-id*）、芦花羽色基因（*B-b*）、眼色基因（*Br-br*）、出壳白-棕羽色基因（*LFli*）、银金羽色基因（*S-s*）、慢-快羽基因（*K-k*）、肝坏死基因（*N-n*），矮小基因（*Dw-dw*）和无翅基因（*Wl-wl*）等，上述伴性基因之间均表现为显隐性遗传方式，因此不同性染色体组合类型，即 *ZZ* 和 *ZW* 在决定鸡个体性别时，Z 染色体上携带的伴性基因也随性别表现出特殊的遗传规律，在育种上常将伴性性状用于雏禽雌雄鉴别或其他用途。

(1)利用矮小基因（*dw*）进行选择。*dw* 基因是一种矮小基因，研究证明其分子基础是由生长激素受体基因的缺陷所造成的。*dw* 基因能引起甲状腺功能降低，使鸡的体形变小，维持需要降低，但生产性能比正常体表鸡下降不多，甚至在有些方面有所改进，如产蛋性能好、饲料转化率高、死亡率低、种蛋的孵化率高等。此外，由于矮小型鸡体形小，占用鸡舍面积小，所以可以适当加大饲养密度，降低饲养成本。还由于 $dw$ 为一隐性伴性基因，位于 Z 染色体上，当纯合的矮小形公鸡（矮小型公鸡）与正常体形的母鸡交配时，可以按体型鉴别雌雄，减少饲养公鸡的饲养成本。

研究发现，$dw$ 基因为主效基因，它既具有质量性状的基因特性，又具有数量性状的基因特性，有很高的经济适用性。目前，矮小型鸡品系培育已经应用于生产实践中，培育矮小型鸡品系可以采用适当的交配组合使 $dw$ 基因在公母鸡中都达到纯合。当纯合的矮小型公母鸡出现后，即可进行纯种繁育。在群体内选优去劣，扩大种群数量，经过几代选种扩群后，就能培育出矮小型品系。

（2）利用羽色基因进行选择。目前，羽毛颜色的伴性基因，除芦花鸡中由横斑基因（$B$）控制的芦花性状和由非横斑基因（$b$）控制的非芦花性状这一对显隐性基因外，广泛用于自别雌雄的羽色伴性基因还有金色基因（$s$）和银白色基因（$S$）。如海蓝褐是褐壳蛋用型鸡，其父母代，公鸡羽毛是红褐色，母鸡是白色；在商品代，雄雏绒毛是淡黄色，雌雏绒毛是黄褐色，能够自别雌雄。山东省农业科学院家禽研究所从济南花鸡中选出浅花与红花两个伴性基因，利用红花公鸡与浅花母鸡交配，后代雄雏绒毛为白色，雌雏绒毛为红色。

## 四、数量性状的选择方法

数量性状是指表型呈连续性分布，各变异类型间无明显区别，不能直接加以描述，只能用数字来描绘其变异特性的性状。其特点是可以度量的性状、呈连续性变异、其表现容易受到环境因素的影响、控制数量性状的遗传基础是微效多基因系统。如动物的生长速度、产奶量、窝产仔数等都属于数量性状，其中大多数数量性状都是经济性状，会直接影响畜禽的生产性能与经济效益。

二维码 7-3 数量性状及其应用
（微视频 讲师樊倩）

### （一）数量性状选择原理

在一个群体规模相对稳定的生产计划和相应的育种方案中，不需要也不可能将育种群中同一世代的所有个体都留作种用。在畜禽育种和生产中多采用“一雄多雌”的配种制度，特别是采用人工授精的畜种（如牛、羊、猪、鸡）表现尤为突出。因此，根据需要，只将育种群同一世代中的优秀个体选留下来，让其繁衍下一代。

（1）选择差（selection differential）。选择差是指留种群均值（$\overline{P}_S$）与大群均值（$\overline{P}$）的差，表示被选留个体所具有的表型优势，用 $\Delta P$ 或 $S$ 表示。

$$\Delta P=\overline{P}_S-\overline{P}$$

选择差的大小受两个因素的影响：一是畜群的留种率；二是性状的变异程度——标准差。

（2）留种率。留种率是指留种个体数与全群总数之比，即，$留种率=\frac{留种个体数}{全群总数}\times 100\%$，在性状表型值呈正态分布的情况下，留种率与选择差成反比，即留种的家畜越多，选择差越小。

（3）选择强度。不同性状间由于度量单位和标准差的不同，其选择差之间不能相互比较。为了便于比较，应以各自的标准差为单位，将选择差标准化，标准化的选择差称为选择强度($i$),即 $i=\dfrac{\Delta P}{\sigma_P}$ 或 $\Delta P=i\times\sigma_P$,$\sigma_P$ 为所测定性状的表型标准差。

(4)选择反应。选择反应是指通过人工选择,在一定时间内使性状向育种目标方向改进的程度。若子代与亲代间不存在系统环境差异或用统计方法校正剔除亲子两代间的系统环境差异后,子代与亲代群体均数之差,即为选择反应,用 $\Delta G$ 或 $R$ 表示。

选择反应表示在亲代得到的选择差有多少能够传递给子代:

$$\Delta G=\Delta P\cdot h^2=i\cdot\sigma_P\cdot h^2=i\cdot\sigma_P\cdot\frac{\sigma_A^2}{\sigma_P^2}=i\cdot\sigma_A\cdot r_{AI}$$

式中,$\sigma_A$ 为所测定性状的遗传标准差,表示群体内可利用的遗传变异;$r_{AI}$ 为所估计的育种值与真实育种值间的相关,表示育种值估计的准确度。

(5)遗传进展(selection progress)。遗传进展是指年均选择反应,是选择反应的另一种表示方法,表示被选留个体具有的遗传优势(genetic progress),用 $\Delta G_t$ 表示。计算公式为:

$$\Delta G_t=\frac{\text{选择反应}(\Delta G)}{\text{平均世代间隔}(L)}=\frac{i\cdot\sigma_A\cdot r_{AI}}{L}$$

### (二)影响选择效果的因素

选择效果的衡量标准是选择反应($\Delta G$ 或 $R$)或遗传进展的大小。根据公式 $\Delta G=\Delta P\cdot h^2$,我们知道影响选择效果的两个基本因素就是性状的遗传力($h^2$)与选择差($\Delta P$ 或 $S$);更详细一些,根据公式 $\Delta G_t=\dfrac{i\cdot\sigma_A\cdot r_{AI}}{L}$,则影响选择效果(遗传进展)的主要因素有:可利用的遗传变异、选择强度、育种值估计的准确度、世代间隔。其他影响因素包括遗传力、性状间的相关性、选择方案中的性状数目、近交、遗传与环境的互作。

#### 1. 可利用的遗传变异

选择的基础在于个体间存在遗传差异,其中可利用的遗传变异源于微效基因平均效应的遗传标准差,也称为加性遗传标准差。由基因效应和基因频率决定。

选择极限:对一个群体实行长期的闭锁选择,随着选择的进行,有利基因的频率不断提高,直至固定。此时,群体内基因趋于一致,没有可利用的遗传变异产生,则选择不再产生作用,即不会出现选择反应的现象。

保持群体内有可利用的遗传变异的方法如下。

(1)选育基础群保持一定的规模。

(2)基础群内具有足够的遗传变异,基础群的组建应保持尽可能多的血统和较远的亲缘关系。

(3)在育种群内,经常估计遗传参数,尤其是加性遗传方差。

(4)采用育种方法扩大群体的遗传变异,导入杂交,即从外群体导入外血可引入有利基因和扩大群体的遗传变异度。

#### 2. 选择强度

选择强度是不受性状特异性影响的通用参数,主要受留种率的影响。提高选择强度的方法如下。

(1)在畜群内建立足够大规模的育种群(强调地区间的联合育种)。

(2)尽量扩大性能测定的规模(目的是降低留种率)。

(3)实施特殊的育种措施,改善留种率:①降低留种数量,增加后备个体数。②缩短胎间距。③分品系培育,强调父系亲本的选择。④人工授精、胚胎移植、胚胎分割等新技术的使用以降低公畜需要量。

**3. 育种值估计的准确度**

衡量育种值估计准确度(或选择准确度)的指标是估计育种值 $I$ 与真实育种值 $A$ 之间的相关系数 $r_{AI}$。相关系数 $r_{AI}$ 的值越高,就表明估计育种值与真实育种值越接近,故选种的准确度就越高。现代育种学发展的很多方法都是围绕着如何提高育种值估计的准确度展开的。

(1)影响育种值估计准确度的主要因素:①信息来源,个体记录、亲属记录。②信息量,信息量越大,估计的准确度越高。③评估性状的遗传力大小,遗传力越大,育种值估计的准确度越高。

(2)提高育种值估计准确度的措施:①提高遗传力估计的准确度。②校正环境效应对遗传力估计的影响。③扩大可利用的数据量,强调系谱记录和性能测定记录。④改进育种值估计的方法,如 BLUP 法。

**4. 世代间隔**

子代出生时其父母的平均年龄。对一个群体来说,其平均世代间隔为群体中种用后代出生时父母按其子女数加权的平均年龄(Lush,1945)。即:

$$\text{世代间隔为:} L=\frac{\sum_{i=1}^{m} n_i T_i}{\sum_{i=1}^{m} n_i}\text{;则年改进量为:}\Delta G_t=\frac{\Delta G}{L}=\frac{\sigma_A \cdot i \cdot r_{AI}}{L}$$

式中,$T_i$ 为种用后代产生时父母的平均年龄,$n_i$ 为第 $i$ 窝留种子女数,$m$ 为群体中的家系数。

缩短世代间隔的方法主要有:①尽可能缩短种畜的使用年限。②在保证选择的准确度的前提下,选用世代间隔较短的选种方法。③实施早期选种措施,早期辅助选择、间接选择(遗传相关)。

**5. 其他影响因素**

(1)遗传力。遗传力对选择效果的影响主要表现在如下两个方面。

①直接影响选择效果:遗传力高的性状,选择差中能遗传的部分就大($h^2=\frac{V_A}{V_P}$,控制环境条件,减少环境方差可提高选择的准确性,更准确地反映育种值高低)。

②影响选择的准确性:遗传力就是育种值到表型值的通径系数的平方,也就是育种值和表型值相关系数的平方。个体本身表型选择的准确性是以表型值与育种值的相关来衡量的,遗传力越高的性状,表型选择的准确性越高,故选择效果也越好。

(2)性状间的相关(遗传相关)。只有当两个性状间具有遗传相关时,这一部分才有可能遗传。可用于间接选择。

(3)选择方案中的性状数目。如同时选择 $n$ 个性状,则每个性状的选择反应只有选择单个性状时的选择反应的$\frac{1}{\sqrt{n}}$,故在选择时应该突出重点性状,不宜同时选择太多性状。

(4)近交。近交衰退造成各种性状的选择效果不同程度地降低,即近交与选择效果之间有一定程度的矛盾。同时,只注重表型选择会导致杂合子比例的上升,使得纯化效果降低。

(4)遗传与环境的互作。任何数量性状的表型值都是遗传和环境两种因素共同作用的结果。环境的改变会导致表型值的改变,当然会影响选择反应。需要弄清楚的是在不同环境条件下畜群表型值变化的趋势。若在不同环境条件下,畜群表型值变化的趋势一致,对选择反应不会有多大影响;若在不同环境条件下,畜群中个体表型值的变化不规则,说明存在基因与环境的互作,某些基因适合于这种环境条件,而另一些基因却适合于另一种环境条件。例如,在优良环境中选出的优秀个体在较差条件下的反应却不如原条件下较差的个体。

遗传与环境互作现象的存在促使我们要考虑,选育究竟该在何种条件下进行?种畜场的条件应该配置到哪种水平?结论是明显的,选育应该在与推广地区基本相似的条件下进行。考虑到随着社会经济的发展,推广地区的条件会不断改善,育种场的条件可略好一些,但不能特别优厚。当然,太差了也不行,因其高产基因不能充分表现,就无法选择遗传性能优良的个体。这就是为什么各地区都办种畜场的原因。

### (三)数量性状选择方法

数量性状选择方法视资料来源、所选性状的特点等具体情况而定。在种畜的选择和使用过程中,需要随着与其有关资料的出现,不断地对其种用价值进行评定和选留。任何时候都是利用最有利的资料,以期获得最大的选择准确性,获得最大的选择进展。

二维码 7-4 数量性状的选择方法一(微视频 讲师樊倩)

#### 1. 直接选择法

(1)单性状选择的基本方法。单性状选择是指在一定时间内只针对一个性状所进行的选择。

在单性状选择中,除个体本身的表型值外,最重要的信息来源就是个体所在家系的遗传基础,即家系平均数。个体表型值可分为个体所在家系均值 $P_f$ 和个体表型值与家系均值之差($P_i-P_f$)两个部分,($P_i-P_f$)又称家系内偏差,用 $P_w$ 表示,于是

$$P_i=P_f+(P_i-P_f)=P_f+P_w$$

若对上式两组分分别给予加权,合并为一个指数 $I$,则 $I=b_fP_f+b_wP_w$,并以 $I$ 作为选择的依据,则对 $P_f$ 和 $P_w$ 的不同加权形成了个体选择、家系选择、家系内选择和合并选择 4 种方法。

当 $b_f=b_w=1$ 时,完全根据个体表型进行选择——个体选择。

当 $b_f=1$,$b_w=0$ 时,完全按家系均值进行选择——家系选择。

当 $b_f=0$,$b_w=1$ 时,按家系内偏差进行选择——家系内选择。

当 $b_f\neq0$,$b_w\neq0$ 时,根据($b_fP_f+b_wP_w$)的大小进行选择,同时考虑了家系均值和家系内偏差两个组分——合并选择。

①个体选择:根据个体表型值的大小进行的选择称为个体表型选择,简称为个体选择。个体选择的依据是个体表型值与群体均值之差——离均差,离均差越大的个体越好。个体选择的选择反应为 $\Delta G=\Delta P\cdot h^2=i\cdot\sigma_P\cdot h^2$,选择的准确性为 $r_{AI}=h$。

从上式可知,选择差越大,获得的遗传进展越大;性状的遗传力越高,个体选择的效果越好。

②家系选择:把整个家系作为一个选择单位进行选择的方法称为家系选择。这里所说的

家系主要指全同胞家系和半同胞家系。亲缘关系更远的家系对选择意义不大。

家系选择的依据是家系均值，均值高的家系全体成员留作种用，均值低的家系全部淘汰。家系选择的前提条件有 3 个：

a)性状遗传力低。遗传力低的性状个体表型值受环境影响较大，而在家系均值中，各个体表型值由环境条件造成的偏差相互抵消，家系表型均值接近家系的平均育种值。

b)家系要大。家系越大，家系均值越接近家系平均育种值。

c)由共同环境造成的家系间的差异和家系内个体间的表型相关要小。如果共同环境造成的家系间差异大，或家系内个体间的表型相关很大，个体的环境偏差在家系中就不能完全抵消，所能抵消的只是随机环境偏差部分，那么家系均值反映的大部分是共同环境效应，不能代表个体的平均育种值(家系育种值)。

综上所述，遗传力低、家系大、家系内表型相关及家系间环境偏差小，是进行家系选择的基本条件。具备这三个条件的群体采用家系选择就能获得较好的效果。

家系选择的选择反应为：

$$\Delta G_f = i \cdot \sigma_f \cdot h_f^2$$

式中，$\sigma_f$ 为家系均值标准差；$h_f^2$ 为家系均值遗传力。

与个体选择相比，$\sigma_f < \sigma_P$，　$h_f^2 > h^2$。当 $h_f^2 > h^2$ 的程度足以补偿并超过 $\sigma_f < \sigma_P$ 的程度时，家系选择就会优于个体选择。这一点对低遗传力性状并有大的家系时，几乎总是如此。家系选择的准确性主要取决于家系含量、个体间的表型相关和性状的遗传力，其表达式为：

$$r_{AI} = \frac{1+(n-1)r_A}{\sqrt{[1+(n-1)r]n}}h$$

式中，$n$ 为家系含量；$r_A$ 为家系内个体间的亲缘相关系数；$r$ 为个体间的表型相关系数，又称为组内相关系数。

家系选择的最大缺点是易造成基因流失。

③家系内选择(within-family selection)：从每个家系中选留表型值高的个体作为种用的选择方法。适于家系内选择的条件有：性状的遗传力低；家系间环境差异大，家系内个体表型相关大；群体规模小，家系数量少。

在此情况下，家系间的差异和家系内个体间的表型相关主要由共同环境造成，而不是由遗传原因造成。家系间的差异并非主要反映家系平均育种值的差异，各家系的平均育种值可能相差不大。在每个家系内选择最好的个体留种，既不会过多丢失基因，也不会使近交系数增加太快，能获得最好的选择效果。

家系内选择的选择反应为：

$$\Delta G_w = i \cdot \sigma_w \cdot h_w^2$$

式中，$\sigma_w$ 为家系内偏差的标准差；$h_w^2$ 为家系内偏差的遗传力。

家系内选择的准确性取决于性状的遗传力和个体的表型相关，与家系含量关系不大。其表达式为：

$$r_{AI} = (1-r_A)h\sqrt{\frac{n-1}{n(1-r)}}$$

④合并选择(combine d selection):为了克服前3种选择方法的不足,同时利用家系均数和家系内偏差2种信息,根据性状遗传力和家系内表型相关,分别给予2种信息以不同的加权,将其合并成一个指数——合并选择指数($I$),按指数大小进行选择的方法称为合并选择。合并选择指数的公式为:

$$I=b_fP_f+b_wP_w=h_f^2P_f+h_w^2P_w$$

根据合并选择指数选择的准确性高于上述各选择方法,可获得理想的选择进展。其选择准确性可表示为:

$$r_{AI}=h\sqrt{1+\frac{(r_A-r)^2(n-1)}{(1-r)[1+(n-1)r]}}$$

合并选择的思想可扩展到综合各类亲属性能资料,这便是项目六讨论的选择指数的基本思路。

**例:**根据4窝仔猪180日龄体重资料(表7-6),选择其中4个最好的个体留作种用,比较不同选择方法的差异(表7-7)。

**表7-6　4窝仔猪180日龄体重资料**

| 家系(窝) | 个体180日龄体重/kg | | | | 家系均值/kg |
|---|---|---|---|---|---|
| 1 | A=80.00 | B=86.00 | C=93.50 | D=106.50 | $\overline{X}_1=91.50$ |
| 2 | E=79.00 | F=99.50 | G=105.00 | H=114.50 | $\overline{X}_2=99.50$ |
| 3 | I=56.50 | J=60.00 | K=65.00 | L=118.50 | $\overline{X}_3=75.00$ |
| 4 | M=87.00 | N=90.00 | O=95.50 | P=103.50 | $\overline{X}_4=94.00$ |
| | | | | | $\overline{X}=90.00$ |

**表7-7　选择结果**

| 选择方法 | 中选个体 | | | | 中选理由 |
|---|---|---|---|---|---|
| 个体选择 | L | H | D | G | 个体表型值高 |
| 家系选择 | E | F | G | H | 家系均值高 |
| 家系内选择 | D | H | L | P | 家系内个体表型值高 |
| 合并选择 | G | H | F | P | 合并选择指数值高 |

从选择结果看,不同选择方法获得的结果不完全一致,选择准确性最高的是合并选择。

(2)多性状选择的基本方法。育种方案中考虑的育种目标是获得最大的育种效益。若只对单个性状进行选择,远远达不到育种目标,必须同时考虑家畜多个重要经济性状,实施多性状选择。传统的多性状选择方法有顺序选择法、独立淘汰法和综合选择法3种。

**二维码7-5　数量性状的选择方法二(微视频　讲师樊倩)**

①顺序选择法:将要选择的性状一个一个依次选择改进的方法,在第一个性状通过选择达到要求后再选第二个性状。顺序选择法的优点是简单,易操作。缺点是所需时间长,对呈负相关的性状无法同时达标。为了克服顺序选择法的不足,有人主张利用

品系繁育的方法，将要提高的性状分散到若干个品系同步选择，然后进行系间杂交，达到多个性状在短时间内同时提高的目的。这种方法是否奏效，至今没有实验证据。

②独立淘汰法：对被选性状分别制订最低选留标准，各性状都能达标的个体方能留种，否则被淘汰。该方法的最大优点是全面衡量。缺点是漏掉了仅某个性状较差，而其他性状都优秀的个体，中选个体数少（被选性状越多，中选个体数越少），且多为中庸者。

③综合选择法：常用的综合选择法有 3 种。

a)选择综合性状：把单位性状综合考虑，对综合性状加以选择来达到选择单位性状的目的。如猪的断奶个体重与断奶成活数即可综合为断奶窝重，从断奶窝重大的母猪后代中选种即可。再如鸡的蛋重与产蛋数即可综合为产蛋重量。

b)选择综合指标：将被选性状合成为一个指标加以选择的方法。如牛的产奶量与乳脂率即可合成为 4%或 3.5%标准乳一个指标加以选择。

c)综合指数选择法：将被选各性状按其遗传特点、经济重要性等，分别给予适当加权值，综合成一个指数，按指数高低加以选择。对目前无经济意义，但有育种价值的性状，应从长计议，在指数中给予一定比例，防止基因流失。该方法选择效果最好，综合指数的制订方法在家畜种用价值评定中介绍。

**2. 间接选择/相关选择**

由于某些性状间存在遗传相关，于是有可能通过对另一性状的选择来间接选择所需改良的某个性状，这种选择方法称为间接选择。

(1)采用间接（相关）选择的前提条件：①需要改良性状的遗传力很低；②需要改良的性状难以精确度量；③需要改良的性状在活体上不能度量；④需要改良的性状在某种性别没有表现。

(2)间接（相关）选择反应。进行间接选择时，需要寻找一个与需要改良的性状有强遗传相关的性状——辅助性状，需要改良的性状称为相关性状（如通过背膘厚对瘦肉率进行选择，则背膘厚为辅助性状，瘦肉率为相关性状）。通过间接选择获得的选择反应称为间接（相关）选择反应，用 $C\Delta G$ 表示。

假设 $X$ 为需要改良的性状，$Y$ 为辅助性状，现要通过对 $Y$ 性状的选择来间接提高 $X$ 性状，则其间接选择反应为：

$$C\Delta G_X = b_{A(XY)}\Delta G_Y$$

式中，$b_{A(XY)}$ 为 $X$ 性状对 $Y$ 性状的遗传回归系数。

回归系数的定义为 $b_{XY}=\dfrac{SP_{XY}}{SS_Y}$，相关系数的定义式为 $r_{XY}=\dfrac{SP_{XY}}{\sqrt{SS_X \cdot SS_Y}}$，则：

$$b_{A(XY)} = \frac{SP_{XY}}{SS_Y}\cdot\frac{SS_X}{SS_X} = \frac{SP_{XY}}{\sqrt{SS_X \cdot SS_Y}}\cdot\frac{SS_X}{\sqrt{SS_X \cdot SS_Y}} = r_{A(XY)}\cdot\sqrt{\frac{SS_X/(n-1)}{SS_Y/(n-1)}}$$

$$= r_{A(XY)}\cdot\frac{\sigma_{A(X)}}{\sigma_{A(Y)}} = r_{A(XY)}\cdot\frac{\dfrac{\sigma_{A(X)}}{\sigma_X}\cdot\sigma_X}{\dfrac{\sigma_{A(Y)}}{\sigma_Y}\cdot\sigma_Y} = r_{A(XY)}\cdot\frac{h_X\cdot\sigma_X}{h_Y\cdot\sigma_Y}$$

而 $Y$ 性状的直接选择反应为 $\Delta G_Y = i_Y\sigma_Y h_Y^2$，$X$ 性状的直接选择反应为 $\Delta G_X = i_X\sigma_X h_X^2$，则：

$$C\Delta G_X = r_{A(XY)} \cdot \frac{h_X \cdot \sigma_X}{h_Y \cdot \sigma_Y} \cdot \Delta G_Y = r_{A(XY)} \cdot \frac{h_X \cdot \sigma_X}{h_Y \cdot \sigma_Y} \cdot i_Y \sigma_Y h_Y^2 = r_{A(XY)} h_X \sigma_X i_Y h_Y$$

间接选择反应与直接选择反应之比为：

$$\frac{C\Delta G_X}{\Delta G_X} = \frac{r_{A(XY)} h_X \sigma_X i_Y h_Y}{i_X \sigma_X h_X^2} = r_{A(XY)} \cdot \frac{i_Y h_Y}{i_X h_X}$$

因此，影响间接（相关）选择效果的因素或间接（相关）选择优于直接选择的条件是：①缩短辅助选择的世代间隔。②对辅助性状施以高得多的选择强度（$i_Y \gg i_X$）。③辅助性状有高的遗传力 $h_Y^2$。④在选择强度相等（$i_X = i_Y$）的情况下，辅助性状与相关性状间有高的遗传相关 $r_{A(XY)}$。

若能将直接选择与间接选择并用，其选择进展无疑会大于任何一种单一的选择方法。

# 任务实施

## 任务一　体尺测量

### 一、任务说明

体尺测量是选种实施的依据，任何畜禽遗传资源保护均应拟定完善的体尺测量实施方案。通过本任务的学习，掌握体尺测量方案的拟定要素，提高拟定体尺测量实施方案的能力。

二维码 7-6　体尺测量
（微视频　讲师樊倩）

### 二、任务内容

一个完整的体尺测量实施方案应该包含以下几个方面。

**（一）测量的方式**

（1）肉眼观察。对那些不能用工具测量的部位，通过肉眼观察，参照一定标准加以评判。这要求鉴定人员具有一定的经验，但易受主观因素影响。

（2）体尺测量。用测量工具对家畜的各个部位进行测量。常用的测量工具有测杖、圆形测定器、测角计和卷尺。这些工具在使用前要仔细检查，并调整到正确的度数。测量时要使被测个体站在平坦的地方，姿势保持端正。测具应紧贴所测部位表面，防止悬空测量。

**（二）测量的目标和任务**

对种畜禽进行体尺测量，根据测量身体各部位的数据评定畜禽体质外貌，来确定选留的动物数量。

### (三)各种动物测定的部位

生产实际中一般动物在以下 18 个部位进行测量:体高(鬐甲高)、背高、臀高、荐高、腰高、体斜长、头长、颈长、肢长、尻长、头深、胸深、额宽(大、小两种)、胸宽、腰角宽、坐骨结节宽、胸围、管围。在实际育种工作中,各种动物的测量具体部位分别如下。

**1. 牛主要测量的体尺**

(1)体高(鬐甲高)。由鬐甲到地面的垂直高度,表示家畜体高的生长,将测杖垂直立于左前肢附近,调节内部铁尺,使上端横尺紧贴鬐甲的最高点,然后读出刻度。

(2)臀高。由坐骨结节最后隆凸处到地面的垂直高度。

(3)荐高。由荐骨最高点到地面的垂直高度,表示家畜后躯高度的生长。与体高的对比,可说明前后躯的发育程度。

(4)体斜长。由肩端到臀端的直线距离。在测量时,将上端横尺固定于肩端前缘,另端横尺应放于臀端后缘,夹紧读出体尺。

(5)头长。由枕骨嵴到鼻镜上缘的直线距离,用卷尺或卡尺测量。

(6)尻长。从腰角前缘到臀端后缘的直线距离。

(7)胸深。在肩胛软骨后角,测量由鬐甲至胸底间的垂直距离。测量时将测杖倒转,上下的横尺夹住鬐甲和胸骨下缘,横尺保持平行。

(8)胸宽。肩胛软骨后的胸部宽度,测量时将两横尺夹着畜体胸部量取。

(9)腰角宽。两腰角外侧的直线宽度,表示后躯的发育程度。

(10)坐骨结节宽。坐骨结节两外侧突出点的直线宽度。在鉴定母畜时特别重要,可借以知其骨盆的容积,从而推断分娩的难易。

(11)胸围。从肩胛骨后角处用卷尺量取胸部的周径。此体尺是家畜胸部发育的重要指标,与胸宽、胸深一起说明胸部的发育和健康状况。

(12)管围。前管部上 1/3 处,用卷尺量取的周径。它表示四肢骨的发育程度,对鉴定役畜很重要。

**2. 羊主要测量的体尺**

(1)体高(鬐甲高)。由鬐甲到地面的垂直高度,表示家畜体高的生长,将测杖垂直立于左前肢附近,调节内部铁尺,使上端横尺紧贴鬐甲的最高点,然后读出刻度。

(2)荐高。由荐骨最高点到地面的垂直高度,表示家畜后躯高度的生长。与体高的对比,可说明前后躯的发育程度。

(3)体斜长。由肩端到臀端的直线距离。在测量时,将上端横尺固定于肩端前缘,另端横尺应放于臀端后缘,夹紧读出体尺。

(4)胸深。在肩胛软骨后角,测量由鬐甲至胸底间的垂直距离。测量时将测杖倒转,上下的横尺夹住鬐甲和胸骨下缘,横尺保持平行。

(5)胸宽。肩胛软骨后的胸部宽度,测时将两横尺夹着畜体胸部量取之。

(6)腰角宽。两腰角外侧的直线宽度,表示后躯的发育程度。

(7)胸围。从肩胛骨后角处用卷尺量取胸部的周径。此体尺是家畜胸部发育的重要指标,与胸宽、胸深一起说明胸部的发育和健康状况。

(8)管围。前管部上 1/3 处,用卷尺量取的周径。它表示四肢骨的发育程度,对鉴定役畜很重要。

**3. 猪主要测量的体尺**

(1)体高(鬐甲高)。由鬐甲到地面的垂直高度,表示家畜体高的生长,将测杖垂直立于左前肢附近,调节内部铁尺,使上端横尺紧贴鬐甲的最高点,然后读出刻度。

(2)体斜长。由肩端到臀端的直线距离。在测量时,将上端横尺固定于肩端前缘,另端横尺应放于臀端后缘,夹紧读出体尺。

(3)头长。由两耳连线中点至鼻上缘的直线距离,用卷尺或卡尺测量。

(4)胸围。从肩胛骨后角处用卷尺量取胸部的周径。胸围是家畜胸部发育的重要指标,与胸宽、胸深一起说明胸部的发育和健康状况。

**4. 马主要测量的体尺**

(1)体高(鬐甲高)。由鬐甲到地面的垂直高度,表示家畜体高的生长,将测杖垂直立于左前肢附近,调节内部铁尺,使上端横尺紧贴鬐甲的最高点,然后读出刻度。

(2)荐高。由荐骨最高点到地面的垂直高度,表示家畜后躯高度的生长。与体高的对比,可说明前后躯的发育程度。

(3)体斜长。由肩端到臀端的直线距离。在测量时,将上端横尺固定于肩端前缘,另端横尺应放于臀端后缘,夹紧读出体尺。

(4)尻长。从腰角前缘到臀端后缘的直线距离。

(5)胸深。在肩胛软骨后角,测量由鬐甲至胸底间的垂直距离。测量时将测杖倒转,上下的横尺夹住鬐甲和胸骨下缘,横尺保持平行。

(6)胸围。从肩胛骨后角处用卷尺量取胸部的周径。胸围是家畜胸部发育的重要指标,与胸宽、胸深一起说明胸部的发育和健康状况。

(7)管围。前管部上 1/3 处,用卷尺量取的周径,表示四肢骨的发育程度,对鉴定役畜很重要。

(8)前胸宽。两个肩端之间的距离。

**(四)体尺测量的注意事项**

(1)接触动物应胆大心细,态度温和。一般可从家畜的左前方接近,切忌从后方突然接近。

(2)被测量的动物姿势应站立端正,若姿势不正,可通过驱使其前进或后退进行调整。头颈部自然摆正,不能偏高或偏低,四肢要垂直立在同一水平面上。

(3)测量之前要检查和校正测量工具的准确性。

(4)测量的部位起止点务必正确。读数要准,动作要迅速。

## 三、任务准备

(1)通过网络或图书馆资料,查询本地畜禽资源品种动物的体尺特征标准。

(2)通过网络或图书馆资料,查询动物体尺测量方法的标准。

(3)通过网络或图书馆资料,查询有关地方畜禽品种资源保护的文献 5 篇。

## 四、任务报告

结合自己家乡的畜禽品种资源，选取一种畜禽，拟定一份《动物体尺测量项目实施报告》。

### 动物体尺测量项目实施报告

**一、动物概述**

动物品种：

动物性别：

动物日龄：

品种来源养殖场：

动物的头数：

动物是否怀孕：

**二、体尺测量工具的概述**

体尺测量工具的型号：

体尺测量工具的量程：

体尺测量工具的厂家：

**三、动物体尺测量的项目(根据实验对象进行选择)**

1. 牛主要测量的体尺

体高(鬐甲高)：

臀高：

荐高：

体斜长：

头长：

尻长：

胸深：

胸宽：

腰角宽：

坐骨结节宽：

胸围：

管围：

2. 羊主要测量的体尺

体高(鬐甲高)：

荐高：

体斜长：

胸深：

胸宽：

腰角宽：

胸围：

管围：

3. 猪主要测量的体尺

体高(鬐甲高)：

体斜长：

头长：

胸围：

4. 马主要测量的体尺

体高(鬐甲高)：

荐高：

体斜长：

尻长：

胸深：

胸围：

管围：

前胸宽：

**四、结果分析**

**五、体尺测量的注意事项**

态度：

被测量的动物姿势：

测量之前的准备工作：

测量读数：

报告人：

时间：

# 任务二 生产性能测定

## 一、任务说明

生产性能又称为生产力，是指家畜最经济有效地生产畜产品的能力。家畜的生产性能是个体鉴定的重要内容，也是代表个体品质最有意义的指标，是对种畜进行遗传评估的最基本依据，也是选种过程中决定选留与否的决定性因素。

二维码 7-7 性能测定
（微视频 讲师樊倩）

生产性能测定又称为生产成绩测验，是指对家畜个体具有特定经济价值的某一性状的表型值进行评定的一种育种措施，常根据个体本身成绩的优劣决定选留与淘汰，是育种工作的基础。生产性能测定的进展，取决于被选择性状的基因型与表现型间的相关程度。遗传力高的性状，它们的相关程度就高，生产性能测定的效果就好。因此，生产性能测定适用于能够在活体上直接度量且遗传力高的性状，如肉牛的日增重、饲料利用率、蛋鸡的产蛋性能等。

动物生产性能测定实施方案是选种措施实施的依据，任何畜禽遗传资源保护均应拟定完善的动物生产性能测定实施方案。通过该任务的实施，掌握动物生产性能测定实施方案的拟定要素，提高拟定动物生产性能测定实施方案的能力。

## 二、任务内容

一个完整的动物生产性能测定实施方案应该包括以下几个方面。

### （一）生产性能测定的原则

生产性能测定包括测定性状的选择、测定方法的确定、测定结果的记录与管理、测定的实施 4 个方面。

#### 1. 选择测定性状的原则

（1）所测性状应具有足够的经济意义。考虑短期经济意义和长远经济价值，如肉质性状。

（2）所测性状应具有一定的遗传基础。考虑所选性状是否有从遗传上改良的可能性。

（3）所测性状应尽可能符合生物学规律和生产实际。选择更易测定、更能准确反映发育规律的性状。对不能活体测定或不方便测定的性状可用其相关性状代替，如可通过测定背膘厚来估计瘦肉率。

#### 2. 选择测定方法的原则

（1）精确性原则。可靠的数据是育种工作取得成效的基本保证，而可靠的数据来源于具有足够精确性的测定方法，因此测定方法应保证测定数据具有足够的精确性。

（2）适用性原则。测定方法具有广泛的适用性，便于在各种条件下开展测定工作。

（3）经济实用原则。在保证测定结果准确的前提下，尽量节约成本。

**3. 测定结果记录与管理的原则**

(1)测定结果的记录应准确、完整和简洁。避免人为因素造成测定数据的错记、漏记,甚至伪造数据。

(2)真实记录可能影响测定结果的系统效应,如年度、季节、地点等,便于统计分析。

(3)记录的管理要便于经常调用和长期保存,实行信息化管理、通过互联网共享。

**4. 性能测定实施的原则**

由专门的监测机构(中立)组织实施,以保证测定结果的客观性和可靠性。

测定的实施以获得最大经济效益为目的。充分考虑投入与产出的最佳比例,不要一味追求最好的仪器设备、最完善的组织形式等。

在同一育种方案中,性能测定的实施必须高度统一。性能测定的实施要保持连续性和长期性。群体具有趋于平衡的自然机制,只有长期坚持性能测定,才能巩固选择的效果,否则就会退化。随着市场的变化和技术的发展,需要适时调整测定性状,改进测定方法,并使用最现代化的记录管理系统。

## (二)动物生产性能测定的目标和任务

(1)为家畜个体的遗传评定提供基础数据,作为选留种畜的指标。

(2)为估计群体经济性状的遗传参数提供信息。

(3)是评定畜群生产水平的尺度。

(4)为牧场经营管理提供信息,是组织生产的依据。生产、管理、各种制度等都是建立在家畜生产性能基础上的。

(5)为各类杂交组合类型间的配合力测定提供信息。

(6)是饲养家畜的依据。养哪种家畜、养多少家畜可根据家畜生产性能的高低来确定。

(7)为制订育种规划提供基础信息。

## (三)生产性能测定的基本形式

生产性能测定的基本形式,根据测定场地的不同可分为测定站测定和场内测定;根据测定个体和评估对象之间的关系可分为个体测定、同胞测定和后裔测定;根据测定对象的规模可分为大群测定和抽样测定。

**1. 测定站测定与场内测定**

(1)测定站测定。将所有待测个体集中在一个专门的性能测定站或某一特定牧场来统一测定。测定要求在同样的环境条件、相同的标准下进行,因此即使家畜来自不同的农场,也可以进行互相比较评选出优劣。测定站测定对猪的育种具有重要意义,可以把不同养殖场的同一品种猪送到测定站做性能测定,测定结束后根据要选择的性状做出育种值或选择指数的排队顺序,以确定是否留作种用。蛋鸡、肉鸡也可做测定站测定,而奶牛等大家畜集中测定有一定困难的,则一般不进行测定站测定。

优点:①控制了环境条件的变异;②客观性强;③便于特殊设备的配备和管理(如自动计料器)。

缺点:①成本较高;②测定规模有限;③易传播疾病;④由于“遗传-环境互作”,使测定结果与实际情况产生偏差,代表性不强。

(2)场内测定。直接在各个生产场内进行的性能测定,不要求时间的一致性。该测定方法测定结果只供本场选种应用。种场的记录由于测定的条件不同,不能互相比较。目前,我国的畜禽育种基本上都采用本场测定的方法,对于种畜群体较大的畜群,通过场内测定进行选种的效果好,但对处于小群体育种的养殖场,通过本场测定达不到足够的选择强度,所以选种效果差。

通常要强调建立场间遗传联系,以便进行跨场遗传评定。建立场间遗传联系的方法是:各场使用共同公畜或母畜的后代,以比较和剔除场间效应。

现阶段通常将测定站测定与场内测定两种方法结合使用。常规生产性状采用场内测定,需要特殊设备和有测定难度的性状采用测定站测定。

**2. 个体测定、同胞测定和后裔测定**

(1)个体测定。对需要进行遗传评估的个体进行性能测定。

(2)同胞测定。对需要进行遗传评估的个体的全同胞或半同胞进行性能测定。

(3)后裔测定。对需要进行遗传评估的个体的后裔进行性能测定。

以上各种方法的采用因测定对象而定,但现代育种学理论中,如 BLUP 法,强调利用所有亲属的资料,故有条件的情况下可将各种方法结合使用。根据不同畜种、不同性别、不同性状的特点,对这三种测定方式的侧重不同。

**3. 大群测定和抽样测定**

(1)大群测定。对种畜群中所有符合测定条件的个体都进行测定。其目的是为个体遗传评定提供信息。测定个体越多,则选择强度就越大,遗传进展越快。

(2)抽样测定。从参加测定的每个品种(系)中随机抽取一定数量的个体,在相同环境中进行性能测定。主要用于评定杂交组合的生产性能,以寻找最佳杂交组合用于商品生产。

## (四)动物生产性能的测定

**1. 动物生产性能种类**

动物的生产性能主要有:产肉性能、产乳性能、产毛性能、产蛋性能、繁殖性能、役用性能等。不同类型的生产性能测定时所选用的性能指标是不同的。

**2. 各类生产性能的主要指标**

(1)产肉性能。

①经济早熟性:以达到适宜屠宰体重时的年龄为评价指标。例如,荣昌猪达 90 kg 屠宰体重的时间为:原种 240 d,选育种(新荣Ⅰ系)183 d。外种猪达 110 kg 体重所需时间约 175 d。

②日增重:平均日增重(ADG)。

$$\text{ADG}=\frac{\text{测定结束时的体重}-\text{测定开始时的体重}}{\text{测定天数}}$$

在同等条件下,日增重的高低主要取决于品种(遗传基础)、营养水平、环境温度是影响日增重的重要因素。

③饲料利用率:有料肉比和饲料转化率两种表示方法。

$$\text{料肉比}=\frac{\text{育肥期消耗饲料量}}{\text{育肥期增重量}}$$

$$饲料转化率=\frac{总增重量}{饲料消耗总量}\times 100\%$$

一般来说，瘦肉型猪料肉比为(2.2～3.0)∶1，地方品种猪料肉比为(3.4～4.0)∶1；肉鸡料肉比为(2.0～2.6)∶1

④屠宰率：屠宰率=(胴体重/屠前活重)×100%。

屠宰率的遗传力中等偏上。猪的屠宰率为72%～75%，$h^2=0.31$；肉牛、羊屠宰率为50%左右，肉牛屠宰率的遗传力 $h^2=0.46$。

胴体重的计算方法不统一，一般是指去头、蹄、内脏，冷却 24 h 后的重量。但有些地区把头的重量也算在胴体内。

屠前活重是指屠宰前禁食 24 h 后的体重。

⑤胴体长：屠宰开边后，从趾骨联合前缘中点至第一颈椎前缘中点的长度。胴体长与瘦肉率呈正相关。

⑥瘦肉率：对胴体进行分割测定(如瘦肉率、脂肪率、骨率)，不包括板油和肾脏。将左侧胴体按后腿、前肩、胸腰和腹部分成 4 大块，分离各块的皮、骨、肉和皮下脂肪，瘦肉总重占左侧胴体重的百分比即为瘦肉率。

⑦背膘厚：背上皮下脂肪的厚度，是选择瘦肉率的一个间接(辅助)指标。可活体测定，也可屠宰后测定，测定方法有以下三种。

三点平均法：用肩部最厚处(第二、三胸椎间)、胸腰结合处、腰荐结合处三点背膘厚度的平均值来表示。

两点平均法：用胸腰结合处、腰荐结合处两点背膘厚度的平均值来表示，现在用得比较多。

一点法：用倒数第三、四肋骨间的背膘厚度表示。

⑧眼肌面积：是指胸腰结合(最后一肋骨)处眼肌的横断面积。其计算公式为：

$$眼肌面积=长\times 宽\times 0.7(或\ 0.8)$$

眼肌面积的遗传力为中上等，猪 $h^2=0.48$，牛 $h^2=0.60$。眼肌面积与瘦肉率呈强正相关，$r_{猪}=0.79\pm 0.02$。

⑨肉的品质。应激敏感性测定(porcine stress syndrome，PSS)：猪应激综合征；

MHS：恶性高温综合征→PSE 肉。测定方法有氟烷测定法和基因诊断法。

pH：是衡量肉质的重要指标，与肉色、肉味密切相关。现主要用于猪肉品质检测，测定猪倒数第三、四肋间眼肌的 pH。

正常猪肉：$pH_1$(宰后 45 min 内)为 6.1～6.4，5.5～5.9 为轻度 PSE 肉，5.5 以下为 PSE 肉；$pH_2$(宰后 4 ℃保存 24 h)<6.0，$pH_2$>6.0 为 DFD 肉。

肉色：用标准比色板比较评分。

肉味：用腰大肌测定熟肉率后品尝肉味。

系水力：宰后肌肉保持水分不向外渗漏的能力，一般以失水率表示。用标准取样器取下一块 2 cm 厚、面积为 5 $cm^2$ 的眼肌肉样，加 35 kg 压力压 5 min 后，计算失水率。

$$失水率=\frac{压后重}{压前重}\times 100\%$$

大理石纹：用评分法评定。宰后将腰部眼肌肉置 4 ℃保存 24 h 后，观察其横断面中所含脂肪的多少，并使用标准比色板进行比较评分。

(2)产乳性能。

①产乳量指标：衡量乳用家畜产乳量的指标主要有年产乳量(自然年度产乳总量)、泌乳期产乳量(从产仔到干乳期总产乳量)、305 d 产乳量(牛)和成年当量(校正到第 5 胎的产乳量)等。

牛的产乳量一般以 305 d 产奶量计，产乳不足 305 d 或超过 305 d 者予以校正(校正方法见下述介绍)。产乳量的测定可逐日逐次测定并记录，也可每月测一次，共测 10 次(每次测定的间隔时间要均匀)，将 10 次测定值的总和乘以 30.5，即为 305 d 产乳量(误差约为 2.7)。

成年当量：将各个产犊年龄的泌乳期产奶量校正到成年时的产奶量，称为成年当量。目的是校正胎次对产奶量的影响。我国为校正到第 5 胎时的产奶量。

影响产乳量的因素主要有：品种、胎次、每天挤乳次数、营养水平等。

②乳成分含量的度量指标：乳脂率、乳脂量、4%或 3.5%标准乳。

$$\text{乳脂率} = \frac{\sum(F \times M)}{\sum M} \times 100\%$$

式中：乳脂率为乳中所含脂肪的百分率，$F$ 为实际测定的乳脂率，$M$ 为该次取样期内的产乳量。

乳脂率与产乳量呈强负相关，乳脂率的高低因品种不同而异，同时存在个体差异。因此，单凭乳脂率或产乳量来衡量乳牛的泌乳能力不便于比较，有必要校正到同一标准——标准乳。4%标准乳量：

$$4\%\text{标准乳} = (0.4 + 15F) \times M$$

1986 年将标准乳定义加以改进，改为：

$$3.5\%\text{标准乳} = (0.35 + 18.57F) \times M$$

式中，0.4 或 0.35 表示 1 kg 脱脂乳的发热量为乳脂率是 4%或 3.5%的等量乳发热量的 0.4 或 0.35 倍；15 或 18.57 表示 1 kg 乳脂的发热量为 1 kg 4%或 3.5%标准乳发热量的 15 或 18.57 倍；$F$ 为实测乳脂率；$M$ 为产乳量。

泌乳均衡性：泌乳均衡性与产乳量密切相关，从泌乳曲线可判断泌乳均衡性。

从 1 个泌乳期看，最高月产出现的早晚与维持时间的长短是影响泌乳均衡性主要指标；从终身泌乳曲线看，第 4～6 个泌乳期产乳量最高(较好)时，泌乳曲线较平稳。

③挤奶能力测定：排乳速度是指在一定泌乳阶段平均每分钟的泌乳量。通常校正为第 100 个泌乳日的标准平均每分钟泌乳量。矫正公式为：

$$\text{标准乳流速} = \text{实际乳流速} + 0.001 \times (\text{测定时的泌乳日} - 100)$$

排乳速度的遗传力约为 0.3。

前后房指数：在一次挤奶过程中，前乳区的挤奶量占总挤奶量的百分比，用于度量各乳区泌乳的均衡性。

(3)产毛性能。主要的毛用家畜有绵羊、山羊、毛兔等。

①剪毛量：从一只毛用家畜身上剪下的全部毛的总重量。剪毛量的遗传力为中等，绵羊

$h^2=0.3$，长毛兔 $h^2=0.53$。剪毛量主要受品种和营养条件的影响，粗毛品种剪毛量低，细毛品种剪毛量多。年龄和性别也会影响剪毛量。公羊剪毛量大于母羊，公兔剪毛量小于母兔。

②净毛率：去掉毛上的油汗、尘土、粪渣、草料屑等杂质后的毛量称为净毛量。净毛量占剪毛量的百分比称为净毛率。羊净毛率的遗传力 $h^2=0.4$。

③毛的品质：

长度：肩胛后缘一掌、体侧中线稍上处皮肤表面至毛顶端的自然长度。

细度：畜牧学上以毛的直径表示，以“μm”为单位。工业上以“支”来表示，即 1 kg 毛能纺出多少个 1 000 m 长的毛纱就称为多少支。

密度：单位面积皮肤上着生毛的根数。毛密度具有品种和部位的差异。

匀度：是指毛纤维的均匀程度，包含部位匀度和同一根毛上、中、下段的匀度两层意思。

④裘皮与羔皮品质：总体要求是轻便、保暖、美观。具体指标有：皮张面积、皮棉厚度、粗毛与绒毛的比例、光泽、毛卷的大小与松紧、弯曲度、图案等。

(4)产蛋性能。主要有产蛋量和蛋的品质。

①产蛋量：是指一定时间内产蛋的个数。常用开产至 40 周龄、55 周龄、72 周龄等时的累积产蛋数表示。

②蛋重：有每枚蛋重与总蛋重(产蛋总重)之分，每枚蛋重以平均数计，总蛋重是指一定时间范围内产蛋的总重量。蛋重具有品种特征，同时受营养水平、年龄、产蛋窝次等影响。

③料蛋比：产蛋鸡在一定年龄阶段饲料消耗量与产蛋总量之比。

④蛋的品质。

蛋形：以蛋形指数[=(蛋宽/蛋长)×100%]表示。蛋形指数以 72%～76%为宜。过大或过小在孵化和运输过程中的破损率都会增加。

蛋壳色泽：受品种和营养成分的影响。色斑蛋或血斑蛋的经济价值和种用价值均降低。

蛋壳厚度：与运输、孵化过程中蛋的破损率直接相关。一般以 0.244～0.373 mm 为宜，可直接测定或用漂浮法测定。

(5)繁殖性能。即繁殖力，是指单位时间内家畜繁殖后代的能力，包括数量和质量。繁殖力有潜在繁殖力(用产生的成熟性细胞数来表示)、实际繁殖力(用分娩时出生的活仔畜数表示)、有效繁殖力(用实际投产的后代数表示)。

①单胎家畜的繁殖力：以群体为单位计算。

$$\text{受胎率}=\frac{\text{受胎母畜数}}{\text{参配母畜数}}\times 100\%$$，可反映配种效果。

$$\text{情期受胎率}=\frac{\text{情期受胎母畜数}}{\text{参配母畜数}}\times 100\%$$，可反映一个情期配种的效果。

$$\text{繁殖率}=\frac{\text{本年度内出生的仔畜数}}{\text{上年度终成年母畜数}}\times 100\%$$，可反映成年母畜产仔情况。

$$\text{成活率}=\frac{\text{本年度终成活仔畜数}}{\text{本年度出生仔畜数}}\times 100\%$$，可反映幼畜育成的效果。

$$\text{繁殖成活率}=\frac{\text{本年度终成活仔畜数}}{\text{上年度终成年母畜数}}\times 100\%$$，可反映年度内总繁殖情况。

$$增殖率=\frac{本年度内出生到年终还活着的仔畜数}{本年度初家畜总头数}\times 100\%$$，可反映本年度内的增殖情况。

$$纯增率=\frac{年终总头数-年初总头数}{年初总头数}\times 100\%$$，可反映畜群在本年度内的增减情况。

②多胎家畜的繁殖力指标。

产仔数：是指窝产仔数，包括产仔总数和产活仔数两个次级指标。产仔数是低遗传力性状，具有品种特征。

初生重：是指初生个体重，现已少用。

初生窝重：是指同窝初生各个个体的重量之和。

泌乳力：猪以20日龄窝重表示。

断奶窝重：猪断奶时间因不同饲养管理水平而定。早期断奶时间有7 d、14 d或21 d，常规断奶时间为28 d或35 d，农村饲养条件下的断奶时间为45～60日龄。

③家禽的繁殖力指标。

受精率：是指入孵蛋中受精蛋所占的比例。

孵化率：是指种蛋孵化后出壳雏鸡所占的比例，又可分为入孵蛋孵化率和受精蛋孵化率。

## 三、任务准备

(1)通过网络或图书馆资料，查询本地畜禽资源品种的生产性能指标的标准。

(2)通过网络或图书馆资料，查询本地畜禽品种的生产性能测定方法的标准。

(3)通过网络或图书馆资料，查询有关动物生产性能测定的文献5篇。

## 四、任务报告

结合自己家乡的畜禽品种资源，选取一种畜禽，拟定一份《动物生产性能测定项目报告》。

### 动物生产性能测定项目报告

**一、动物概述**

(1)动物品种：

(2)动物性别：

(3)动物日龄：

(4)动物来源养殖场：

(5)动物的头数：

(6)主要测定项目：产肉性能(　　　　　　　　　　)

产乳性能(　　　　　　　　　　)

产毛性能(　　　　　　　　　　)

产蛋性能(　　　　　　　　　　)

繁殖性能(　　　　　　　　　　　　　　　　　　　)

役用性能(　　　　　　　　　　　　　　　　　　　)

**二、生产性能测量工具**

(1)工具型号：

(2)工具量程：

(3)工具厂家：

**三、生产性能测定方式**

1. 测定站测定与场内测定

(1)测定站测定：

(2)场内测定：

2. 个体测定、同胞测定和后裔测定

(1)个体测定：

(2)同胞测定：

(3)后裔测定：

3. 大群测定和抽样测定

(1)大群测定：

(2)抽样测定：

**四、动物生产性能测量指标**

1. 产肉性能

(1)日增重：

(2)饲料利用率：

(3)猪的料肉比：

(4)屠宰率：

(5)胴体长：

(6)瘦肉率：

(7)背膘厚：

(8)眼肌面积：

(9)肉的品质：

①应激敏感性测定：

②pH：

③肉色：

④肉味：

⑤系水力：

⑥大理石纹评分法：

2.产乳性能

(1)年产乳量(自然年度产乳总量)：

(2)泌乳期产乳量(从产仔到干乳期总产乳量)：

(3)305 d 产乳量(牛)：

(4)成年当量(校正到第 5 胎的产乳量)：

(6)乳脂率：

(6)乳脂量：

(7)4%或 3.5%标准乳：

3.产毛性能

(1)剪毛量：

(2)净毛率：

(3)毛的品质。

①长度：

②细度：

③密度：

④匀度：

(4)裘皮与羔皮品质。

①皮张面积：

②皮棉厚度：

③粗毛与绒毛的比例：

④光泽：

⑤毛卷的大小与松紧：

⑥弯曲度：

⑦图案：

4.产蛋性能

(1)产蛋量：

(2)蛋重：

(3)料蛋比：

(4)蛋的品质。

①蛋形：

②蛋壳色泽：

③蛋壳厚度：

5.繁殖性能

(1)单胎家畜的繁殖力，以群体为单位计算。

①受胎率：

②情期受胎率：

③繁殖率：

④成活率：

⑤繁殖成活率：

⑥增殖率：

⑦纯增率：

(2)多胎家畜的繁殖力指标。

①产仔数：

②初生重：

③初生窝重：

④泌乳力：

⑤断奶窝重：

(3)家禽繁殖力指标。

①受精率：

②孵化率：

6.役用性能：

使用年限：

## 五、结果分析

## 六、注意事项

不同类型的生产性能测定，所选用的性能指标是不同的。

报告人：

时间：

# 任务三 育种值估算

## 一、任务说明

### 1. 育种值的概念

育种值又称种用价值，是个体育种值的简称，是指种用个体的遗传特性。就某一性状而言，它是个体的遗传型(基因型)。

数量性状表型值是由个体遗传和环境效应共同作用的结果，即

$$P=G+E=A+D+I+E=A+R$$

二维码 7-8 估计育种值选择
(微视频 讲师樊倩)

其中，能稳定遗传给下一代的是基因的加性效应($A$)，它可通过育种改良得到稳定的改进。个体加性效应的高低反映了它在育种上贡献的大小，因而称为育种值。下面介绍与个体育种值估计有关的几个基本概念。

(1)估计育种值。虽然育种值是可以稳定遗传的，根据它进行种用个体选择可以获得稳定的选择进展，但是育种值是不能直接度量的，所能测定的是包含育种值在内的各种遗传效应和环境效应共同作用得到的表型值。因此，只能利用统计学原理和方法，通过表型值和个体间的亲缘关系进行估计，由此得到的估计值称为估计育种值(estimated bree ding value，EBV 或 $\hat{A}$)。

(2)估计传递力。对常染色体上的基因而言，后代的遗传基础由父母双方共同决定，一个亲本只有一半的基因遗传给下一代。对数量性状来说，个体育种值的一半能够传递给下一代，在遗传评估中将它定义为估计传递力(estimated transmitting ability，ETA)，即

$$\mathrm{ETA}=\frac{\mathrm{EBV}}{2}$$

(3)相对育种值。个体育种值占所在群体均值的百分比称为相对育种值(relative bree ding value，RBV)。这是为了育种实践中便于比较个体育种值的相对大小而设定的。

$$\mathrm{RBV}=(1+\frac{\hat{A}}{P})\times 100\%$$

(4)综合育种值。对多性状选择时，需要估计个体多个性状的综合育种值(total bree ding value)，根据它进行选择可获得多个性状的最佳选择效果。综合育种值是考虑了不同性状在育种上和经济上的重要性差异，用性状的经济加权值表示。假设需要选择提高的目标性状共有 $n$ 个，各性状的育种值分别为 $a_1 a_2 \cdots a_n$，相应的经济加权值(economic weight)分别为 $w_1\ w_2 \cdots w_n$，则综合育种值($H$)可定义为：

$$H=\sum_{i=1}^{n} w_i a_i$$

### 2. 育种值的信息来源

种用个体育种值的信息来源如图 7-11 所示。

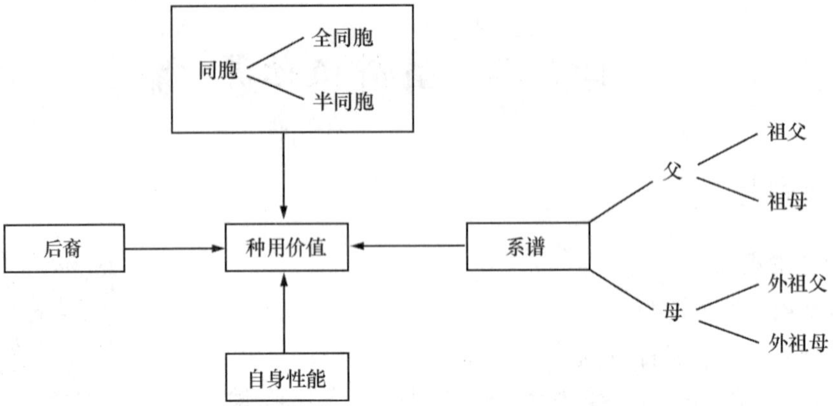


**图 7-11　种用个体育种值的信息来源**

育种值估算方案是选种措施实施的依据，任何畜禽遗传资源保护均应拟定完善的选种方案。通过本任务学习，掌握育种值估算方案的拟定要素，提高拟定育种值估算方案的能力。

## 二、任务内容

一个完整的育种值估算方案应该包含以下几个方面。

### (一)估计育种值的原理

$$P=G+E;\quad G=A+D+I;\quad P=A+D+I+E$$

$D$ 和 $I$ 的效应也由基因造成，但在遗传给后代时，由于基因的分离和重组，不能确实遗传。故在育种过程中不能被固定。所能固定的只是基因加性效应造成的部分，即基因的加性值(A)，又称育种值。只有育种值能确实地遗传给后代，故只有根据育种值进行选择，才能更快地提高选择效果。

育种值不能直接度量，只能从表型值进行间接估计。这种估计要运用回归原理进行(利用两个变量间的回归关系，从一个变量估计另一个变量)。

通用的回归方程为：

$$\hat{y}=b_{yx}(x-\bar{x})+\bar{y}$$

式中，$x$ 为自变量；$y$ 为因变量；$b_{yx}$ 为 $y$ 对 $x$ 的回归系数。

对于以表型值($P$)为自变量，育种值(A)为因变量，由表型值估计育种值的回归方程为：

$$\hat{A}=b_{AP}(P-\bar{P})+\bar{A}$$

若群体足够大，各种偏差正负抵消，故 $\bar{P}=\bar{A}$。

$$\hat{A}=b_{AP}(P-\bar{P})+\bar{P}$$

$b_{AP}$ 是育种值对表型值的回归系数，对利用个体本身的表型值估计个体的育种值的时候，$b_{AP}$ 也就是性状的遗传力 $h^2$。当资料的来源不同时，$b_{AP}$ 是根据提供信息的个体与估计育种值个体间亲缘关系不同而给予不同加权的遗传率，计算的通式为：

$$b_{AP}=\frac{r_A nh^2}{1+(n-1)r_p}$$

式中，$r_A$ 表示提供信息的个体与估计育种值个体间的亲缘系数。$r_p$ 为各测量的表型值间的表型相关，当信息来源是一个个体多次度量均值时，$r_p$ 等于多次度量的重复率 $r_e$；当信息来源是 $n$ 个同类个体单次度量均值时，$r_p$ 等于同类个体间的亲缘系数与性状遗传力的乘积($r_A h^2$)。

具体回归系数如表 7-8 所示。

**表 7-8　具体回归系数**

| 资料来源 | 一个个体单次度量值 $b_{AP}$ | 一个个体 $k$ 次度量均值 $b_{AP}$ | $n$ 个同类个体单次度量均值 $b_{AP}$ |
|---|---|---|---|
| 本身 | $h^2$ | $\frac{kh^2}{1+(k-1)r_e}$ | / |
| 亲本 | $0.5h^2$ | $\frac{0.5kh^2}{1+(k-1)r_e}$ | $h^2$　这时 $n=2$<br>(非近交，双亲本均值) |
| 全同胞兄妹 | $0.5h^2$ | $\frac{0.5kh^2}{1+(k-1)r_e}$ | $\frac{0.5nh^2}{1+0.5(n-1)h^2}$ |
| 半同胞兄妹 | $0.25h^2$ | $\frac{0.25kh^2}{1+(k-1)r_e}$ | $\frac{0.25nh^2}{1+0.25(n-1)h^2}$ |
| 全同胞后裔 | $0.5h^2$ | $\frac{0.5kh^2}{1+(k-1)r_e}$ | $\frac{0.5nh^2}{1+0.5(n-1)h^2}$ |
| 半同胞后裔 | $0.5h^2$ | $\frac{0.5kh^2}{1+(k-1)r_e}$ | $\frac{0.5nh^2}{1+0.25(n-1)h^2}$ |

此外，关于个体育种值估计准确度的度量：选择反应 $\Delta G=i\cdot\sigma_A\cdot r_{AI}$，$r_{AI}$ 表示的是利用选择指数估计育种值的准确度，实际上是选择指数与育种值之间的相关系数。当利用表型值估计育种值的时候，估计准确度就是表型值与育种值之间的相关系数 $r_{Ap}$。

$$r_{AP}=\frac{\mathrm{COV}(A,P)}{\sigma_A\sigma_P}=r_A h\sqrt{\frac{n}{1+(n-1)r_P}}$$

根据此公式可以得到个体育种值估计的准确度。说明个体育种值估计的准确度取决于提供信息个体与被估个体间的亲缘关系、性状的遗传力、重复力及可利用的信息量。

## (二)目标和任务

通过对动物育种值的估算，为动物选种提供数据依据。

## (三)育种估计值的估算方式

提供育种值的信息来源有四条途径，个体育种值的估计可根据任何一种资料进行，也可综合多种资料估计复合育种值。

### 1. 根据个体本身记录估计育种值

个体本身记录有一次记录和多次记录两种情况。对有不同记录次数的家畜，分别计算其

$h_k^2$，再估计其育种值，根据育种值高低进行选留。

**2. 根据祖先记录估计育种值**

当个体本身无生产记录时可根据系谱记录对其育种值进行估计。祖先记录中父母的记录最重要。

**3. 利用多项资料估计个体育种值**

根据多项资料估计的个体育种值称为复合育种值。由于资料来源不同，提供资料的个体间亲缘相关就不同，导致对同一性状的遗传效应无法直接相加。根据统计学原理，可用偏回归系数进行加权，但是计算偏回归系数的过程较复杂。

**(四)估计育种值的计算**

**1. 根据个体本身记录估计育种值**

个体本身记录有一次记录和多次记录两种情况。

(1)根据个体本身一次记录估计育种值。

$$\hat{A}_x = (P_x - \bar{P})h^2 + \bar{P}$$

式中，$\hat{A}_x$为个体$x$某一性状的估计育种值(EBV)，$P_x$为个体$x$该性状的表型值，$\bar{P}$为该性状的群体表型平均值，$h^2$为该性状的遗传率。选择差×遗传率，即可遗传的选择差，故选择反应又称为可遗传的选择差。育种值估计的准确度在于$h$。

**注意**：按一次记录计算的育种值高低和按表型值的高低排序是一致的，故只有一次记录的种畜把表型值转化为育种值意义不大。

(2)根据个体本身$k$次记录估计育种值。

$$\hat{A}_x = (\bar{P}_k - \bar{P})h_k^2 + \bar{P}$$

式中：$\bar{P}_k$为个体$x$的$k$次记录的平均表型值，$h_k^2$为$k$次记录平均值的遗传率。

$$h_k^2 = \frac{V_A}{V_{P(k)}} = \frac{kh^2}{1+(k-1)r_e}$$

式中，$k$为记录次数，$r_e$为各次记录间的相关系数(即重复率)。

用途：对有不同记录次数的家畜，分别计算其$h_k^2$，再估计其育种值，根据育种值高低进行选留。

**2. 根据祖先记录估计育种值**

当个体本身无生产记录时可根据系谱记录对其育种值进行估计。祖先记录中父母的记录最重要。

(1)只有一个亲本有记录时(如限性性状)：

$$\hat{A}_x = (\bar{P}_{P(k)} - \bar{P})h_{P(k)}^2 + \bar{P}$$

式中，$\bar{P}_{P(k)}$为一个亲本$k$次记录的平均值，$h_{P(k)}^2$为亲本$k$次记录平均值的遗传率。

(2)父母同时有$k$次记录时：

$$\hat{A}_x = 0.5(\bar{P}_{S(k)} - \bar{P})h_{S(k)}^2 + 0.5(\bar{P}_{D(k)} - \bar{P})h_{D(k)}^2 + \bar{P}$$

式中，$\bar{P}_{S(k)}$、$\bar{P}_{D(k)}$ 分别为父亲和母亲 $k$ 次记录的平均值；$h^2_{S(k)}$、$h^2_{D(k)}$ 分别为父亲和母亲 $k$ 次记录平均值的遗传率。

(3)若双亲只有一次记录时，则：

$$\hat{A}_x=[0.5(P_S+P_D)-\bar{P}]h^2+\bar{P}$$

这时育种值估计准确度为($n=2$，$r_A=0.5$，两亲本间的亲缘系数为0，代入公式)$\frac{\sqrt{2}}{2}h$，用个体本身记录估计育种值的可靠性和准确度都优于用祖先资料估计的育种值。但用祖先资料估计的育种值可作为早期选种的依据。

**3. 根据同胞记录估计育种值**

同胞信息不包含个体本身信息。

(1)全同胞记录。

$$\hat{A}_x=(\bar{P}_{FS}-\bar{P})h^2_{FS}+\bar{P}$$

式中，$\bar{P}_{FS}$ 为全同胞的表型均值，$h^2_{FS}$ 为全同胞均值的遗传率 $h^2_{FS}=\frac{0.5nh^2}{1+(n-1)0.5h^2}$。

(2)半同胞记录。

$$\hat{A}_x=(\bar{P}_{HS}-\bar{P})h^2_{HS}+\bar{P}$$

式中，$\bar{P}_{HS}$ 为半同胞的表型均值，$h^2_{HS}$ 为半同胞均值的遗传率 $h^2_{HS}=\frac{0.25nh^2}{1+(n-1)0.25h^2}$。

注意：同胞数越多，同胞均值遗传率越大。如果只根据一个同胞的资料进行估计(单次度量或多次度量)，则同胞测定的效率低于个体选择，半同胞信息选择效率低于全同胞选择。但由于一般半同胞数目多于全同胞数，所以生产上用得很多。当同胞数量大且性状遗传力低时，同胞测定的效率高于个体选择。

因此，对于低遗传率性状，用同胞资料选种的可靠性大。可进行早期选种，进行限性性状的选择和本身难以度量的性状的选择。缺点是只能区别家系间的优劣，不能鉴别家系内个体的好坏。

**4. 根据后裔记录估计育种值**

主要用于选择公畜。

(1)公畜与随机母畜交配。

$$\hat{A}_x=(\bar{P}_O-\bar{P})h^2_O+\bar{P}$$

式中，$\bar{P}_O$ 为子女的表型均值，$h^2_O$ 为子女均值的遗传率。由前述可知：

$$h^2_O=2h^2_{HS}$$

则

$$\hat{A}_x=2(\bar{P}_O-\bar{P})h^2_{HS}+\bar{P}$$

故由后裔资料估计的育种值可靠性高于半同胞，头数相同时为半同胞的两倍。此外，当测定数目相等时，半同胞后裔测定的效率高于全同胞后裔测定(因为分母减小)。

(2)公畜与经选择的母畜交配。若与配母畜是经过选择的，则$\bar{P}_D > \bar{P}$，必须对估计育种值进行矫正，将经选择使与配母畜高于群体均值而又传递给后代的部分从子女高出群体均值的部分中扣除。矫正后的估计育种值公式为：

$$\hat{A}_x = [(\bar{P}_O - \bar{P}) - \frac{1}{2}(\bar{P}_D - \bar{P})h^2]h^2_{HS} + \bar{P}$$

或

$$\hat{A}_x = [2(\bar{P}_O - \bar{P}) - (\bar{P}_D - \bar{P})h^2]h^2_{HS} + \bar{P}$$

此式考虑并消除了母畜群体高于全群均值的偏差部分。

**5. 复合育种值**

根据多项资料估计的个体育种值称为复合育种值。由于资料来源不同，提供资料的个体间亲缘相关就不同，导致对同一性状的遗传效应无法直接相加。根据统计学原理，可用偏回归系数进行加权。但是，计算偏回归系数的过程较复杂，我们以一种经过简化处理的利用多种资料估计育种值的方法为例。

在单项育种值基础上，根据性状 $h^2$ 高低给予不同的加权值，并使各项加权值之和为 1。即：

$$\hat{A}_x = 0.1A_1 + 0.2A_2 + 0.3A_3 + 0.4A_4$$

式中，$A_1 \sim A_4$ 分别代表哪种信息估计的育种值由性状的 $h^2$ 来确定(表 7-9)，如有缺项，该项以 0 计。

**表 7-9 利用多项资料估计个体育种值**

| $h^2$ | $A_1$ | $A_2$ | $A_3$ | $A_4$ |
|---|---|---|---|---|
| $h^2 < 0.2$ | 亲本 | 自身 | 同胞 | 后裔 |
| $0.2 \leqslant h^2 < 0.6$ | 亲本 | 同胞 | 自身 | 后裔 |
| $h^2 \geqslant 0.6$ | 亲本 | 同胞 | 后裔 | 自身 |

由于 $A_1 = (P_1 - \bar{P})h_1^2 + \bar{P}$； $A_2 = (P_2 - \bar{P})h_2^2 + \bar{P}$；

$A_3 = (P_3 - \bar{P})h_3^2 + \bar{P}$； $A_4 = (P_4 - \bar{P})h_4^2 + \bar{P}$。

所以 $\hat{A}_x = 0.1A_1 + 0.2A_2 + 0.3A_3 + 0.4A_4$

$$= 0.1(P_1 - \bar{P})h_1^2 + 0.2(P_2 - \bar{P})h_2^2 + 0.3(P_3 - \bar{P})h_3^2 + 0.4(P_4 - \bar{P})h_4^2 + \bar{P}$$

不同资料来源估计的育种值其准确度是有差异的。祖先资料估计的育种值其可靠性较差；对于遗传率低的性状，同胞选择优于个体选择，遗传率高的性状则相反；对于遗传率高而本身又能直接度量的性状，个体选择的效果优于后裔测定；若各方面的资料都有，则复合育种值是较可靠的。

## 三、任务准备

(1)通过网络或图书馆资料，查询本地畜禽资源品种。

(2)通过网络或图书馆资料，查询本地的育种值估算方法标准。

(3)通过网络或图书馆资料，查询有关地方畜禽品种育种值估算的文献5篇。

## 四、任务报告

江西省赣州市某奶牛场10头公牛亲属的产乳量记录如表7-10所示，现在要求选出其中最好的三头作为种公牛，请制订一份详细的《育种值估计实施报告》。

已知该牛群的全群平均产量($\bar{P}$)为4 820 kg，产乳量的遗传力($h^2$)为0.3，重复力($r_e$)为0.4。

**表7-10　10头公牛亲属的产乳量记录**　　kg

| 公牛号 | 母亲 | | 半姐妹 | | 女儿 | |
|---|---|---|---|---|---|---|
| | 平均产乳量 | 记录次数 | 平均产乳量 | 头数 | 平均产乳量 | 头数 |
| 001 | 4 800 | 6 | 5 520 | 23 | 5 000 | 1 |
| 002 | 5 000 | 8 | 5 020 | 37 | 5 050 | 2 |
| 003 | 4 700 | 4 | 5 300 | 33 | — | 0 |
| 004 | 4 900 | 5 | 5 300 | 33 | — | 0 |
| 005 | 4 800 | 6 | 5 820 | 5 | — | 0 |
| 006 | 5 500 | 5 | 4 320 | 72 | — | 0 |
| 007 | 6 000 | 8 | 4 740 | 22 | 4 800 | 2 |
| 008 | 4 400 | 11 | 5 840 | 8 | 5 500 | 4 |
| 009 | 4 500 | 6 | 5 070 | 46 | 4 700 | 1 |
| 010 | 5 000 | 7 | 5 090 | 66 | 4 500 | 2 |

### 育种值估计实施报告

**一、动物概述**

(1)动物品种：

(2)动物性别及数量：

(3)动物来源养殖场：

(4)性状：

**二、育种值计算**

**(一)计算出各种资料的遗传力系数，并填入表内**

1.计算出母亲不同记录次数的遗传力系数

计算方法：

| 记录次数($k$) | 4 | 5 | 6 | 7 | 8 | 9 | 10 | 11 |
|---|---|---|---|---|---|---|---|---|
| 遗传力系数($h_1^2$) | | | | | | | | |

2. 计算出半姐妹不同头数的遗传力系数

计算方法：

| 半姐妹头数($n$) | 5 | 8 | 22 | 23 | 33 | 37 | 46 | 66 | 72 |
|---|---|---|---|---|---|---|---|---|---|
| 遗传力系数($h_3^2$) | | | | | | | | | |

3. 计算出女儿不同头数的遗传力系数

计算方法：

| 女儿头数($n$) | 1 | 2 | 3 | 4 |
|---|---|---|---|---|
| 遗传力系数($h_4^2$) | 0.15 | | | |

**(二)计算复合育种值**

计算方法：

**(三)把计算结果按名次填入表内，并计算出相对育种值**

**10头公牛的复合育种值计算结果**

kg·%

| 名次 | 牛号 | 绝对值($\hat{A}$) |
|---|---|---|
| 1 | | |
| 2 | | |
| 3 | | |
| 4 | | |
| 5 | | |
| 6 | | |
| 7 | | |
| 8 | | |
| 9 | | |
| 10 | | |

三、结果分析

报告人：
时间：

# 拓展学习

## 一、BLUP 估计育种值的方法

一般而言，遗传性能越优秀的个体种用价值越高。畜禽遗传评定即评估畜禽种用价值的高低，是畜禽育种工作的中心任务。

畜禽种用价值的高低通常用育种值的大小衡量，因为在影响性状表型的三种主要遗传效应中，即加性效应、显性效应和上位效应，只有加性效应值（即育种值）能够稳定遗传给后代。因育种值无法直接测量，只能通过一定的统计学方法加以估计，所以遗传评定的实质内容就是育种值的估计。畜禽的估计育种值是选择种畜禽的主要依据，育种值估计的精确与否在很大程度上影响着畜禽育种效果的好坏。

随着育种技术的不断发展，育种值估计方法在不断改进和发展，概括起来主要有选择指数法、群体比较法、最佳线性无偏预测法和标记辅助 BLUP（best linear unbiased prediction）法等四种，目前以 BLUP 法应用最广。目前该方法已在世界各地的种公牛遗传评定、种猪遗传评定中得到普遍采用。

与其他评定方法相比，BLUP 法具有较高的准确性，应用它可以在估计育种值的同时，先将观察值中的系统环境效应校正或剔除。此外，在 BLUP 法中考虑了公牛的固定遗传效应。BLUP，即最佳线性无偏预测。所谓"最佳"是指估计值与真实值间的方差最小，或者说方法的精确度最好；所谓"无偏"是指估计值的数学期望值等于真实值。所谓"线性"是指估计育种值与观察值为线性关系。

BLUP 法可以利用各种不同信息来源的资料，对各种种畜进行遗传评定，因此 BLUP 混合模型也相应有多种形式。如公畜模型、公畜-母畜模型、外祖父模型以及动物模型等，模型中的随机遗传效应分别对应于公畜效应、公畜-母畜效应、公畜-外祖父效应、个体加性效应等。下面以公畜模型为例进行描述。

BLUP 法的基础是线性混合模型，通过对混合模型方程组的求解，得到个体的育种值。因此应用这个方法时，先要根据具体情况，建立一个观察值与各种效应间的数学表达式（模型）。在估计个体育种值的模型中，既包括了固定效应，又包括了随机效应，所以称为混合模型。以奶牛为例，公畜模型一般表示为：

$$Y_{ijk}=\mu+H_i+S_j+e_{ijk}$$

式中,$Y_{ijk}$为第$i$个牧场第$j$号公牛第$k$个女儿的产奶量(kg),$\mu$为女儿的总平均数(kg),$H_i$为第$i$个牧场效应,$S_j$为第$j$号公牛的公牛效应,$e_{ijk}$为第$j$头公牛在第$i$个牧场的第$k$个女儿的随机误差。

为了表达多个公牛的多个女儿的观察值,也为了便于编制计算机程序,通常将模型表达式写成矩阵形式:

$$y=X_1h+X_2g+Zs+e$$

式中,$y$为观察值向量,$h$为固定环境效应向量,$g$为公牛组效应向量,$s$为随机公牛效应向量,$e$为随机残差效应向量,$X_1$为固定环境效应的结构矩阵,$X_2$为公牛组效应的结构矩阵,$Z$为公牛效应的结构矩阵。

在这个模型中,$h$和$g$为固定效应,$s$和$e$为随机效应,并且有:

$$E(s)=E(e)=0,\ \mathrm{Var}(s)=\sigma_s^2\mathbf{A},\ \mathrm{Var}(e)=\sigma_e^2I$$

式中,$\sigma_s^2$为公牛遗传方差组分,$\sigma_e^2$为随机残差方差组分,**A**为各公牛个体间血缘相关系数矩阵,**A**矩阵中的元素是公牛个体间的血缘相关系数。

具体计算过程(略)。

为了便于对BLUP法的应用与理解,现举简例如下。

**1. 两因子(无交互作用)的BLUP应用的实例**

**例:**以某市家畜育种试验站5头乳用种公牛(786号、75-599号、76-196号、1312号、595号)其女儿222头分布在甲、乙、丙、丁、戊共5个不同的牛场的第1胎、305 d(1980年度)产奶量的资料列表并计算BLUP如表7-11所示。

(1)资料。

**表7-11 5头乳用种公牛的女儿分布在5个不同牛场的产奶量(第1胎、305 d)资料** kg

| 牛场(H) | 公牛(S) | | | | | | | | | | | |
|---|---|---|---|---|---|---|---|---|---|---|---|---|
| | 786($S_1$) | | 75-599($S_2$) | | 76-196($S_3$) | | 1312($S_4$) | | 595($S_5$) | | 牛场总计 | |
| | $n_1$ | $y_1$ | $n_2$ | $y_2$ | $n_3$ | $y_3$ | $n_4$ | $y_4$ | $n_5$ | $y_5$ | $n_i$ | $y_i$ |
| 甲队($H_1$) | 36 | 176 998 | 0 | 0 | 5 | 18 637 | 11 | 47 676 | 2 | 7 373 | 54 | 250 684 |
| 乙队($H_2$) | 32 | 145 031 | 2 | 7 474 | 3 | 11 189 | 5 | 21 192 | 3 | 9 878 | 45 | 194 760 |
| 丙队($H_3$) | 32 | 162 463 | 2 | 8 002 | 1 | 4 180 | 27 | 123 052 | 8 | 41 044 | 70 | 338 701 |
| 丁场($H_4$) | 1 | 4 678 | 21 | 91 216 | 4 | 9 369 | 3 | 9 688 | 4 | 11 813 | 33 | 126 764 |
| 戊场($H_5$) | 1 | 4 938 | 16 | 68 115 | 2 | 8 050 | 1 | 4 338 | 0 | 0 | 20 | 85 441 |
| 公牛总计 | 102 | 494 068 | 41 | 174 803 | 15 | 51 425 | 47 | 205 946 | 17 | 70 108 | 222 | 996 350 |

注:$n_i$为第$i$头公牛在第$j$个牛场的女儿数;$y_i$为第$i$头公牛在第$j$个牛场女儿牛产奶量;$n_i$为第$i$头公牛在第$j$个牛场的总数;$y_i$为第$i$头公牛在第$j$个牛场女儿牛产奶量总计。

(2)线形模型。

$$Y_{ijk}=\mu+H_i+S_j+e_{ijk}$$

式中,$Y_{ijk}$为第$i$个牛场第$j$号公牛第$k$个女儿牛的产奶量(kg),$\mu$为女儿牛的总平均数(kg);

$H_i$ 为第 $i$ 个牛场效应，$S_j$ 为第 $j$ 号公牛的公牛效应，$e_{ijk}$ 为第 $j$ 头公牛在第 $i$ 个牛场的第 $k$ 个女儿的随机误差。

(3)具体计算过程(略)。

**2. 两因子(有交互作用)的 BLUP 法应用实例**

**例:**以赣州市 3 头乳用种公牛的女儿(114 头)分布在 2 个地区(赣州、南昌)的产奶量资料，考虑其交互作用(公牛×地区)，采用 BLUP 法估计该 3 头种公牛育种值的实例。

(1)资料。赣州市 3 头种公牛的女儿 144 头分布在两个地区(赣州、南昌)的第 1 胎 305 d 产奶量记录(表 7-12)。

**表 7-12 赣州市 3 头种公牛的女儿分布在 2 个地区的第 1 胎 305 d 产奶量资料** kg

| 女儿分布地区 | | 1059 号公牛 | | 1479 号公牛 | | 1391 号公牛 | | 合计 | |
|---|---|---|---|---|---|---|---|---|---|
| | | 头数 | 产奶量 | 头数 | 产奶量 | 头数 | 产奶量 | 头数 | 产奶量 |
| 南昌地区 | 一场 | 11 | 53 780 | 8 | 44 821 | 7 | 37 541 | | |
| | 二场 | 12 | 70 461 | — | — | 16 | 88 282 | | |
| | 三场 | 20 | 111 137 | — | — | 14 | 76 299 | | |
| | 四场 | 6 | 32 306 | 4 | 23 208 | 3 | 18 871 | | |
| 赣州地区合计 | | $n_{11}=$ 49 | $y_{11}=$ 267 684 | $n_{21}=$ 12 | $y_{21}=$ 68 029 | $n_{31}=$ 40 | $y_{31}=$ 220 993 | $n_1=$ 101 | $y_1=$ 556 706 |

两因子(有交互作用)的方差分析在公牛选择上应用，经常遇到的是公牛效应视为随机效应，即 1 头公牛看作是一个公牛群体中随机抽取来的，而牧场效应或地区效应视为固定效应，这就确定了数学模型是属于混合模型。

(2)数学模型。

$$Y_{ijk}=\mu+S_i+D_j+(SD)_{ij}+e_{ijk} \qquad (i=1,2,\cdots,p;j=1,2,\cdots,q;k=1,2,\cdots,n_{ij})$$

式中，$Y_{ijk}$ 为第 $j$ 个牛场第 $i$ 号公牛的第 $k$ 个女儿牛的产奶量(公斤)，$D_j$ 为第 $j$ 个牛场的地区效应，$S_i$ 为第 $i$ 头公牛的公牛效应 $S_i \sim N(0,\sigma_s^2)$，$(SD)_{ij}$ 为第 $j$ 个牛场的地区和 $i$ 头公牛的交互作用效应 $(SD)_{ij} \sim N(0,\sigma_{(Hs)}^2)$，$e_{ijk}$ 为随机误差 $e_{ijk} \sim N(0,\sigma_e^2)$。

(3)具体计算过程(略)。

## 二、育种软件的介绍

如果说模型是 BLUP 法的关键，那么，计算问题则是 BLUP 法的难点。从前面例子我们可以看出，仅仅 5 个个体两个性状就产生很大的方程组，所以对于猪、鸡等畜禽在 BLUP 法中所涉及的线性方程组是非常大的，而对一些跨群(场)的遗传评定，方程组个数可达几万至几十万，如此大数量的方程组用手工计算是根本不可能的。近年来，世界各地育种学家在 BLUP 法的计算问题上做了大量的工作，已开发出相应的电脑软件，如国外的 PEST 和国内的 NETPIG。下面对一些常用的育种软件进行介绍。

**1. PEST 育种软件**

PEST 是由美国 Illinois 大学的 Groeneveld、Kovac 和 Wang(1990)开发研制的多性状遗

传评估软件，其英文全称为 Multivariate Prediction and ESTimation，目前已在世界各地广泛应用。根据性能测定和生产数据，PEST 提供了基于 30 多种数学模型的单性状或多性状 BLUP 育种值的计算方法，包括固定模型、个体动物模型、公畜模型、公畜-母畜模型和外祖父模型等。为了满足实际育种的需要，系统还提供了可自行定义性状、修改模型和设定参数的余地。PEST 可以在不同的操作系统下运行。

**2. PIGBLUP 育种软件**

PIGBLUP 软件是由澳大利亚 New England 大学研制的，在 1989 年发行了第 1.0 版本，从那时起版本不断更新。到目前为止，最新的版本 5.10 已发展成为 Windows 界面操作。

PIGBLUP 是一种专为育种猪场设计使用的现代遗传评估系统。PIGBLUP 主要包含种猪评估、遗传进展分析、选配和遗传审计四个模块。目前，PIGBLUP 已国际化，正在多个国家使用。

**3. GBS 育种软件**

GBS 是“猪场生产管理与育种数据分析系统”的英文缩写，是中国农业大学动物科学技术学院 GBS 软件创作小组开发研制的系统软件。

GBS 是中文 Windows95/Window NT 下的管理信息系统（图 7-12）。它集种猪、商品猪生产和育种数据的采集与分析于一体，十分适合大型种猪生产集团使用，并支持联合育种方案。

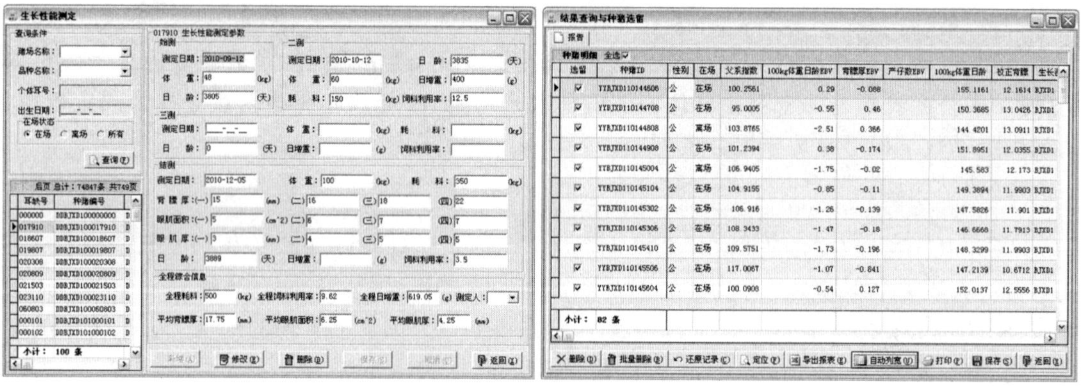

图 7-12 GBS 育种软件界面

**4. NETPIG 育种软件**

NETPIG（种猪场网络管理系统）是四川农业大学动物科技学院和重庆市养猪科学研究院（系统指导：李学伟、王金勇；程序设计：徐顺来）联合研制开发 Windows 界面的种猪场网络管理系统。该系统借鉴了加拿大、丹麦等国的成功经验，采用先进的数学模型进行育种值估计，非常易于实现“联合育种”。系统主要包含“生产管理”和“育种管理”两大模块，模块之间相辅相成，数据共享，完全无缝衔接。该软件有两个版本，一个用于遗传评估中心，遗传评估中心通过该模块对整个地区的所有种猪进行统一遗传评估并将结果在网上发布。另一个在猪场，各种猪场用于进行场内遗传评估，以解决场内选种与遗传评估中心发布遗传评估结果的时间差问题，为选种作一定参考。

## 思考题

1. 不同经济用途的畜禽外貌及体质类型特点是什么？
2. 不同畜禽种类所使用的选种方法有何区别？
3. 育种值估计的原理是什么？如何计算单项育种值？

# 项目八
# 选　配

**素养目标**

1. 培养科研严谨的态度。
2. 树立可持续发展的思维。

**知识目标**

1. 熟悉选配的种类和作用。
2. 掌握近交系数的计算和个体近交程度的判断。
3. 掌握选配的原则和选配计划的制订方法。

**技能目标**

1. 能够计算近交系数,判断个体的近交程度。
2. 能够根据选配原则合理制订选配计划。
3. 能够采取有效措施防止近交衰退的出现。

## 知识准备

选配就是有明确目的地决定公母畜的配对,它是有意识地组合后代的遗传基础,以达到培育和利用良种的目的。选配就是对畜群的交配进行人工干预,有意识地组织优良的种用公母畜进行配种,按制订的育种目标培育出最好的后代。

## 一、选配的作用

二维码 8-1　选配的作用与选配的原则(微视频　讲师樊倩)

选配是一种交配制度,通过选配对家畜的配对加以人为控制,优秀个体能获得更多的交配机会,使优良基因更好地重新组合,以获得人类需要的表型。因此,选配是控制和改良家畜品质的一种强有力手段,能使群体的遗传结构不断得到改变和提高。在家畜育种工作中,选配的作用主要表现在以下几个方面。

**1. 选配能创造必要的变异**

家畜选配双方的品质、亲缘关系和所属种群特性等方面的情况是极其复杂多样的。也就是说，交配双方的遗传基础不可能完全相同，有时甚至相差很大，这样交配的结果，它们所生后代当然也就不可能与父母任何一方完全相同，而是遗传结构重新组合，这就为培育优良的理想类型畜禽提供了选择素材。在杂交培育新品种的工作过程中证实了这一点。

**2. 选配能加快遗传性的稳定**

家畜的遗传基础来源于双亲。如果公母畜双方遗传基础相近，那么所生后代的遗传基础就很可能与其父母差异不大。经过若干代选择性状特征相近的公母畜交配，该性状的遗传基础逐渐趋于纯合，性状特征也就相应地被固定下来。这在培育新品种或新品系实践中得到了证实。

**3. 选配能把握变异的方向，加强某种变异**

当畜群中出现某些有益的变异时，选出具有这种变异的优良公母畜，经过多代的选种、选配及培育工作，有益的变异就能在畜群中得到突出发展，形成该畜群所独具的特点，以致扩大成为一个新的类群。

选种和选配是互相联系、互相促进的。选种的作用必须通过选配才能表现出来，也就是说，选配的效果可以验证选种是否正确。选种是选配的基础和先决条件，不通过个体的选择，就不可能进行合理的选配。同样，没有合理的选配，选种的成果也不可能得到巩固。因为要使优良品质能在后代中得到保持和发展，就必须同时也选择具有这种相应品质的家畜来交配，这样才能达到目的。只有把选种和选配有机结合起来，才能不断产生理想的后代。

由此可知，选配在家畜育种工作中是一项非常重要的措施。它与选种和培育一样，同样是改良家畜种群和创造新种群的有力手段。

## 二、选配的原则

**1. 有明确的目的**

选配在任何时候都必须按照育种目标，在分析个体和群体特性的基础上有计划地进行。

**2. 尽量选择配合力好的个体交配**

分析过去的交配结果，找出产生过良好后代的杂交组合继续使用，并增选具有相应品质的公母畜与之交配。

**3. 公畜个体等级高于母畜个体等级**

畜禽个体等级是根据生产性能、体形外貌、体质等综合评定出来的。因公畜个体对种群的影响大，公畜个体等级应高于母畜个体，尤其应充分使用特级和一级公畜个体。

**4. 相同缺点或相反缺点者不能选配**

在选配中，绝对不能使用具有相同缺点（如凹背与凹背）或相反缺点（如凹背与凸背）的公母个体交配，不仅不会弥补缺点，反而有可能加剧缺点的发展。

**5. 不随便近交**

近交只能在育种群中使用，并控制一定代数，生产上一般要采用远交。因此，同一种公畜在一个种群中使用年限不能过长，应定期更换种公畜或引入外血。

### 6. 搞好品质选配

优秀公母畜一般采用同质选配，在后代中巩固其优良品质。

## 三、选配的类型

选配按其着眼对象的不同，可大体分为个体选配与种群选配两类。个体选配时，按交配双方品质的不同，可细分为同质选配与异质选配；按交配双方亲缘关系的不同，可细分为近交与远交。而在种群选配中，按交配双方所属种群特性的不同，可分为纯种繁育与杂交繁育两种。

二维码 8-2 选配的类型
（微视频 讲师樊倩）

### （一）个体选配

#### 1. 品质选配

品质选配一般是指表型选配。它是按个体的质量性状和数量性状的表现，即考虑交配双方的品质对比来进行选配。所谓品质，既可以指一般品质，如体质、体型、生物学特性、生产性能、产品质量等；也可指遗传品质，就数量性状而言，如估计育种值的高低。根据交配双方品质的异同，又可分为同质选配和异质选配两种。

（1）同质选配。同质选配就是选用性状相同、性能表现一致或育种值相似的优秀公母畜交配，以期获得与亲代品质相似的优秀后代。在育种实践中，为了保持种畜有价值的性状，增加群体中纯合基因型的频率，就可采用同质选配。当杂交育种到了一定阶段，出现了理想类型，也可采用同质选配，使理想类型在群体中得到巩固和扩大。

同质选配的效果与基因型的判断是否准确密切相关。如果仅根据表型选配，由于表型相同的个体其基因型不一定相同，这样即使是相似的家畜进行交配，也有可能产生不相似的后代。再说，如果交配双方的基因型都是杂合子的话，后代必将发生分离，性状不能得到巩固。所以，在同质选配之前，如果能对公母畜主要性状的基因型进行准确判定，可以收到良好效果。

如果要提高同质选配的效果，选配中应以 1 个性状为主，迫不得已时，也不应多于 2 个性状。对于遗传力高的性状，同质选配的效果一般较好；对于遗传力中等的性状，短期内效果表现不明显，可连续继代进行。如果选配双方的同质程度较高，肯定在群内消除杂合子的进度可加快。

在育种实践中，无论是通过纯种繁育改进现有品种，还是在杂交育种过程中固定理想型，只要是为了巩固和加强有价值的品质都可应用同质选配。在使用同质选配促进基因纯合时，也有可能提高有害基因同质结合的频率，把双亲的缺点暴露出来；同时，还可使后代适应性和生活力下降，从而降低了生产水平。因此，实行同质选配时，要加强选择，严格淘汰不良个体和有遗传缺陷的个体，并注意改善饲养管理，以提高同质选配的效果。

（2）异质选配。异质选配是指选用具有不同品质的公母畜交配。在育种实践中，异质选配具体可分 2 种情况。

一种是选择具有不同优良性状的公母畜交配，以结合不同的优点，从而获得兼有双亲不同优点的后代。例如，选毛长的羊与毛密的羊交配，选产奶量高的牛与乳脂率高的牛交配，就是从这样一个目的出发。另一种是选择同一性状但优劣程度不同的公母畜相配，以优改劣，以期后代能取得较大的改进和提高。例如，有些高产母畜，只在某一性状上表现不好，即可选配 1 头在这个性状上表现特别优异的公畜交配，给后代加入一些合意的基因。实践证明，这是一种可以用来改良许多性状的行之有效的选配方法，故又称为改良选配。

异质选配的作用主要在于能综合双亲的优良性状，丰富后代的遗传基础，创造新的类型，并提高后代的适应性和生活力。因此，当畜群处于停滞状态或在品种培育的初期，为了通过性状的重组，以获得理想型个体时，需要应用异质选配。

一般来说，异质选配的效果多属中间型遗传。但对于综合优良性状来说，有时由于基因的连锁和性状间的负相关等，不一定能很好地结合在一起。为了保证异质选配的良好效果，必须坚持严格的选种制度，并考虑性状的遗传规律和遗传相关性质。

在育种实践中，同质选配与异质选配往往是结合进行的。在育种初期，多采用异质选配；当在杂种后代中出现理想类型后，常转为同质选配，使获得的优良性状得以稳定。在具体选配时，可以对某些性状是同质选配，而对另一些性状则是异质选配。例如，有一头产奶量高、乳脂率低的母牛，选一头产奶量和乳脂率育种值都高的公牛交配，对产奶量来说是同质的，对乳脂率来说则是异质的。只有两者灵活应用，才能不断提高畜群的品质。

**2. 亲缘选配**

亲缘选配就是考虑交配双方有无亲缘关系。双方有较近的亲缘关系，称为近亲交配，简称为近交；反之，称为非亲缘交配，更确切地应称为远亲交配，简称为远交。

(1)近交。在畜牧学上，近交是指 6 代以内双方具有共同祖先的公母畜交配。在家畜中近交程度最大的是父女、母子和全同胞的交配，其次是半同胞、祖孙、叔侄、姑侄、堂兄妹、表兄妹之间的交配。近交能促使群体中等位基因纯合，配合选种可使群体整齐一致。近交既有有利的一面，又有有害的一面，因此在商品场不宜采用，而在育种场可适度使用。

(2)远交。远交分为两种情况：一是群体内的远交。这种远交是在一个群体之内选择亲缘关系远的个体相互交配，在群体规模有限时有重大意义。因在小群体中，即使采用随机交配，近交程度也将不断增大，此时，人们可采用远交，有意识地回避近交，以有效阻止近交程度的增大，从而避免近交带来的一系列负面效应。二是群体间的远交。这种远交是指两个种群的个体相互交配，而群体内的个体不交配。因为涉及不同的群体，这种远交又称为杂交。根据交配群体的类别，进一步可分为品系间、品种间杂交和种间、属间的杂交，简称远缘杂交。

**(二)种群选配**

种群选配就是根据交配双方所属种群的异同而进行的选配。所谓种群，是指种用的群体。它可以是动物分类学上的属、种等，也可以是畜牧学上的品种、品系、品群等。

**1. 纯种繁育**

纯种繁育是指同种群内的选配，即选择相同种群的个体进行交配，简称纯繁。其目的在于获得纯种。在同一种群内长期进行繁育，由于选配个体来源相同，体质外形、生产力及其他性状又比较相似，势必造成纯合基因型频率逐渐升高，所形成的群体具有较高的遗传稳定性。但种群内的纯合都是相对的，没有一个种群的基因型会达到绝对纯合，尤其是比较高产的品种，性状的变异范围更广，遗传基础异质性更大，通过种群内的选种、选配，后代中就会出现各种各样的变异，为种群的不断发展提供了可能。因此，当一个种群的生产性能基本上能满足国民经济需要，在生产力方向上不需要做重大改变，为了保持种群的优良特性，为以后的家畜育种工作保留丰富的育种资源时，可以采用纯种繁育的方法。

**2. 杂交繁育**

杂交繁育是指不同种群间的选配，即选择不同种群的个体进行交配，简称杂交。其目的在于获得杂交后代。杂交主要有两个方面的作用：一是使基因和性状重新组合，原来不在一个群体中的基因集合到一个群体中来，原来分别在不同种群个体身上表现的性状集中到同一个个体上来；二是产生杂种优势，即杂交产生的后代在生活力、适应性、抗逆性以及生产力等方面都比纯种有所提高。

杂交可以从不同角度进行分类：①按杂交双方种群关系的远近，可分为系间杂交、品种间杂交、种间杂交和属间杂交等。②按杂交的目的，又可把杂交分为经济杂交、引入杂交、改良杂交和育成杂交等。经济杂交的目的是利用杂种优势，提高畜禽的经济价值。引入杂交的目的是引入少量外血，以加速改良本品种的个别缺点。改良杂交的目的是利用经济价值高的品种来改良经济价值低的品种，提高其生产性能，甚至改变其生产方向，如用肉牛品种改良普通黄牛、用细毛羊改良粗毛羊等。育成杂交的目的是培育成一个新品种或新品系。③按杂交的方式，可将杂交细分为两个品种间的二元杂交、三个品种间的三元杂交、有明确目的和详细计划多次进行的级进杂交、轮回杂交等。

## 任务实施

### 任务一　个体近交系数的计算

近交系数是指形成个体的两个配子间的相关系数，也就是表示纯合的相同等位基因来自共同祖先的一个大致百分数，即纯合的相同等位基因来自共同祖先的概率。也表示杂合基因比近交前所占比例减少的程度，或形成个体的两个配子间因近交而造成的相关系数（S. Wright）。计算公式如下。

$$F_X = \sum\left[\left(\frac{1}{2}\right)^N \cdot (1+F_A)\right] \text{ 或 } F_X = \sum\left[\left(\frac{1}{2}\right)^{(n_1+n_2+1)} \cdot (1+F_A)\right]$$

式中，$F_X$为个体 X 的近交系数；$N$ 为通过共同祖先把父母联接起来的通径链上所有个体数（包括父母本身在内）；$n_1$ 为是一个亲本到共同祖先的世代数；$n_2$ 为是另一个亲本到共同祖先的世代数；$\sum$ 表示总和，即把各个共同祖先分别计算的值加起来；$F_A$ 为共同祖先本身的近交系数。

二维码 8-3　个体近交系数的计算（微视频　讲师樊倩）

计算近交系数的方法步骤如下。

（1）把个体系谱改绘成通径图。从个体的系谱中查找出共同祖先。由共同祖先引出箭头指向个体 X 的父亲，同时引出箭头指向个体 X 的母亲。共同祖先通向 X 的父亲和母亲归结于个体 X 的通径中，所有各代祖先不可省略。通径图中每个祖先只能出现一次，不能重复。

（2）把通径链展开，得出两个亲本到共同祖先的世代数（$N$）。

(3)把各条通径链的 $N$，代入上述公式即可算出个体 X 的近交系数($F_X$)。

**【例 1】** 种畜 X 的系谱如下：

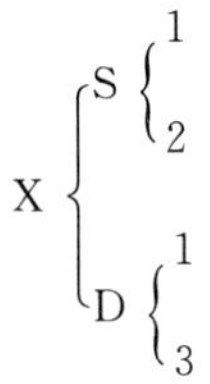

在这一系谱中，“1”是父母双方的共同祖先，“1”到父亲 S 的代数($n_1$)为 1，到母亲 D 的代数($n_2$)也等于 1，而共同祖先“1”的系谱不清，$F_1$ 可看作 0，即：

$$F_X = 0.125$$

即 X 个体的近交系数为 0.125。

当系谱比较复杂时，为便于计算，可将个体系谱改绘成通径图，然后再进行计算。

**【例 2】** 种畜个体 X 的通径图如图 8-1 所示。

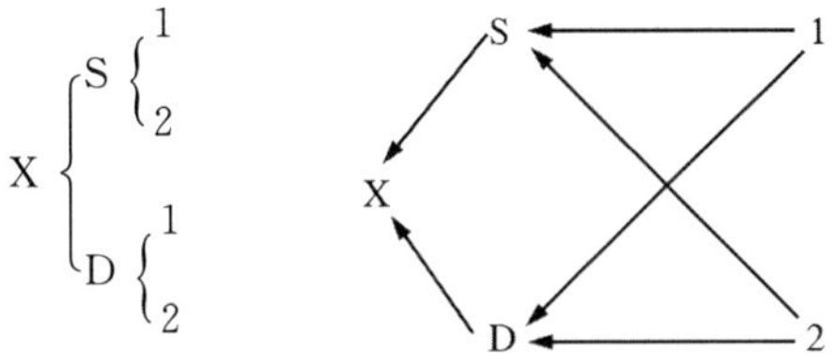

**图 8-1　个体 X 的通径图(1)**

从共同祖先 1 号和 2 号，分别与父亲(S)和母亲(D)联接起来的通路是：

S←1→D，　　　N=3

S←2→D，　　　N=3

因此，$F_X = \left(\frac{1}{2}\right)^3 + \left(\frac{1}{2}\right)^3 = 0.25$

**【例 3】** 在这个系谱中，个体 X 的共同祖先是 S，S 本身又是全同胞交配所产生的近交个体。因此改绘成通径图，如图 8-2 所示。

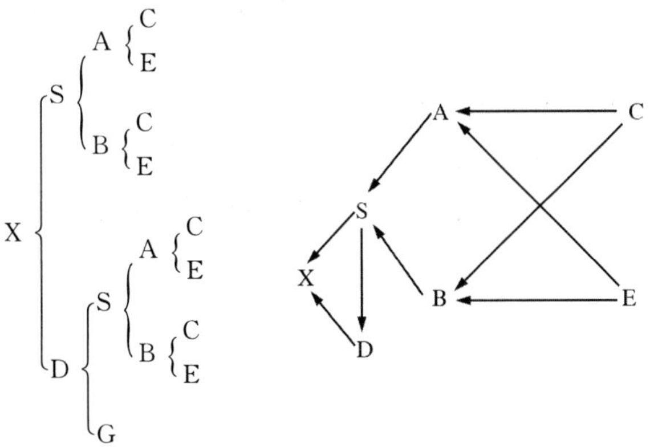

**图 8-2　个体 X 的通径图(2)**

然后利用通径图计算近交系数。

从这个系谱通径图来看，S 的共同祖先是 C 和 E。从父亲 A 通过 C 和 E 分别到母亲 B 的通路有两条：

$$A \longleftarrow C \longrightarrow B \qquad n_1=1, n_2=1$$

$$A \longleftarrow E \longrightarrow B \qquad n_1=1, n_2=1$$

因此，
$$F_S=\left(\frac{1}{2}\right)^{1+1+1}+\left(\frac{1}{2}\right)^{1+1+1}=0.25$$

而对 X 个体来说，S 既是 X 的父亲，又是母亲 D 的共同祖先，但 S 连接母亲 D 的通路只有一条，即 $S \longrightarrow D$。

因此，
$$F_X=\left(\frac{1}{2}\right)^{1+1}\times(1+0.25)=0.25\times1.25=0.3125$$

即个体 X 的近交系数为 0.312 5。

**【例 4】**种畜个体 X 的通径图如图 8-3 所示。

模式系谱

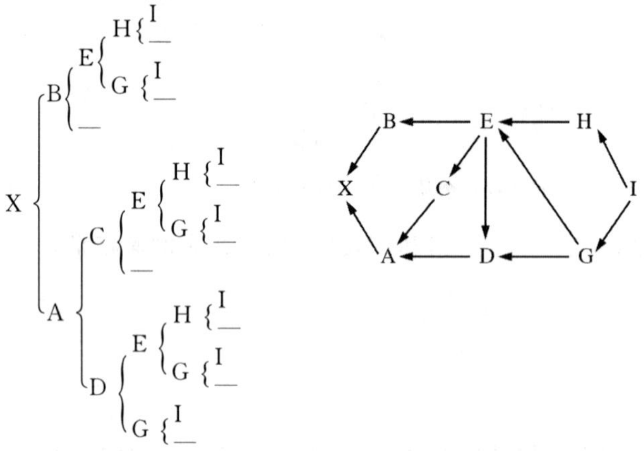

**图 8-3 个体 X 的通径图(3)**

若从某一祖先可按箭头方向连到两个个体，则该祖先即为此两个个体的共同祖先。

B←E ← I →G → E → C→A (×)

A←C ← E ← H → I → G→E →B (×)

(1)B 共有 I、G、E 三个共同祖先，显然 I、G 的近交系数为 0。

E 本身是半同胞交配的后代，其父母 H 和 G 的共同祖先是 I，从父亲 H 通过 I 到母亲 G 的通路只有一条：H←I→G。

$N=3$

$F_E=(1/2)^3=0.125$

(2)确定连接 A、B 的通径链。

| 通径链 | 通径链系数 |
| --- | --- |
| B←E→C→A | $(1/2)^4 \times (1+F_E) = (1/2)^4 \times (1+1/8)$ |
| B←E→D→A | $(1/2)^4 \times (1+F_E) = (1/2)^4 \times (1+1/8)$ |
| B←E←G→D→A | $F_G=0$ ；　$(1/2)^5$ |
| B←E←H←I→G→D→A | $F_I=0$ ；　$(1/2)^7$ |

$F_X$ 等于以上四者求和，即 $F_X = 23/128$。

**【例 5】** 11 号公猪系谱及通径图如图 8-4 所示。

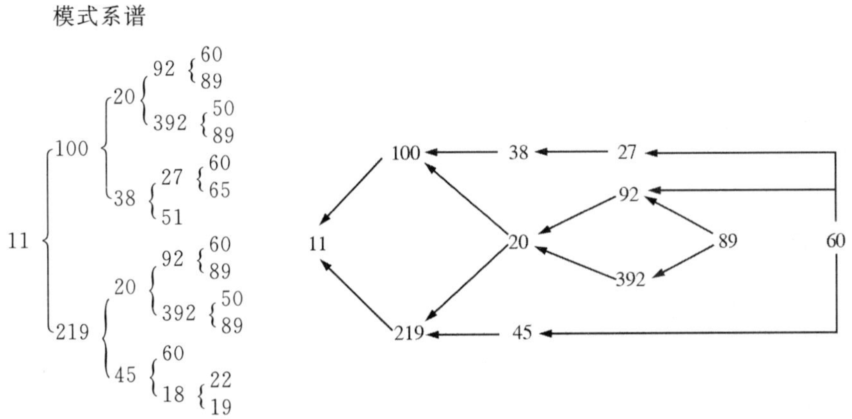


**图 8-4　11 号公猪系谱及通径图**

(1)从 11 号公猪系谱中可以看到，其父母 100 号和 219 号有两个共同祖先，即 20 号和 60 号。

(2)先看共同祖先 20 号，它本身是半同胞交配的后代，连接 20 号的父母 92←89→392。所以 $F_{20}=(1/2)^3=0.125$。

通过 20 号连接 11 号的父母的通路只有一条：100←20→219。$N=3$，

所以通径链系数为：$(1/2)^3(1+0.125)$。

(3)再看另一共同祖先 60 号。通过 60 号连接 11 号父母的通路，可知 $F_{60}=0$。

| 通径链 | 通径链系数 |
| --- | --- |
| 100←38←27←60→45→219 | $(1/2)^6$ |
| 100←20←92←60→45→219 | $(1/2)^6$ |
| 100←38←27←60→92→20→219 | $(1/2)^7$ |

(4)$F_{11} = (1/2)^3(1+0.125) + (1/2)^6 + (1/2)^6 + (1/2)^7 = 17.97\%$。

## 任务二　群体近交系数的估算

在有些情况下，需要计算畜群的平均近交程度。一般采用以下几种方法。

(1)逐个计算个体的近交系数，再求平均数。

(2)当畜群很大时，可以抽样计算个体近交系数，用样本平均数来表示畜群近交系数。

(3)在一个长期没有引进外来种畜的封闭畜群中,可以用下面公式计算畜群平均近交系数,即

$$\Delta F = \frac{1}{8N_S} + \frac{1}{8N_D}$$

式中,$N_S$ 为公畜实有头数,$N_D$ 为母畜实有头数。

当母畜数量较多时,$\frac{1}{8N_D}$很小,可忽略不计,公式简化为:

$$\Delta F = \frac{1}{8N_S}$$

# 拓展学习

## 一、近交衰退及其防止

**1. 近交衰退的表现**

近交衰退主要表现为生长与发育不良,体形过度纤细,生活力降低,体质变弱,对环境的适应力和抗病力降低。母畜容易发生流产,死胎怪胎增多,繁殖力下降,幼畜成活率下降,饲料利用率下降。

**2. 近交衰退的原因**

(1)近交使后代大部分基因纯合,使得基因的显性效应和上位效应减弱。

(2)近交使原有的隐性有害基因纯合,导致有害性状的表现。

需要注意的是,近交可能引起衰退,但衰退并非近交的必然结果。在分析衰退原因时,应多方面综合考虑。

**3. 防止近交衰退的方法**

近交衰退将给畜牧生产带来许多困难和损失,为此在育种中要合理地运用近交,防止近交衰退。

(1)制订科学的育种方法,合理地运用近交。在必须使用近交时,同时注意严格选择,淘汰有害衰退表现的不良个体。这是使用近交必须遵循的一个基本原则,并且应将近交程度以及每代近交增量控制在一定的范围内。

(2)加强管理,尤其是要加强有价值近交个体的饲养管理。近交个体遗传性比较稳定,利用价值高,但生活力较差,对饲养管理条件要求较高,加强饲养管理,适当提高营养水平,通过人工环境的调控,可以避免营养和环境对近交个体的部分作用,缓解近交衰退。

(3)定期更新血缘。群体规模较小而一直进行纯种繁育时,经过几个世代,不可避免地出现近交系数的上升。为了防止不良影响,应有目的地定期引进部分外群体的育种素材,如种畜、精液、胚胎等,以达到更新血缘的目的。需要注意,应选用同品种同类型又无血缘关系的种质,以避免引起品种混杂。

## 二、选配计划的制订

选配计划又称选配方案。选配计划没有固定的格式，但一般都包括每头公畜与配的母畜号（或母畜群别）及其品质说明、选配目的、选配原则、亲缘关系、选配方法、预期效果等项目。

具体选配时，可有个体选配与等级选配两种形式。个体选配是在逐头分析的基础上，选定与配公畜，牛、马等大家畜以及各畜种的核心群母畜，一般都应采取这种形式。等级选配是按等级所进行的选配，是群体选配的一种。由于各等级的家畜，都有各自的相似特点，为了工作方便，以等级群为单位进行选配，实际也等于按个体特性进行选配。

在选配计划执行中，如发生公畜精液品质变劣或伤残、死亡等偶然情况，应及时对选配计划做出合理修订。对优良公畜应千方百计扩大其利用范围。选配计划执行后，在下次配种季节到来之前，应具体分析上次选配效果，本着“好的维持，坏的重选”的原则，将上次选配计划做出全面修订。

### 思考题

1. 如何在系谱中找到共同祖先？
2. 如何估计群体的近交程度？
3. 在生产实践中，如何防止近交衰退？
4. 在家畜育种中，选种和选配为什么要共同进行？

# 项目九
## 品系繁育

**素养目标**

1. 强化职业认同感。
2. 培养扎实的职业素养。

**知识目标**

1. 掌握品系的概念、建系条件和类别。
2. 掌握品系培育的方法。
3. 了解专门化品系。
4. 了解我国畜禽配套系生产。

**技能目标**

1. 制订品系培育方案。
2. 计算杂种优势。
3. 掌握现代专门化品系的建系方法及配套系生产。
4. 了解我国畜禽配套系生产现状。

## 知识准备

### 一、品系的概念与条件

品系是指一群具有突出优点，并能将这些突出优点相对稳定地遗传下去的种畜群。具有一定特征特性的群体，甚至由地区长期隔离繁殖选育的群体，不强调血缘关系，只强调特征特性相似的均称为品系。

二维码 9-1　品系繁育
（微视频　讲师阮国荣）

品系发展必须能使品系的遗传特性稳定地遗传下来。因此，对有目的的人工建系进行品系繁育来说，建系之初至少要满足以下几个条件。

**1. 家畜的数量**

每个品种至少要有一定数量的品系，每个品系应有适当的家系组成，并且要有足够的数量。一般认为一个品种至少要有 3 个品系，每个品系应有 8～20 个家系，每个家系应有 30 只母畜和 5 只以上的公畜，不过因畜种不同和在饲养条件上的差异，上述数量可视具体情况而定。

**2. 家畜的质量**

品系繁育的目的是提高和改进现有品种的生产性能，充分利用品系间不同的遗传潜力来产生杂种优势。因此，品系必须是一群高产畜禽，只有在生产性能超过当地平均水平的畜群中建系，才能保证所建成的品系可以用来改良和提高其他畜群。基础群的种畜必须是优秀的，而且各自要有某一方面较突出的优良特征。如果畜群中有个别出类拔萃的公畜或母畜，就可采用系祖建系法建系。如果优秀性状分散在不同个体上，还可以用近交建系或群体继代建系法来建系。

**3. 饲养管理条件**

较高的饲养管理水平对于品系繁育成功是必需的。饲养管理水平会直接影响育种数据的准确性，降低品系繁育的效率。例如，舍饲家畜的饲料配方、饲喂方法以及环境卫生是否能保证种畜的正常发育和配种繁殖；放牧家畜如何组群、怎样实现配种方案、如何选择种畜和记录系谱资料等。

**4. 技术与设备**

品系繁育要求有一套统一的完整的技术组织体系和必需的仪器设备来保障，这样才能使育种数据更真实可靠。

## 二、品系的类别

**1. 单系**

这种品系的形成是先选出一头理想的优秀祖先，以它为标准选留后代，采用近交法巩固该祖先的优良性状，扩大具有理想型的个体数量，从而使原来仅为个体所特有的优良品质转变为群体所共有。这种由一头优秀祖先形成的具有突出优点的有亲缘关系的畜群，称为单系。在19世纪这种品系对品种改良起过重大作用。单系一般以优秀种畜祖先，即系祖的名号来命名。例如，短角牛的“公爵夫人”系、娟姗牛的“金童”系等对品种的形成曾起到奠基者的作用。

**2. 近交系**

在畜禽育种中，一般把采用连续4～6代的全同胞交配或半同胞交配建立的品系称为近交系。通常其近交系数为37.5%以上，有时达50%。20世纪四五十年代，西方鸡、猪的近交系发展较为盛行。由于高度近交，衰退严重，淘汰率又非常高，导致建系过程成本太高。

**3. 群系**

在生产中，选择某些性状表型值好的个体组成基础群，然后严格进行闭锁繁育，经过多个世代选种选配，使畜禽群中的优秀性状迅速集中，并转变为群体所共有的稳定性状，这样综合了优良性状建成的品系称为群系。与单系比较，群系不仅使建系过程大大缩短，品系规模扩大，而且有可能使原来分散的优秀基因在后代集中，从而使群体品质超过任何一个系祖。

**4. 专门化品系**

专门化品系是在20世纪60年代中期出现的。所谓专门化品系是指生产性能“专门化”的品系，是按照育种目标进行分化选择育成的，每个品系具有某方面的突出优点，不同的品系设置在繁育体系不同的位置,承担着专门任务。专门化品系一般分父系和母系,在培育专门化品系时,母系的主选性状为繁殖性状,辅以生长性状,而父系的主选性状为生长、胴体和肉质性状。例如,在猪繁育中既要建立繁殖性能高的母本品系,又要建立育肥和屠宰性能好的父本品系,两者杂交后,杂种优势比一般品种间杂交效果好得多。培育专门化父系和母系较一般品系可以加大选择进度。此外,专门化品系用于杂交体系中可取得互补性,通过杂交可把父系与母系的优点结合于商品畜禽个体上。从理论和实践上看,专门化品系间杂交的互补性明显,杂种优势显著。

**5. 合成系**

合成系是指两个或两个以上来源不同但有相似生产性能水平和遗传特征的系群杂交后形成的种群,经选育后可用于杂交配套。合成系已在猪、鸡生产中广泛运用,

20 世纪 70 年代以后又出现了"合成系",合成系育种体现了一种开放的育种思想。指两个或两个以上来源不同,具有所期望特点的系群杂交后形成的种群,经选育后成为一个具有一定特点的新品系。这种合成系往往生产性能较高,重点突出经济性状,不追求外形的一致,育成速度快。用于特定品系配套杂交,后代具有明显的杂种优势。如四系配套的荷兰海波尔猪、加拿大的星杂 579 鸡等,它们的父系和母系都是合成系。这些以专门化品系配套杂交产生的具有高产性能、品质整齐均匀的杂种称为"杂优畜禽"。

**6. 地方品系**

地方品系是指由于各地生态条件和社会经济条件的差异,人们对家畜的选育方向和方法不一致,在同一品种内经长期选育而形成的具有不同特点的地方类群。例如,太湖猪有枫泾猪、梅山猪、嘉兴黑猪等,荷斯坦牛有荷系、日系、德系等,大白猪有英系、加系、美系等多种地方品系。在同一品种内就有不同的地方品系,但严格地说它与品系的概念不同,所以我们把它们称为地方类型。地方类型一般数量大、分布广、持续时间长,在当地畜牧业生产中起着重要作用。

## 三、品系培育的方法

**二维码 9-2 品系繁育的方法 1**
**(微视频 讲师阮国荣)**

**二维码 9-3 品系繁育的方法 2**
**(微视频 讲师阮国荣)**

品系培育是指为培育具有共同优良品质的种畜群的繁育制度。其特点是速度快、目标明确、群体小,因而在现代畜禽育种中品系繁育已逐步替代了传统的品种培育。经典的品系繁育法(系祖建系法)被视为一种近交的温和形式,并强调某一或某些个体与一头卓越的系祖保持较高的亲缘关系。这种建立品系方法的实质是将一头优秀的公畜(系祖)的优良特性扩大为群体特性。

品系培育大体可分为系祖建系法、近交建系法和群体继代选育法。

### (一)系祖建系法

这种古老的建系方法的特点是从品种或系群中选择出卓越的个体(种公畜)作为系祖,通过中亲交配的近交形式,其后代能与这一卓越的系祖保持一定的亲缘关系,以保持和积累其系祖的优秀品质,使该系祖的优秀品质为群体共同所有。这种方法至今在特定条件下仍有其用途。

自20世纪以来,人们在畜群中发现个别特别优秀的种畜(尤其是种公畜)后,都希望将该优秀种畜的优良性状保留下来并传递给后代,且能在群内得以扩大。于是就以该优秀种公畜为中心,大量繁殖后代,使得该优秀种公畜的优良性状传给后代和在群内快速扩大。人们就将以某头优秀种公畜为中心繁殖的一群后代称为单系,而将该优秀种公畜称为系祖,将这种以某头优秀种公畜为中心大量繁殖后代的方法称为系祖建系法。

例如,江苏农林职业技术学院小梅山猪保种场的631单系,在当初组群时,是用一头优秀种公猪(631号)作为系祖,与7头母猪组成一个家系,大量繁殖后代而建立起来的高产猪群。

优点有:一是建系速度快,特点明显,目标集中,育种价值较高;二是方法灵活,不拘一格,简单易行,可以在小规模畜群中进行;三是易于固定某一个或几个个体的优良特性;四是便于保持血缘;五是低遗传力性状更适宜于建立单系。

缺点是:一般而论,系祖难以看准,很不易得到;以一头系祖为中心组群建系,遗传基础太窄,可能降低成功率;系祖继承者的选择需要较大的选择强度,且不易选中,后代一般很难接近更无法超越系祖;血统太窄、遗传资源较为贫乏,且易被迫近交而出现明显的近交衰退现象;品系不易维持,寿命不长。

### (二)近交建系法

近交建系法的特点是利用高度近交,如全同胞、半同胞或亲子交配,使优良性状的基因迅速地达到纯合。其步骤如下。

#### 1. 组建基础群

在组建基础群时,首先,要考虑数量和质量的要求。由于高度近交时易出现衰退现象,需大量淘汰不良个体,所以建立近交系时必须有大量的原始素材,以数量多来弥补这方面的缺点。一般要求母畜越多越好,公畜数量则不宜过多,以免近交后群体中出现的纯合类型过多,而影响近交系的建成。其次,组成基础群的个体不仅要求优秀,而且要求它们是同质的,即性状的表现基本相同,不应有重大的缺点,没有遗传缺陷。因此,选择优良的公母畜作为基础群是建立近交系的重要条件。

#### 2. 实行高度近交

在建立近交系时,通常采用有规则的近亲繁殖方式,如全同胞交配、半同胞交配或亲子交配等。在实际运用近交时,既要考虑亲本个体品质的优秀程度和基因纯合程度,又要注意配偶畜禽间的关系。通过分析上一代的近交效果来决定下一代的选配方式。如果近交后效果很好,即后代品质比上一代好,则要继续应用同一选配方式,以迅速巩固其优良品质。如出现明显衰退现象,则暂时停止近交或降低近交程度。

#### 3. 开展配合力测定

近交系间杂交时,只有极少数(2%～4%)近交系间具有较好的配合力。因此,在近交建系进行到第三代以后，遗传性(基因)逐渐趋于纯合。此时就应做近交系间杂交组合配合力测定，从中选出配合力强的近交系，一旦找到配合力强的近交系，就应放慢近交速度，采用温和的近亲交配，把重点放在护群保系上，以便日后发挥近交系杂交的作用。

在猪、鸡育种方面，可以采用近交建系法。实践证明，建立近交系会由于高度近交而导致严重的近交衰退。例如，母猪繁殖性能大幅下降，死胎、畸形胎大量发生；鸡产蛋量严重下降，生活力严重衰退。近交系造成的经济损失相当严重，所以全世界畜禽近交系多归于失败。

例如，20 世纪美国曾建立了 100 多个猪近交系、英国曾建立了 146 个大约克夏猪近交系，这些近交系因高度近交造成的近交衰退极为严重(如产仔数严重下降，死胎、畸形胎增多，鼠蹊疝和血友病等遗传疾病增多)，最终被迫中止。

**(三)群体继代选育法**

群体继代选育法又称为闭锁继代选育法、系统选育法、纯系内选育法。其建系是从选集基础群开始，然后闭锁繁育，不再向群内引入其他任何优良基因。根据品系繁育的育种目标进行选种选配，一代一代重复进行这些工作，直至育成符合品系标准、遗传性稳定、整齐均一的群体。

组建基础群时，必须按照建系的目标，将品系预定的每一种特征和特性的基因汇集在基础群的基因库中。当预期的品系只需要突出个别少数性状时，则基础群以同质为好，这样可以加快品系的育成速度，减轻工作强度，提高育种效率；当预期的品系要求同时具有几个方面的特点时，则基础群以异质为宜，因为客观上选集好几方面性状都优良的大量个体是困难的，而选集一方面或一个性状较突出的个体较为容易，建群以后可通过有计划地选配，把分散于不同个体的理想性状汇集于后代。一般来说，基础群要有一定数量的个体，尤其要有足够多的公畜，且公母畜比例应合适。例如，猪的公母数量以每世代 100 头母猪和 10 头公猪为宜，鸡的公母数量则以 1 000 只母鸡和 200 只公鸡为宜。

在选配方案上，原则上应避免近交，不再是进行细致的个体间的同质选配，而是提倡以家系为单位进行随机交配。

种畜的选留要考虑各个家系都能留下后代，优秀家系适当多留。一般情况下不用后裔测定来选留种畜，而是考虑本身性能和同胞测定，以缩短世代间隔，加快世代更替，如猪和禽可以做到一年一个世代。

# 任务实施

## 任务一　品系培育方案的制订

### 一、任务说明

通过本任务的实施，强化对品系的概念、意义及类型的认识。本次任务以群体继代选育法培育专门化品系为例，掌握群体继代选育法培育专门化品系的原理和方法，根据所学知识制订品系培育的具体方案。

## 二、任务内容

**1. 育种背景的调查**

系统收集和分析有关畜禽的历史资料，认真研究其育种现状。有必要了解下述情况。

(1)自然环境条件。尽可能发展适于本地区自然环境条件的动物生产。

(2)社会市场需要。动物生产只有提供能够满足当前社会市场需要的产品才是最有活力的。

(3)生产条件和技术水平。根据当前和今后生产条件和技术水平，进行品系培育。

(4)生产经营情况。掌握该畜种的生产现状、特点和发展趋势，估计投入与产出的相互关系，对正确判定育种目标是有益的。

**2. 育种目标确立**

应先确定育种的主攻方向，即可以根据动物的遗传特点或产销特点来确定，然后围绕主攻方向提出用若干具体指标来表现的育种目标。

**3. 繁育方式**

育种目标确立后，根据实际情况挑选育种素材，并采取群体继代选育法进行品系培育。

**4. 品系培育条件的确定**

品系培育条件包括自然条件与饲养管理条件。可考虑品系培育在推广地区条件相等或较优的条件下进行。

## 三、任务思考题

根据已掌握的理论基础知识，对当地某一畜禽场进行实际调查研究，制订合理且切实可行的品系培育方案。

# 任务二　杂种优势计算

## 一、任务说明

学会根据杂交试验结果计算各项性状杂种优势率的方法。

## 二、任务内容

**(一)试验原理**

某性状的杂种优势率是指杂种优势值占亲本均值的百分率，而杂种优势值是指杂种群体平均值超过双亲本平均值的部分。计算公式如下。

杂种优势值($H$)：　　$H=\overline{F}_1-\overline{P}$

杂种优势率($H$)　　$H=(\overline{F}_1-\overline{P})/\overline{P}\times100\%$

**(二)试验内容与方法**

**1. 两种群(品种、品系)杂交的杂种优势率计算**

(1)求出杂交试验中亲本纯繁组($A$ 和 $B$)的平均值。

$$\overline{P}=(\overline{A}+\overline{B})/2$$

式中,$\overline{P}$ 为亲本平均值,$\overline{A}$、$\overline{B}$ 为杂交亲本群的平均值。

(2)求出杂种该性状的平均值,即 $\overline{F}_1$。

(3)将双亲本平均值和杂种平均值代入公式,计算杂种优势率。

**2. 多个种群(品系、品种)杂交的杂种优势率计算**

(1)计算三元杂交亲本平均值,即 3 个品种的加权平均值。设 $A$、$B$ 为第一杂交亲本值,$C$ 为终端杂交亲本值。

$$\overline{P}=\frac{1}{4}(\overline{A}+\overline{B})+\frac{1}{2}\overline{C}$$

(2)代入公式求 3 个品种杂交的杂种优势率。

## 三、任务思考题

设 A 品系与 B 品系杂交试验结果如表 9-1 所示,试计算杂种优势率。

**表 9-1　A、B 品系杂交试验结果**

| 组合 | 个体表型值 | | | | | |
|---|---|---|---|---|---|---|
| A×B | 15 | 25 | 26 | 23 | 30 | 26 |
| B×A | 28 | 27 | 30 | 21 | 22 | |
| A×A | 23 | 26 | 27 | 28 | 21 | |
| B×B | 28 | 24 | 24 | 28 | 26 | 24 |

# 拓展学习

## 一、专门化品系

将家畜的一些主要性状分别由作父本用的父系和作母本用的母系来承担。由于这种品系特点鲜明,而且在培育时就已明确规定其将来专门作为父系或专门作为母系,所以称为专门化品系。所谓专门化品系是指生产性能专门化的品系,是按照育种目标进行分化选择育成的,每个品系具有某方面的突出优点,不同的品系配置在繁育体系不同的位置,承担着专门任务。

配套系杂交中专门化品系的建立与传统意义上的品系培育的含义完全不同,建立专门化品系的目的是进行配套杂交,充分利用系间杂种优势和互补优势,提高畜牧业生产水平和经济效益。例如，爱维茵肉鸡配套系、迪卡猪配套系相对于品种而言，它的群体较小，一般每个配套系由数个专门化品系配套，每个专门化品系只突出一两个经济性状，遗传进展较快，培育配套系所需的时间较短，配套系群体小，结构简单，因而更新的周期快，能灵活机动地适应多变的市场变化。

专门化品系在鸡和猪选育及生产开发中应用最为广泛，特别是在蛋鸡、肉鸡生产中其技术成熟、效益显著。近几年，我国草鸡专门化品系也备受重视，得到长足发展；牛、羊专门化品系也有所进展。这里仍以鸡、猪为主来介绍专门化品系主目标性状的培养。

**1. 专门化品系的主目标性状**

(1)蛋鸡专门化品系的主目标性状。蛋鸡专门化品系技术十分成熟，专门化品系的类型也较为丰富，并在全世界广泛应用与推广。

①两系配套(A 系×B 系)。父系的选育侧重于产蛋数；母系的选育侧重于蛋重(因为蛋重有很强的母体效应，所以作为母系的主选性状)。这样 A 系和 B 系组成配套系，杂种优势明显，生产的商品代母鸡不但产蛋多，而且蛋重也大。

②三系配套[ A 系×(B 系×C 系)]。第一父系(B 系)的选育侧重于产蛋数和蛋重两个性状的选择，这两个性状间是负相关，所以两者不能偏向任一方，要兼顾，建系中可以将产蛋总重量作为主选性状。第二父系(A 系)的选育侧重于产蛋数的选择。母系(C 系)的选育侧重于蛋重的选择。

③四系配套(A 系×B 系)×(C 系×D 系)。A 系和 B 系的选育都侧重于产蛋数的选择；C 系的选育侧重于产蛋数和蛋重的选择，两个性状同时兼顾；D 系的选育侧重于蛋重的选择。

(2)肉鸡专门化品系的主目标性状。肉用种鸡的配套系选育，也是实行父系、母系分化选育。

①父系选育的主目标性状。一般由早期增重速度、繁殖力、产肉率、饲料转化率四个性状构成。有的肉鸡专门化父系还强调体形外貌(如胸角度、龙骨、脚趾)。

②母系选育的主目标性状。一般有早期增重速度、产蛋性状、胸部发育、腿部结实度四个性状为主。

(3)猪专门化品系的主目标性状。全世界专门化品系的选育最早应用于鸡且技术已相当成熟，猪专门化品系的选育迟于鸡，但又比牛、羊较为成熟。

①父系的主目标性状。一般有育肥性状、胴体性状、雄性功能，兼顾繁殖性能、体形外貌及强健性。

②母系的主目标性状。一般有繁殖性状，兼顾生长速度、体形外貌及强健性。

由上可见，父系和母系都选择早期增重速度，是为了使杂交所得的商品肉(禽)早期以最快速度增重。同时父系的选育侧重于产肉性状和饲料利用率性状，母系的选育侧重于繁殖性能等性状。

**2. 专门化品系基础畜群的组建**

基础群的组建对于品系选育尤为关键，关系到将来品系的成败。基础群中较多的血统可以提供更多的选择空间和产生优良后代的机会，而优秀性能的个体可以为提高群体水平做出更多的贡献。因此基础群的血统要较宽广。

**3. 制订主目标性状的技术指标**

专门化父系和专门化母系的选育目标确定后，还应根据种群活体基因库的遗传资源现状，正确制订确实可行的主目标性状选育指标。

**4. 主目标性状的测定与评估**

根据各主目标性状的选育指标和测定阶段及技术要求，准确测定和评估各主目标性状选育指标的可行性、有效性等。

**5. 独特的选配制度**

从宏观交配制度来说，宜实行随机交配，同时避免同胞交配的交配制度；在建系方案中要明确规定各世代近交增量和年近交增量。

**6. 稳定的饲养管理等培育条件**

数量性状表型值都受饲养管理等培育条件影响极大，在品系培育过程中，应全程提供稳定的饲养管理等培育条件。

## 二、配套系生产

鉴于单系、近交系缺点太多，我国于 20 世纪 80 年代初开始尝试建立专门化品系，开展配套系生产。配套系杂交就是按照育种目标进行分化选择，培育一些专门化品系，然后根据市场需要进行品系间配套组合杂交，杂种后代作为经济利用的杂交方式。专门化品系的建立和配套系生产主要应用于鸡和猪，由于种种原因，其他家畜中极少应用。建立配套系是为了进行配套杂交，充分利用杂种优势，提高整个畜禽的生产水平。

### （一）配套系杂交的组织与方法

配套系杂交包括二系、三系、四系，甚至更多的系配套。不同的配套模式涉及的种群数目不同，生产过程也不同。二系配套二级杂交繁育体系、三系配套三级杂交繁育体系及四系配套三级杂交繁育体系分别如图 9-1 至图 9-3 所示。

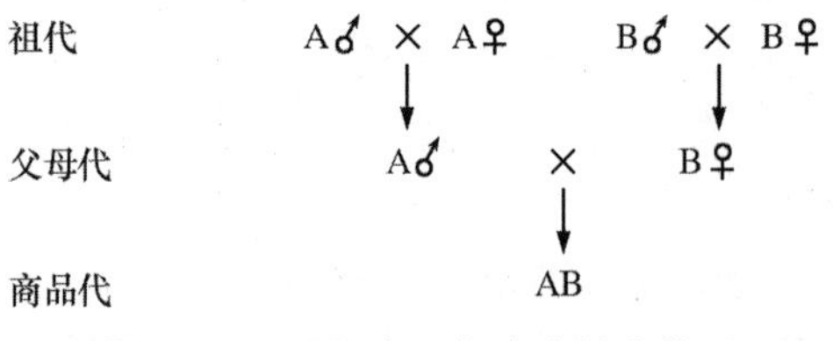


**图 9-1　二系配套二级杂交繁育体系**

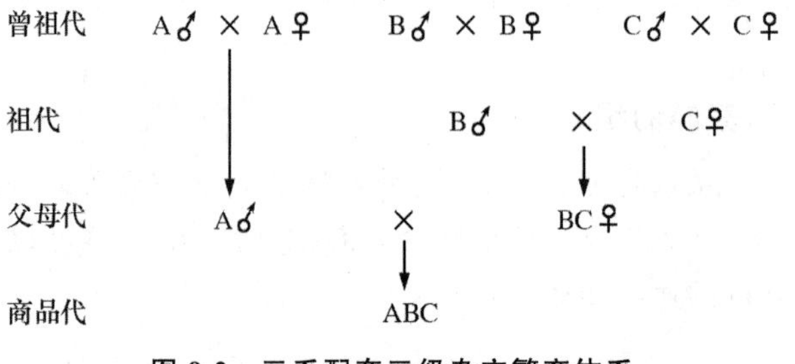


**图 9-2　三系配套三级杂交繁育体系**

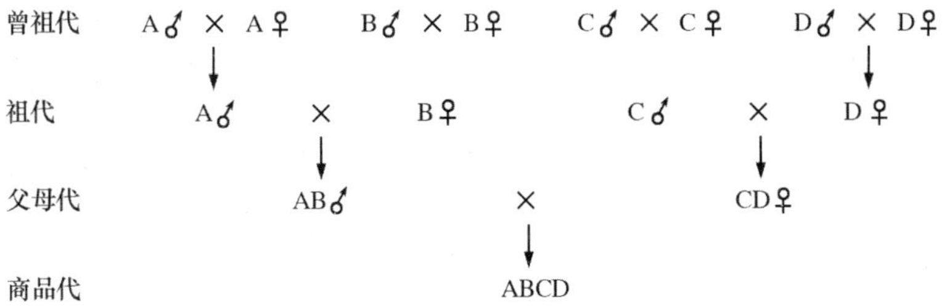


**图 9-3　四系配套三级杂交繁育体系**

我国引进的法国伊莎褐蛋鸡及德国罗曼褐蛋鸡主要是由 A、B、C、D 四个系组成的配套系，然后进行四系间杂交，商品代蛋鸡将获得最大的产蛋量、最大的蛋重、最好的饲料利用率、很高的成活率等杂种优势。

### (二)我国蛋鸡、肉鸡配套系生产

我国蛋鸡生产所用的商品蛋鸡，多是从国外引进的 A、B、C、D 四个系组成的配套系，在我国建立祖代场和父母代场，然后四系双杂交生产杂种优势极大的商品代蛋鸡。例如，法国的伊莎褐、德国的罗曼褐、美国的海兰白(褐)商品蛋鸡在我国饲养广泛，具有产蛋量高、产蛋多、饲料利用率高、成活率高等优点，深受我国广大养殖企业的欢迎。

我国肉鸡生产中所用的商品肉鸡，也多是从国外引进的配套系，在我国建立祖代场和父母代场，再配套杂交生产杂种优势明显的商品代肉仔鸡。例如，在我国饲养广泛的爱拔益加肉鸡，就是美国培育的四系配套肉鸡品种。江苏省京海集团建立了大型爱拔益加种鸡场，进行系间杂交生产商品爱拔益加肉仔鸡。爱拔益加肉仔鸡以生长快、饲料利用率高、出肉率高而赢得我国广大养殖企业的喜爱。

### (三)我国草鸡配套系生产

我国的地方草鸡虽具有肉质香嫩可口等优点，但因产蛋率低、生长慢而失去较大的市场份额，同时很多地方鸡种混杂甚至面临灭绝。随着生活水平的提高，人们开始选择肉味香嫩可口的优质鸡，使我国地方草鸡优势得以显现。我国草鸡(优质鸡)产业现已引入现代专门化品系技术和配套系生产技术，如安徽某公司培育出“高产、快大、节粮”的皖南黄麻青脚鸡配套系，由父系(青麻 A 系)和母系(青麻 D 系)组成。该配套系的建立，为开发和利用我国地方草鸡，开辟了一条新路。

### (四)我国猪配套系生产

我国养猪业中的配套系生产呈两条腿走路态势，且以培育我国自己的猪配套系为主。河北衡水京安集团与斯格遗传技术公司合资建立了世界第七、亚洲第一的核心选育场，引进国外斯格 36、12、15、23、33 等 5 个专门化品系，进行配套系生产。

1998 年我国首次诞生自己的 2 个配套系——光明猪配套系和深农猪配套系，拉开了我国猪配套系生产的序幕。进入 21 世纪，我国又培育了冀合白猪配套系、中育猪配套系、湘虹猪配套系、华农温氏I号猪配套系、渝荣I号猪配套系、鲁农I号猪配套系、鲁农II号猪配套系等。

**二维码 9-4　杜长白猪的养殖技术(微课)**

#### 1. 光明猪配套系

光明猪配套系是由深圳光明畜牧合营有限公司培育的，历经

7 年 5 个世代，父系以匈系杜洛克和美系杜洛克为素材，保持了它们的无应激基因、肉色鲜红、体形好、适应性强的优良性状，经过多年选育而形成的专门化品系；母系以比利时斯格猪为素材，驯化选育而成，主要以活体膘厚、产仔数多为特征。配套培育的商品猪适应性强，耐高温、高湿，后躯丰满，繁殖性能好，生长速度快，瘦肉率高，遗传性状稳定，生长性能及胴体指标的变异系数均在 10% 以下，平均日增重 880 g，活体膘厚 1.67 cm，饲料转化率为 2.5。

**2. 深农猪配套系**

自 1990 年开始，深圳市农牧实业有限公司为满足广东地区生猪市场的需求，借鉴国外配套系猪的经验，确定了选育适应市场需要的配套系猪种的技术路线，选育的新猪种要有良好的瘦肉型体形，母猪的产仔性能好，育肥猪生长速度快、瘦肉率高、饲料转化率高、肉质好，同时还适应南方的饲养环境。父系来自美系杜洛克猪，选育侧重产肉性能，要求体形外貌好，生长速度快，饲料转化率高，背膘薄，瘦肉率高，体质结实。母系的选育侧重繁殖性能，要求体长，发情症状明显，窝产仔数多，均匀度好，健壮，生活力强，母猪泌乳力强。母Ⅰ系是母系父本，丹美合成的长白猪体形，体躯长，背平直或微弓，腹线平直，后躯肌肉丰满发达，公猪睾丸大而整齐，包皮不大，性欲旺盛；母Ⅱ系是基础母系，美系大白猪体形，体躯长，全身被毛白色，眼角或尾根部偶有小块暗斑，头大小适中，鼻面直或微凹，耳竖立，前躯宽，肌肉丰满，肢蹄粗壮结实有力，乳头 12 个以上。终端商品育肥猪的群体整齐，生长速度快，饲料转化率高，屠宰率高，瘦肉率高，肉质好。其配套系杂交模式如图 9-4 所示。

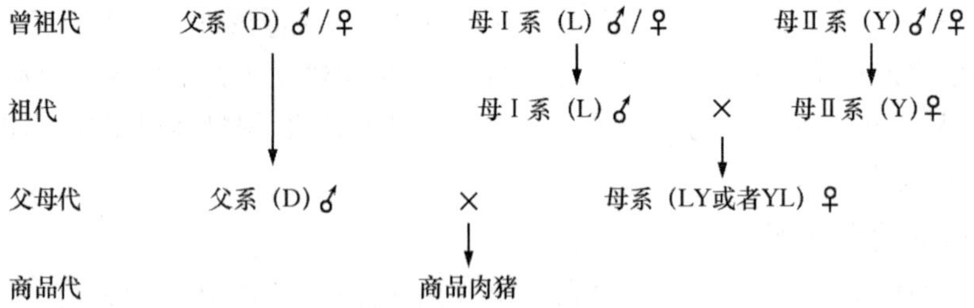


**图 9-4　深农猪配套系杂交模式**

**3. 冀合白猪配套系**

2002 年，冀合白猪配套系通过国家畜禽品种审定委员会猪品种审定专业委员会审定，成为国内培育的第一个含地方猪血统的配套系。其为三系配套，母本 A 系由大约克、定县猪、深县猪杂交选育而成；母本 B 系由长白猪、太湖猪二花脸品系和汉沽黑猪杂交选育而成；父本 C 系由纯种汉普夏猪通过继代选育而成。配套方式为 A、B 两系正反交产生的杂合母猪，再用 C 系公猪交配，生产商品代肥猪 CAB 和 CBA。商品猪全部为白色，其特点是母猪产仔多、商品猪一致性强、瘦肉率高、生长速度快。其配套系杂交模式如图 9-5 所示。

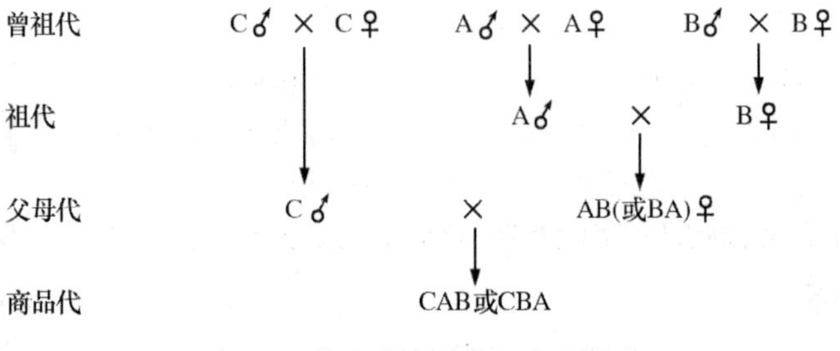


**图 9-5　冀合白猪配套系杂交模式**

**4. 中育猪配套系**

北京养猪育种中心运用现代育种理论和配套系技术，经过 10 年培育出了具有国际先进水平、适应我国市场需求的中育猪配套系。其由 4 个专门化品系组成，原始群分别来自皮特兰、大白、长白和一个能稳定遗传的合成系，父系为 C03、C09 系，母系为 B06、B08 系。C03 系种猪为皮特兰猪体形，在配套系中的位置是父系父本；C09 系是合成系种猪，杜洛克猪体形，在配套系中的位置是父系母本；B06 系种猪在配套系中的位置是母系父本，大白猪体形；B08 系种猪在配套系中的位置是母系母本，长白猪体形。中育猪配套系遗传基本稳定，具有生长速度快、饲料报酬高、繁殖性能好等特点，特别适合市场，肉质优良，无灰白、柔软、渗水、暗黑、干硬等劣质肉。

**5. 湘虹猪配套系**

湖南正虹科技发展股份有限公司原种猪场于 1998 年 3 月份从丹麦引进 110 头原种大白、长白、杜洛克组建基础群，以湖南农业大学动物遗传育种教研室作为技术依托，在施启顺、柳小春等育种专家的具体指导下，以培育"湘虹优质猪配套系"为目标，运用常规选育和分子技术相结合开展选育工作。用这种配套系种猪产出的杂交商品猪生长速度快、饲料报酬高、瘦肉率高。湘虹猪配套系商品猪的平均日增重 910 g，瘦肉率为 68%。

**6. 华农温氏Ⅰ号猪配套系**

广东华农温氏畜牧股份有限公司和华南农业大学利用 7 年时间组建、培育专门化品系和进行配合力测定，最终筛选出经济效益显著的四系配套肉猪。父Ⅰ系 HN111 品系为父系父本，以法国来源皮特兰猪为主要素材。父Ⅱ系 HN121 品系为父系母本，以美国、丹麦和我国地方培育的杜洛克猪为主要素材。母Ⅰ系 HN151 品系为母系父本，以丹麦和美国来源长白猪为主要素材。母Ⅱ系 HN161 品系为母系母本，以丹麦和美国来源大白猪为主要素材。以四系配套生产的 HN401 肉猪肌肉发达、生长快、瘦肉率高、肉质优良、综合经济效益好；达 100 kg 体重日龄 154 d，活体背膘厚 13.4 mm，饲料转化率 2.49；100 kg 体重胴体瘦肉率 67.2%，变异系数在 10%以下。

**7. 渝荣Ⅰ号猪配套系**

以荣昌猪优良基因资源为基础培育而成的新配套系，配套系采用三系配套，一个专门化父系 A、一个母本父系 C 和一个母本母系 B，即 ACB 三系配套。A 系（父本父系）由丹麦与我国地方培育的杜洛克猪杂交而成，B 系（母本母系）由优良地方猪种荣昌猪与大白猪杂交选育而成，C 系（母本父系）由丹麦与加拿大来源的长白猪杂交而成。ACB 配套系克服了现有瘦肉型猪种生产类型单一、抗逆境能力差、繁殖性能较低及肌肉品质差等不足，具有肉质优良、繁殖力好、适应性强等突出特性。其配套系杂交模式如图 9-6 所示。

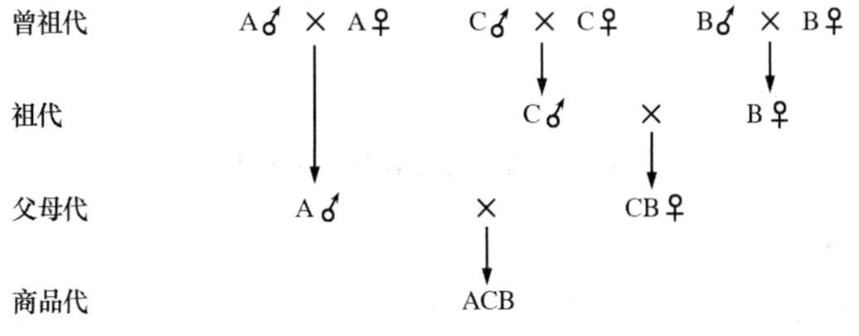


**图 9-6　渝荣Ⅰ号猪配套系杂交模式**

**8. 鲁农Ⅰ号猪配套系**

鲁农Ⅰ号猪配套系是以地方优良品种莱芜猪、丹系杜洛克猪、法系大约克猪为育种素材，经过5个世代选育三系配套的生产性能高且遗传性能稳定的配套系猪。ZML系(母系)是以山东省地方品种莱芜猪和大约克猪为主要育种素材，经6个世代选育而成的专门化母系。其中ZFY(大约克)系种猪为配套系第一父本，ZFD(杜洛克)系种猪为配套系第二父本，ZML系种猪为配套系母本。鲁农Ⅰ号猪配套系商品猪，含25%的莱芜猪血统，含75%的大约克和杜洛克血统，集中外猪种优势于一体。该配套系商品猪生长快，瘦肉率适中，肌内脂肪含量高，肌肉鲜香浓郁。

**9. 鲁农Ⅱ号猪配套系**

鲁农Ⅱ号猪配套系是由山东省农业科学院和莱州市自1999年开始历经10年共同培育完成的。该配套系为两系配套，其中父系以丹麦杜洛克猪为主要育种素材经过7个世代选育的鲁育杜洛克父本(ZFD)，母系以2007年审定的利用长白猪、斯格猪与烟台黑猪为育种素材选育而成的高繁鲁烟白猪为母系种猪，经过配合力测定优选出的遗传稳定、性能突出的优质肉猪配套系。母本鲁烟白猪的后代中含12.5%烟台黑猪血统、12.5%斯格猪血统、25%长白猪血统、50%杜洛克猪血统。配套生产的鲁农Ⅱ号猪商品猪适应性强、育肥性能高、胴体性能和肉品质好，适合在规模化养猪场和农户饲养，目前已在烟台及周边地区进行了大力推广，产生了良好的经济效益和社会效益。

**(五)国外猪配套系生产**

**1. 迪卡猪配套系**

迪卡公司运用了现代先进的配套系理论和选育技术，通过选择、适当近交及各专门化父系和专门化母系间的配合力测定，筛选和培育了迪卡猪配套系。

迪卡猪主要是利用杜洛克猪、汉普夏猪、大约克夏猪、长白猪、皮特兰猪等五个专门化品系培育的配套系猪，分别用A、B、C、E、F代表。父系为杜洛克猪与汉普夏猪的杂种，母系为长白猪与大约克夏猪杂交产生的半血杂种。祖代的合成系母猪用英文字母D代表。父母代猪父系为黑色，母系为白色，商品代猪为全白色，具有增重特别快、饲料利用率高、胴体瘦肉率高等特点。其配套系杂交模式如图9-7所示。

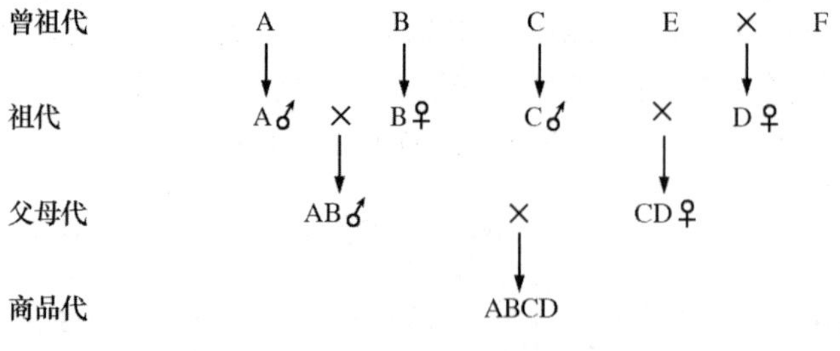


图9-7 迪卡猪配套系杂交模式

**2. 斯格猪配套系**

斯格猪原产于比利时，其配套系育种工作开始于20世纪60年代初，已有60多年的历史。一开始是从世界各地，主要是欧美等国，先后引进20多个猪的优良品种或品系，作为遗传素材，经过系统的测定、杂交、亲缘繁育和严格选择，分别育成了若干个专门化父系和母系。以这些专门化品系作为核心群，进行继代选育和必要的血液引进更新等，不断地提高各品系的性能。目前育成的 4 个专门化父系和 3 个专门化母系可供世界不同地区选用。作为母系的 12 系、15 系、36 系 3 个纯系，繁殖力高、配合力强、杂交后代品质均一。它们作为专门化母系已经稳定了近 20 年。作为父系的 21 系、23 系、33 系、43 系则改变较大，其中 21 系产肉性能极佳，但作为欧洲传统的皮特兰猪，因为含有纯合的氟烷基因利用受到限制。其他的 3 个系都不含氟烷基因，23 系的产肉性能仅次于 21 系；33 系在保持了一定的产肉性能的同时，生长速度很快；43 系则是根据对肉质有特殊要求的美洲市场选育成功的。我国市场选择引进 23 系、33 系这 2 个父系和 12 系、15 系、36 系这 3 个母系组成了 5 系配套的繁育体系，从而开始在我国部分地区小范围繁育推广斯格瘦肉型配套系优种猪和配套系杂交猪。其配套系杂交模式如图 9-8 所示。

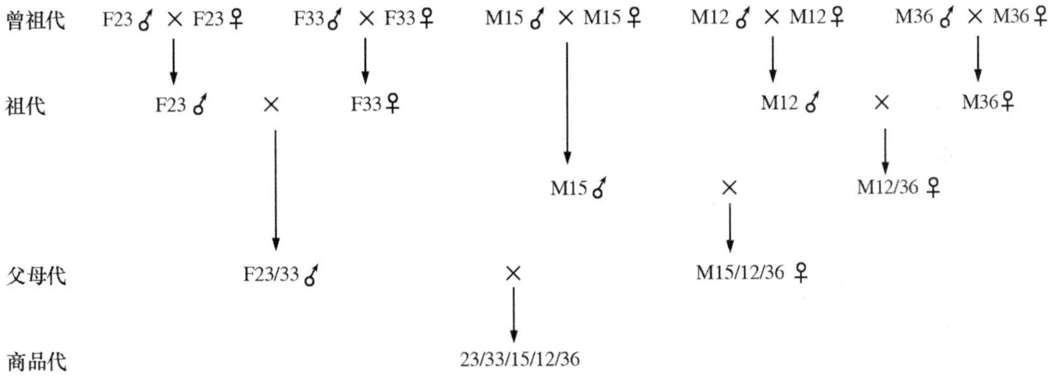


**图 9-8　斯格猪配套系杂交模式图**

### (六)配套系的维持与更新

#### 1. 配套系的维持

配套系育成后，必须立即转入维持阶段，即进行扩群保系，以便推广应用，发挥其在商品生产中的作用。配套系维持的目的就是保持配套系建成时的遗传特性，使之在计划维持期限内不发生显著退化。其维持的期限，一般以 10～15 年为宜。

维持配套系的基本要求是：不引入外血，保留配套系育成的 2/3 以上种畜的血统，控制近交系数的上升速度，继续提高配套系的质量。

#### 2. 配套系的更新

在配套系的维持过程中，如果出现由近交系数上升速度过快而产生的衰退，或由于人们对畜产品要求发生变化，配套系杂交所生产的杂优畜不能满足人们的要求，或配套系间杂交效果不明显时，就要及时更新某些配套系，建立新的配套系，以获得更大的系间杂交优势。

### 思考题

1. 什么是品系？建立品系应具备哪些条件？
2. 品系培育的方法有哪些？
3. 如何制订品系培育方案？
4. 简要说明配套系建系的方法及实践意义？

# 项目十 品种改良

**素养目标**

1. 强化职业认同感。
2. 培养扎实的职业素养。
3. 培养爱国情怀和民族自豪感。

**知识目标**

1. 掌握品种的概念、条件与类别。
2. 掌握本品种选育的概念、意义和基本措施。
3. 了解杂交育种的方法。

**技能目标**

1. 制订引种方案，拟定育种计划。
2. 掌握现代专门化品系的建系方法及配套系生产。
3. 了解我国畜禽配套系生产现状。

## 知识准备

### 一、品种的概念与条件

畜禽品种是指人类为了生产、生活的需要，在一定的社会条件和自然条件下，通过选种选配和培育而成的具有某种经济用途的动物类群。畜禽品种是指在自然选择和人工选择的共同作用下形成的，如大白猪、荷斯坦奶牛、纯血马等。一个品种应具备以下条件。

二维码 10-1　品种概述
（微视频　讲师阮国荣）

**1. 来源相同**

品种内个体间有基本相同的血统来源，个体彼此间有血缘上的联系，遗传基础非常相似，具有共同的基因库。一般来说，古老的品种常来源于一个祖先，而培育的新品种则可能来源于多个祖先，如新疆细毛羊来源于高加索细毛羊、伯列考斯细毛羊、哈萨克羊和蒙古羊 4 个品种。

**2. 特征特性相似**

同一个畜禽品种在体形外貌、生理功能、主要经济性状及对自然环境条件的适应性等方面都很相似，构成了该品种的基本特征，据此很容易与其他品种相区别。例如，东北民猪是黑色，金华猪是“两头乌”，中国黑白花奶牛产奶量高，海福特牛产肉多。当然，不同品种在外貌特点的某些方面可能相似，但总的特征必然有区别。

**3. 具有一定的经济价值**

一般来说，作为一个品种应具备较高的经济价值，能够满足人们的需要，或是生产水平高，或是产品质量好，或是有特殊的用途，或是对某一地区具有良好的适应性。例如，太湖猪具备高繁殖性能，以产仔数多闻名于世；金华猪以肉脂品质好、细嫩多汁著称；美利奴羊的细毛多；滩羊的裘皮质量好；蒙古羊的适应性强；来航鸡的产蛋多；白洛克鸡的长肉快；泰和鸡可供药用等。

**4. 遗传性稳定，种用价值高**

种用价值高的品种具有稳定的遗传性，能将其优良的性状遗传给后代，使品种得以保存下去，并且改良其他品种。能够稳定地把育种价值遗传下去，这是纯种畜禽与杂种畜禽的最根本区别。

**5. 有一定的结构**

一个品种内可分为若干个品系、品族和类型。在具备品种共同基本特征的前提下，一个品种的个体可以分为若干各具特点的类群，称为品系或类型。以优秀母畜为共同祖先的类群称为品族。品种内还包括地方类型和育种场类型。同一品种由于分布地区条件不同形成了若干互有差异的类群，称为地方类型，如金华猪有东阳型和金义型等地方类型。同一品种由于所在牧场的饲养管理条件和选育方法不同所形成的不同类型，称为育种场类型，如同中国荷斯坦牛就有北京奶牛场、辽宁锦州种畜场和上海奶牛场等不同类型。

这些类群可以是自然隔离形成的，也可以是育种者有意识培育而成的，它们构成品种内的遗传异质性，这种异质性为品种的遗传改良和提供丰富多样的畜产品提供了条件。例如，东北细毛羊有辽宁小东种畜场、吉林双辽种羊场和黑龙江银浪羊场等不同类型；甘肃省的藏羊根据生产性能、生态环境及经济性状分为甘加型藏羊、乔科型藏羊和欧拉型藏羊。

**6. 有足够的数量**

个体数量足够才能避免过高的近交，保证正常地进行选种选配工作，保持品种内的异质性和满足多样的市场需求。例如，规定新品种猪至少应有分属 5 个不同亲缘系统的 50 头以上公猪和 1 000 头以上生产母猪，绵、山羊新品种的特级、一级母羊数应在 3 000 只以上。当畜群已基本具备了以上条件，只是含量不足时，一般称“品群”。

**7. 被社会、政府或品种协会认可**

一个品种必须在社会生产实践中被生产者所接受，得到较大范围的推广，经过政府或品种协会等权威机构进行审定，确定其是否满足以上条件，并予以命名，只有这样才能正式称为品种。

## 二、品种的类别

### (一)按培育程度分类

按照培育程度,可将品种分为5种类型,即原始品种、地域品种、培育品种、高度培育品种和过渡品种。

#### 1. 原始品种和地域品种

原始品种一般都是指较古老的品种,是指在农业生产水平较低、长期选育水平低、饲养管理粗放的情况下所形成的品种。例如,蒙古马和蒙古牛,它们终年放牧,气候恶劣,夏季酷暑,冬季严寒又缺草料,在这种情况下,所受自然选择的作用较大。

原始品种的特点是:①晚熟,个体一般相对较小。②体格协调,生产能力低但全面。③体质粗壮,耐粗饲、耐使役,适应性强,抗病力高(如我国黄牛很少患肺结核病)。

由此可见,原始品种虽有不少缺点,但也有它的长处,特别是对当地条件的良好适应性,是非常宝贵的,是培育能适应当地条件而又高产的新品种所需的原始素材。例如,宁乡猪、湘东黑山羊、民猪、仙居鸡等都属于这类品种。

当然,地域品种是需要进一步改良提高的,这首先要从改善饲养管理着手,然后进行适当的选种选配或杂交,以提高遗传性能。例如,金华猪、北京鸭、湖羊等,是在地域品种基础上经过系统培育而形成的地方良种。

#### 2. 培育品种

培育品种(育成品种)主要是指经过人们有明确选择目标而培育出的品种。培育品种是在遗传育种理论与技术指导下,经过较系统的人工选择育成的品种,集中了特定的优良基因,产品相对专门化,生产力价值都较高。适应性、抗病力不如原始品种。例如,荷斯坦牛、夏洛来牛、长白猪、北京鸭、原产苏南的九斤黄鸡等都属于培育品种。

培育品种大多数有如下特点。

(1)早熟,在较短时期内达到经济成熟,体形较大。

(2)要求具备较高的饲养管理条件和选种选配技术,对性能进行保持和提高。

(3)分布地区超出原产地范围。生产性能好,受到人们喜欢,也就保证了分布的广泛性。如荷斯坦牛、约克夏猪、长白猪、来航鸡等已遍布世界大部分地区。

(4)品种结构复杂,一般来说,原始品种的结构只有地方类型,而育成品种因受到细致的人工选择,除地方类型和育种场类型外,还育成了许多品系。

(5)育种价值高,当与其他品种杂交时,杂种优势明显,能起到改良作用。

#### 3. 高度培育品种

高度培育品种在严格控制的饲养管理与长期闭锁繁殖的条件下,对少数特定性状进行持续多代高强度选择所形成的品种。

这类品种的基础特性是基因座纯合化水平很高,且只能生存在人为控制的特定环境中,其生产性能、健康和生殖能力对环境变化有敏感、强烈的反应。典型的高度培育品种如英纯血马、北京狮子犬。

#### 4. 过渡品种

有些品种虽然尚未成为培育品种,但比原始品种的培育程度高,称这一类品种为过渡品种。过渡品种往往很不稳定，经进一步选育才可成为培育品种。

### (二)按生产力类型分类

#### 1. 专用品种

专用品种是由人们的长期选择与培育，使品种的某些特性获得了显著发展或某些组织器官产生了突出的变化，从而出现专门生产力的品种。例如，马有骑乘用品种（如英纯血马）、挽用品种（如阿尔登马）、竞技用品种、肉用型品种、乳用型品种等；牛有奶用品种（如荷斯坦牛）、肉用品种（如海福特牛）等；羊有细毛品种（如美利奴羊）、半细毛品种（如考力代羊）、羔皮品种（如湖羊、卡拉库尔羊）、裘皮品种（如滩羊）、肉用品种（如南丘羊）等；猪有脂肪型品种、瘦肉型品种等；鸡分为蛋用型品种（如来航鸡）、肉用型品种（如科尼什鸡）、药用型品种和观赏型品种等。

#### 2. 兼用品种

兼用品种是指兼备不同生产用途的品种。属于这类品种的有两类情况：一是在农业生产水平较低的情况下形成的原始品种，它们的生产力虽然全面但较低；二是专门培育的兼用品种，如羊有毛肉兼用细毛羊品种（如新疆细毛肉用羊）、牛有肉乳兼用品种（如短角牛）、鸡有蛋肉兼用品种（如洛岛红鸡）。这些兼用品种，体质一般比较健康结实，对地区的适应性较强，生产力也并不显著低于专用品种。

就算使用这种分类法划分品种也不是绝对的，因为有些品种随着时代的变迁，其生产力类型会有变化。例如，荷斯坦牛素以产奶闻名，但后来有些地方育成了乳肉兼用荷斯坦牛品种；短角牛品种以肉用著称，但后来有些地方又育成了乳用短角牛品种和兼用短角牛品种。

### (三)按体形和外貌特征分类

(1)按体形大小分类。畜禽可分为小型、中型、大型三种。例如，马有小型马（如阿根廷的微型马）、中型马（如蒙古马）和大型马（如重挽马）；家兔有小型品种（成年体重 3 kg 以下）、中型品种（成年体重 3～5 kg）、大型品种（成年体重 5 kg 以上）；猪也有小型猪（如中国的香猪）。

(2)按毛色或羽色分类。猪有黑（如汉普夏猪）、白（如长白猪）、花斑（如皮特兰猪）、棕红（如杜洛克猪）等品种；羊有黑头（如黑萨福克羊）和白头（如白萨福克羊）等品种；鸡的芦花羽、白羽、红羽等都是重要的品种特征。

(3)按角的有无分类。根据角的有无，牛可分为有角品种和无角品种，可将绵羊分为公羊有角品种、母羊无角的品种。

(4)按尾的长短或大小分类。绵羊可分为大尾品种（如大尾寒羊）、小尾品种（如小尾寒羊）以及脂尾品种（如哈萨克羊）等。

(5)按鸡蛋的蛋壳颜色分类。鸡蛋可分为褐壳品种、绿壳品种和白壳品种等。

(6)按骆驼的峰数分类。骆驼可分为单峰驼和双峰驼。

## 三、本品种选育的方法

### (一)本品种选育的概念和意义

本品种选育是指在本品种内部通过选种选配、品系繁育、改善培育条件等措施，以提高品

二维码 10-2　本品种的选育
（微视频　讲师阮国荣）

种性能的一种方法。一些古老品种，在特定的自然选择和人工选择的长期作用下，已经形成了稳定的遗传性，能够将其优良性状稳定地遗传给后代。本品种选育的目的，不仅要保持这些优良特性、特点及生产性能，而且还要在此基础上进一步发展和提高，使之更适合于国民经济和市场经济的需要。

本品种选育的基础在于品种内存在差异，品种内存在异质性，也可以说是遗传多样性，为本品种选育，即不断选优提纯，全面提高品种的质量提供了素材和可能性。本品种选育的目的就是保持和发展一个品种的优良特性，增加品种内优良个体的比例，克服该品种的缺点，提高整个品种的质量。

本品种选育一般包括地方良种的选育和培育品种（包括引进良种）的选育，广泛用于地方良种、新品种、育成品种的保纯和改良提高。一般在一个品种的生产性能基本上可以满足国民经济需要，不必做重大方向性改变时使用。国内地方优良品种如秦川牛、小尾寒羊、太湖猪、湖羊等是引进大量畜禽优良品种以及通过杂交培育出的新品种，也需要进行本品种选育，以便保持和不断提高其生产性能和适应性。

一个品质优异的品种，只有不断加强选育工作，才能减少自然选择的影响，从而防止品种退化。一般是在品种的生产方向不作重大改变时使用本品种选育。

### （二）本品种选育的基本措施

#### 1. 本品种的特点

第一类是选育程度较高的良种，其群体类型整齐，生产性能突出。

第二类是选育程度较低的品种，其群体类型不一，性状不纯，生产性能中等，但某些经济用途突出。

第三类是由导入外血液杂交培育成的新品种，这种类型的共同特点是生产性能较高，适应性较好，遗传不稳定，后代有分离现象。

#### 2. 本品种选育的方法

第一类，主要是加强选育，开展品系繁育，利用品系间杂交进一步提高生产性能。

第二类，重点是建立核心群，开展闭锁繁育，加强选择，提纯固定优良性状。

第三类，重点是通过严格地选种选配，提高其纯度，使其性状能稳定地遗传给后代，达到类型一致，对于数量太少的种群还应增加数量。

#### 3. 本品种选育的基本措施

选育地方品种首先要进行全面深入的品种普查，摸清品种的分布、品种的数量和质量、形成历史以及产区的自然条件和经济条件等情况。在此基础上，对发掘出来的品种进行科学的鉴定，明确它们的特征、特性、主要优缺点，以便采取相应的选育措施确保品种的保存和提高。

（1）制订选育规划，确定选育目标。在普查鉴定的基础上，根据国民经济的需要、当地的自然经济条件以及原品种的具体特点，制订地方品种资源的保存和利用规划，提出选育目标（包括选育方向和选育指标）。确定选育目标时要注意保留和发展原品种特有的经济类型和独特品质，并根据品种的具体情况确定重点选育性状。

（2）划定选育基地，建立良种繁育体系。在地方良种的产区，应划定良种选育基地。在选育基础上逐步建立育种场、育种繁殖场以及一般的繁殖饲养场，建立一套良种繁育体系，才能使良种不断地扩大数量、提高质量。在良种场内还要建立良种核心群，为选育区提供优良种畜，从而促进整个品种的改良。

(3)严格执行选育技术措施。在选育过程中，一项重要的技术措施就是定期进行性能鉴定。要拟定简易可行的良种鉴定标准和办法，实行专业选育与群众选育相结合，不断精选育种群和扩大繁殖群。要严格执行规定的选种选配方案。按照选育目标，采取以同质选配为主、结合异质选配的办法，使重点选育的性状得到改良。同时，严格选优去劣，不断提高畜群的纯合程度。在开展本品种选育时，还要克服粗放的饲养习惯。应把饲草饲料基地建设、改善饲养管理条件、合理培育放在重要地位。

(4)开展品系繁育。在本品种选育过程中，要积极创造条件，开展品系繁育，这样可有利于整个品种的全面改良。一般来说，地方品种由于地理和血缘上的隔离，往往形成了若干不同类型，这为品系繁育提供了有利条件。地方品种是长期闭锁繁育的群体，群体的平均近交系数较高，可以在地方良种群体中尽力找出突出的家畜家族，采取亲缘建系法，建立繁殖性能高的品系。用类型间杂交或性能建系的方法，建立生长快、胴体品质好的品系，使良种的优良特性得到不断发展和提高。

(5)加强组织领导，建立选育协作组织。实践表明，建立相应的畜禽选育协作组织，在组织领导下，制订选育方案，各单位分工负责，定期进行统一鉴定、评比检查、交流经验，对加速地方良种的选育能起到积极的推动作用。

(6)适当导入外血。如采用上述选育措施进展不大，还不能有效克服一个品种的个别严重缺陷时，则可考虑采用引入杂交。引入杂交时，引入的外血量应控制在1/8～1/4，这样基本上没有改变原有品种的性质，仍属于本品种选育的范畴。

### (三)引入品种的选育

#### 1. 引入品种的特点

首先，引入品种选育从加强它们对当地条件的适应性入手，逐步提高其生产性能。其次，引入品种的数量一般不可能太多，自群繁育容易造成近交退化，因而必须采用恰当的选种选配制度，加强选种选育，防止退化。因为引入品种毕竟不是在当地条件下育成的，甚至条件差异较大，如果不采取选种选育措施，经过几代后就可能使品种退化。

#### 2. 引种应注意的问题

鉴于自然条件对品种特性有着持久和多方面的影响，在引种工作中必须采取慎重的态度。在引种前，应认真研究引种的必要性，切实防止盲目引种。在确定需要引种后，必须做好以下几个方面的工作。

(1)正确选择引入品种。选择引入品种必须考虑国民经济的需要和当地品种区域规划的要求。选择引入品种的主要依据是该品种具有良好的经济价值和育种价值，并有良好的适应性。前者反映引种的必要性，后者说明引种的可能性。适应性是指由许多性状构成的一个复合性状，包括人们日常所说的抗寒、耐热、耐粗饲、耐粗放管理以及抗病力等性状。它本身不是一个经济性状，但可直接影响生产力的发挥。

每一个品种都有一定的适应范围。一个品种的适应范围大小和适应性强弱，大体可从品种育成历史和原产地条件等方面判断，育成历史久、分布地区广的品种，如约克夏猪、荷斯坦牛、美利奴羊、来航鸡等，都具有悠久的历史，而且遍及世界各地，它们都具有较广泛的适应性。

一般来说,新引入地与原产地在纬度、海拔、气候、饲养管理等方面相差不远,那么引种通常都易成功;如果原产地的环境条件与新引入地相差较大,引种就比较困难,但只要适当注意引入后的风土驯化措施,不少也能成功。例如,摩拉水牛原产于炎热的印度、巴基斯坦地区,引入我国广西、湖北等地区后,均表现良好。原产于比较炎热地区的品种迁移到较寒冷地区比较容易成功的原因是:家畜在生理上适应低温的能力较强;人工防寒设备比防高温设备简单、经济;一般热带品种的饲养管理方式比较粗放。相反,将生产力高的温带家畜品种引入热带或亚热带地区,比较难以成功。例如,一些原产于英国或欧洲大陆的品种,如短角牛、海福特牛等,引入我国南方地区已多年,但在夏季仍会出现性欲衰退或暂时丧失配种能力等现象。其原因一般认为是:温带品种在生理上的耐热能力较差;温带品种对炎热地区的地方疾病、蜱的侵袭、内寄生虫病等的抵抗力较弱。

为了正确判断一个品种是否适宜引入,最可靠的办法是:先引入少量个体进行引种试验观察,经实践证明其经济价值及育种价值良好,又能适应当地的自然条件和饲养管理条件后,再进行大量引种。

二维码 10-3 牛的年龄鉴定(微课)

(2)谨慎选择个体。在引种时对个体的挑选除注意品种特性、体质外形以及健康和发育状况外,还应特别加强系谱的审查,注意亲代或同胞的生产力高低,防止带入有害基因和遗传疾病。引入个体间一般不宜有亲缘关系,公畜最好来源于不同家系。此外,年龄也是需要考虑的因素,由于幼年有机体在其发育的过程中比较容易对新环境适应,所以,从引种角度考虑,选择幼年健壮个体,有利于引种的成功。

随着冷冻精液及胚胎移植技术的推广,采用引入良种公畜精液以及良种母畜胚胎的办法,既可节省引种成本和运输费用,又有利于引种的成功。

(3)妥善安排调运季节。为了引入的家畜在生活环境上的变化不过于突然,有机体能有一个逐步适应的过程,在引入家畜调运时间上应注意原产地与引入地的季节差异。如由温暖地区将家畜引至寒冷地区,宜于夏季抵达;而由寒冷地区将家畜引至温暖地区则宜于冬季抵达,以使家畜逐渐适应气候的变化。

(4)严格执行检疫制度。切实加强种畜检疫,严格实行隔离观察制度,防止疫病传入,是引种工作中必须认真重视的一环。若检疫制度不严,常会带进当地原先没有的传染病,给生产带来巨大的损失。

(5)加强饲养管理和适应性锻炼。引种后的第一年是关键性的一年,为了避免不必要的损失,必须加强饲养管理。为此,要做好引入家畜的接运工作,并根据家畜原来的饲养习惯,为其创造良好的饲养管理条件,选用适宜的日粮类型和饲养方法。在迁运过程中,为了防止水土不服,应携带原产地饲料,以供途中和初到新地区饲喂。要根据它对环境的要求,采取必要的防寒或降温措施。预防地方性的寄生虫病和传染病,也是有利外来品种风土驯化的积极措施之一。

加强适应性锻炼和改善饲养条件,两者不可偏废。单纯注意改善饲养管理条件而不加强适应性锻炼,其效果有时适得其反。有些牧场为了使南方猪种落户北方,在改善饲养管理条件的同时,加强南方猪种适应性锻炼,采取栏内加铺垫草,清晨赶猪放牧运动,夜间不喂过稀食物等措施,逐渐增强南方猪种机体对寒冷的抵抗能力,有效地使南方猪种适应北方气候。

(6)采取必要的育种措施。对新环境的适应性不仅品种间存在着差异,而且个体间也有不同。因此,在选种时应注意选择适应性强的个体,淘汰那些适应性差的个体。在选配时,为了防止生活力下降和退化，应避免近亲交配。

此外，为了使引入品种对当地环境条件更容易适应，也可考虑采取级进杂交的方法，使外来品种的成分逐代增加，拉长迁移的时间，缓和适应过程。

在环境十分艰苦的地区，当引入外地品种确有困难时，可通过引入品种与本地品种杂交的办法，培育适应当地条件的新品种。

**3. 引种后的主要表现**

品种迁移到新地区后，由于自然环境条件和饲养管理的变化、选种方法或交配制度的改变等，品种特性总要或多或少地发生一些变异。这些变异按照其遗传基础是否发生变化可归纳为两种类型。

(1)暂时性变化。自然环境的变迁和饲养管理的改变常使引入品种在体质外形、生长发育、生产性能以及其他生物学特性和生理特性等方面发生一系列暂时性的变化。这是在引种工作中最常见的一类变化。例如，家畜迁移到新地区后，当饲养管理条件太差、营养不足或缺乏某种营养要素时，常造成家畜生长发育缓慢、成熟期延迟、减重、骨骼发育受阻、体形狭窄细长、四肢相对较高、被毛无光、肌肉松软、生产力下降、性功能表现某种程度的障碍等。这些现象看起来很像品种退化，但其遗传基础并未改变，只要所需条件得到满足，上述变异就会逐渐消除。长白猪是世界著名的腌肉型品种，引入我国后，虽在不少地方出现了生长发育受阻、体躯瘦弱、种猪繁殖障碍、四肢病和皮肤病较多等现象，但在改进了饲养管理条件和消除了引起变异的原因后，情况有了明显好转。

(2)遗传性变化。遗传性变化大体可分为两类。

①适应性变异。在风土驯化过程中可能产生适应性变异，其结果可能在体质外形和生产性能上有某些变化，但适应性却显著提高。如新疆细毛羊品种由干燥寒冷气候条件引入温暖潮湿的南方后，经过长期风土驯化过程，其腹毛变稀变短，剪毛量有所下降，而其他方面的指标，如繁殖力和体重，不但未减，有的还有提高。这种在长期风土驯化过程中所表现出的适应性变异，符合预期。

②退化。品种退化是指家畜的品种特性发生了不利的遗传变异，其主要特征是体质过度发育、生活力下降。家畜具体表现是：抵抗力较差、发病率增加、生产性能下降、生长发育缓慢、繁殖力下降、性征不明显，甚至出现不育，畜群中畸形胎、死胎等现象增多。这些不利的变异会遗传到下一代去的才称为退化。

发生退化的主要原因：一是畜群长期处在不适宜的环境条件下，造成生长发育受阻；二是选种时过分强调生产力而忽视体质的结实性；三是群体太小，又没有一定的选配制度，长期滥用近交。所以品种退化是风土驯化和良种繁育过程中均可能出现的现象。

为了防止品种退化，应从改善饲养管理条件入手，实行科学饲养。在选种时，除考虑生产性能外，还要注意选择体质结实的个体留种。在种公畜进行性能测定时，对于那些表现衰退和有遗传缺陷的个体应严格淘汰。在选配方面，应避免不必要的近交。在引种时，每一品种的引入头数，尤其是种公畜不宜过少。

**4. 引入品种选育的主要措施**

根据以上情况，总结经验，在引入品种选育中应采取以下措施。

(1)集中饲养。引入同一品种的种畜应相对集中饲养，建立以繁育该品种为主要任务的育种场，以利风土驯化和开展选育工作。这是引入品种选育工作中极为重要的一点。只有改变引入品种过于分散的状况，才能提高它们的饲养管理水平和繁育技术水平，从而提高这些品种的利用率，充分发挥它们的作用。良种群的大小，可因畜种的不同而异。根据闭锁繁育条件下近交系数增长的速度来计算，一般在良种群中需经常保持 50 头以上的母畜和 3 头以上的公畜，才不致由于其近交系数的增长而引起有害影响。在良种场中要打破"见纯就留"的观点，严格制订和执行选配制度，保证出场种畜的等级质量。

(2)慎重过渡。对引入品种的饲养管理应采取慎重过渡的办法，使之逐步适应。要尽量创造有利于引入品种性能发展的饲养管理条件，进行科学饲养。例如，从国外引进的良种猪，其原产地的饲料多为精料型，而且蛋白质含量较高，故应慢慢增加青料比例，使之逐渐适应我国的饲料类型。同时，还应逐渐加强其适应性锻炼，提高其耐粗性、耐热或耐寒性和抗病力。

(3)逐步推广。在集中饲养过程中，仔细观察引入品种的特性，研究其生长、繁殖、采食习性、放牧及合间行为和生理反应等方面的特点。详细做好观察记录，为饲养和繁殖提供必要的依据。在经过一段时间的风土驯化，摸清引入品种的品种特性后，才能逐渐推广到生产单位饲养，良种场应做好推广良种的饲养繁殖技术指导工作。

(4)开展品系繁育。品系繁育是引入品种选育中重要的措施。通过品系繁育除可达到一般目的外，还可改进引入品种的某些缺点，使之更加符合当地的要求；通过系间交流种畜，可防止过度近交；综合不同系(如长白猪的英系、法系、日系等)的特点，可建立我国自己的综合品系。

此外，在开展引入品种选育过程中，还必须建立相应的选育协作机构，加强组织领导，及时交流经验。

## 四、杂交育种

二维码 10-4 杂交生产
(微视频 讲师阮国荣)

杂交育种是运用杂交技术将两个或两个以上的品种特性结合在一起，继而在杂种后代进行选择以育成符合生产要求的新品种。畜禽品种或品系间的杂交，不但用于产生杂种优势，也用于培育新品种。杂交育种是从品种间杂交产生的杂交后代中，发现新的有益变异或新的基因组合，通过育种措施把这些有益变异和有益组合固定下来，从而培育出新的畜禽品种。

杂交育种是培育畜禽新品种的重要途径，被国内外普遍采用。杂交育种方法主要有级进杂交、导入杂交和育成杂交三种方法。

### (一)级进杂交

级进杂交又称为改造杂交，是利用某个优秀高产品种来彻底改造另一个低产品种的一种杂交育种方法。

#### 1. 级进杂交方法

(1)用优秀高产品种的公畜与被改造的低产品种的母畜杂交，所生 $F_1$ 母畜进行选留。

(2)用 $F_1$ 留种母畜与优秀高产品种的另一头公畜交配(以免近交)，所生 $F_2$ 母畜进行选留。

(3)继续用 $F_2$ 留种母畜与优秀高产品种的公畜交配。这样一代一代地杂交，直至杂种接近(或基本达到)优秀高产品种生产水平时,再进行横交固定和自群繁育。如果 $F_3$ 接近(或基本达到)优秀高产品种的生产水平时,那么可以进入横交固定的自群繁育阶段(图 10-1)。

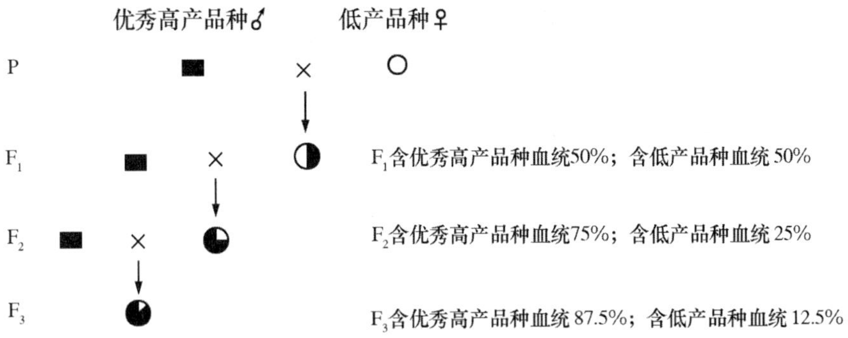


**图 10-1　级进杂交示意图**

**2. 级进杂交的注意事项**

(1)明确改良的具体目标。在进行级进杂交前,必须有明确的目标和指标,应慎重考虑并细致地订出计划。

(2)选择适合的改良品种。级进杂交的结果与选择的改良品种的遗传特性直接相关。必须选择符合育种要求,具有高产性能,适应当地自然经济条件,而且遗传性稳定的优良品种。

(3)加强选择和培育。随着杂交代数的增加,杂种生产性能越接近改良品种,对培育条件要求越高。因此,要积极改善饲养管理条件,同时对杂种加强适应性选择,才能提高育种效果。

**3. 级进杂交的应用**

我国是世界上畜禽品种最多的国家,但我国很多地方畜禽品种的品质及性能较差,特别是已不适应现代社会对畜产品的主流消费。这些群众不养、市场不要的品种,已面临淘汰或濒危。用优秀高产品种来彻底改造这些低产品种,使其最大限度地接近(或基本达到)优秀高产品种,从而得到广大养殖户的欢迎和市场喜爱。

在养牛业中,引入荷斯坦奶牛与黄牛进行杂交,使黄牛向乳用方向改良。杂种牛的产奶量逐代提高。若以荷斯坦奶牛 300 d 奶量为 100%,杂种第一代母牛产奶量相当于同期荷斯坦奶牛的 54.6%,杂种第二代提高到 59.51%,杂种第三代为 95.96%,杂种第四代为 96.26%。杂种第四代以上的母牛产奶性能要比本地黄牛提高近 10 倍,基本接近荷斯坦奶牛的生产水平。同时,杂种牛的生长发育和体形结构随杂交代次的增长也发生了明显变化,被毛黑白花,头清秀,颈细长,肋骨开张、弓圆,后躯较宽,外貌与荷斯坦奶牛大致相似。

引入西门塔尔牛与黄牛进行杂交,使黄牛向肉乳兼用方向改良,其改良效果也很显著。杂种第三四代牛无论体形外貌还是生产性能都与纯种西门塔尔牛相差无几。

## (二)导入杂交

**1. 导入杂交的概念**

导入杂交又称为引入杂交,是指在保留原有品种基本特性的前提下,导入(引入)少量其他优秀品种血液来改良原有品种的某些缺点的一种杂交育种方法。

**2. 导入杂交方法**

在采用导入杂交(引入杂交)时,导入的外血一般不超过 12.5%。导入杂交的主要步骤如下。

(1)用我国原优良品种的母畜与引入的优秀品种(多是国外著名品种)杂交。这样杂种一代($F_1$)含外血50%,含我国原优良品种血统50%。

(2)$F_1$ 母畜经过选种,留种的母畜再与我国原优良品种的另一头公畜交配(回交),所生含外血25%,含我国原优良品种血统75%。

(3)$F_2$ 母畜经过选种,留种的母畜再与我国原优良品种的公畜交配(回交),所生 $F_3$ 含外血12.5%,含我国原优良品种血统87.5%。如果此时感到 $F_3$ 已较为理想,则对 $F_3$ 采用横交固定,即 $F_3$ 公畜与 $F_3$ 母畜自群繁育,结合选种即可选育出既保留了我国原优良品种大部分特征特性,又改进了我国原优良品种某些性状或克服某些缺点的新品种(图10-2)。

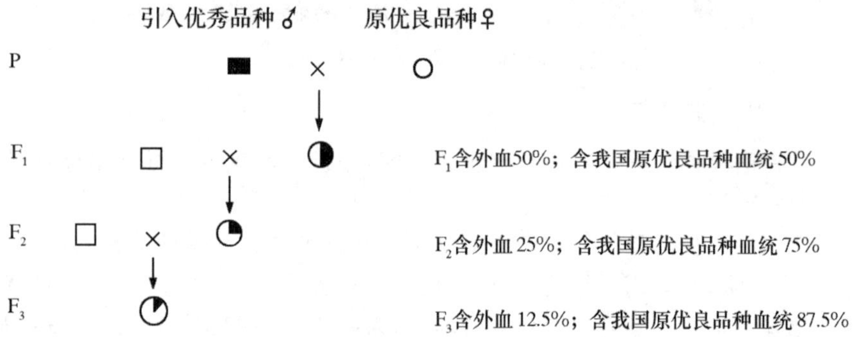


图10-2 导入杂交示意图

**3. 导入杂交的应用**

导入杂交多用于我国原有品种是优良品种,且具有独特的优点(如猪产仔多、肉质好),但存在某些缺点(如猪瘦肉率低)时。为了保持我国原优良品种的优点,克服我国原优良品种的某些缺点,需要适当引入(导入)少量外血(如国外优秀品种),来改良我国该优良品种的相应缺点,使该优良品种更加优秀和全面。

1949年后,我国对各种畜禽进行过大规模的杂交改良或杂交培育新品种,并取得了重大突破和较大成效。特别是在我国地方猪、鸡、奶牛、肉牛及羊的杂交改良上成绩卓著,且在杂交育种的方法上较多地采用了导入杂交的育种方法。

例如,东北细毛羊引入斯达夫细毛羊血统,含25%外血的杂种羊比同龄东北细毛羊毛长提高1 cm(10%)以上,剪毛量提高0.37 kg;狼山鸡引入澳洲黑鸡血统,用含25%澳洲黑鸡血统的杂种进行横交,其后代产蛋量由172.3个提高为191个,蛋重由54.2 g增加为57.2 g,体重由2.85 kg提高为3.01 kg,开产日龄由234 d缩短为206 d。

**4. 导入杂交的注意事项**

(1)慎重选择引入品种。引入品种的生产方向,应与原有品种基本相同,但又具有针对其缺点的显著优点。这样才能既保证其优良品质又改掉其缺陷,从而得到提高。

(2)应先进行小规模杂交试验。只有小规模杂交试验取得明显效果,才可以开展全面引入杂交育种工作。否则,应重新引入其他品种,再进行杂交试验。

(3)加强对杂种的选择和培育。导入杂交育种成功的关键在于对杂种后代的细致选择和合理培育。否则,引入品种的优点会随着回交代数的增加而逐渐消失。

## (三)育成杂交

### 1. 育成杂交的概念

用两个或两个以上的品种杂交以育成新品种的方法称为育成杂交。

### 2. 育成杂交的应用

(1)新品种培育的背景条件。①我国有些地方品种生产性能低下,既不适于用导入杂交进行改良,也不适于用级进杂交进行改造时,往往可采用育成杂交,即用该低产品种与其他一个或多个高产品种进行杂交,以重新培育一个新的品种。②该地区原来的地方品种已基本灭绝,或者已与其他品种无计划地杂交,杂种或乱交种普遍分布在该区域。此时则可在这些杂种的基础上,进行横交固定、提纯、选择、选育,进而培育一个新的品种。

在制订和预测上述新品种培育方案时,要考虑到将来培育出的新品种必须比原当地品种及其杂种生产性能要高,这样培育新品种工作才有必要性和具备现实意义。

(2)新品种培育的分类。在育种和生产中,新品种培育类型较为复杂。根据参加杂交品种的数量,可分为两大类:①简单育成杂交,即用 2 个品种进行杂交来培育新的品种。如草原红牛是用短角牛和蒙古牛杂交培育而成的;苏太猪是用杜洛克猪与太湖猪杂交培育而成的。②复杂育成杂交,即用 3 个及以上的品种进行杂交来培育新的品种。如用泊列考斯羊、高加索羊和我国的蒙古羊、哈萨克羊进行复杂育成杂交,培育出我国第一个细毛羊新品种——新疆细毛羊;用美利奴羊、高加索羊及我国的蒙古羊进行 3 个品种杂交,培育出新的品种——内蒙古细毛羊。

### 3. 育成杂交方法

开展育成杂交工作,必须在全面调查研究的基础上,根据国民经济需要,结合当地自然经济条件和原有品种特点,制订一个切实可行的育种方案,确定育种方向、育种指标和育种措施,然后根据育种方案有计划地进行。育成杂交一般分为三个阶段。

(1)杂交创新阶段。根据制订的杂交育种方案,进行品种间杂交,以期将分散在不同品种或不同个体的优良性状汇集到后代群体身上——理想型杂交后代和群体。通过不同品种间杂交是否可以获得新的理想型杂交后代群体,关系到培育新品种的遗传素材的优劣,故杂交创新阶段的成败是新品种培育是否成功的关键。

(2)自繁定型阶段。通过杂交创新阶段,发现理想型杂交后代时,即不再杂交,转入杂交后代间自群交配繁育,进入优良性状和优秀个体的固定阶段。此阶段的主要目的是固定理想型个体和理想性状。该阶段的主要技术措施是适当近交,使理想个体及理想性状的基因型得以纯合,达到固定优良个体和优良性状的目的。同时淘汰纯合有害基因和有遗传性疾病的个体,使群体内有害基因频率不断下降,有益基因频率不断上升,群体的优良基因不断纯合,优良性状得以固定,群体质量得到提升。该阶段是育成杂交最为关键的阶段。

(3)扩群提高阶段。当畜群内优良个体和优良性状得到固定后,进入扩群提高阶段。此阶段的主要工作是:①大量繁殖理想型个体。②中试、推广。国家对新品种的培育和验收有严格的规定,如要求新品种培育者要对新品种进行中间试验。对新品种的生产性能、适应性、抗逆性等进行验证。③在扩繁和推广实践中选育。将新品种推广到广大地区和将来的饲养区域进行实地饲养、实地选育、实地测试和实地调试;新品种能更加适应当地气候条件、饲养管理条件等,确保新培育的品种成为高产、优质、受老百姓欢迎的品种。

# 任务实施

## 任务一　引种方案制订

### 一、任务说明

通过本任务学习，了解引种与风土驯化的概念和意义、引种程序的制订以及引种畜禽的验收核对工作，为在今后的工作实践中制订科学的引种计划。

### 二、任务内容

**(一)实施方法**

根据养殖场的需求和生产目的、养殖场规模和生产条件、饲料来源、技术力量等因素，结合当地的自然气候条件，制订切实可行的引种计划和方案，所引进品种应符合引种要求、用途明确。

**(二)实施内容**

**1. 做好引种前的准备**

(1)引入品种饲养条件的准备。由于防疫的要求，新引入的品种必须经过一定时间的隔离饲养，所以新引入品种要有专门的饲养场所，配备专门的人员和良好的饲养条件。

(2)选择好正规的种畜禽场。注意查验种畜禽场的资质，同时要求所选种畜禽场具有种畜禽生产经营许可证、动物防疫合格证和种畜禽健康证明等。

(3)审阅种畜禽资料。在进行个体选择时，要求种畜禽场提供种畜禽系谱、产地和运输检疫证明、特定疫病检测证明、车辆消毒证明、收款发票、饲养管理方式和饲料配方等相关资料。

(4)小规模引种适应性试验。为了正确判断一个品种是否适宜引入，最可靠的办法是首先引入少量个体进行引种试验观察，经实践证明其经济价值及育种价值良好，又能适应当地的自然条件和饲养管理条件后，再大量引种。

**2. 严格执行引种程序**

(1)在引种前1～2个月，到当地县级动物卫生监督部门提出申请，并提交相关材料，等待上级动物卫生监督部门审批。

(2)凭动物卫生监督部门签发的审批表，向输出地县级动物卫生监督部门报告检疫。

(3)由输出地动物卫生监督部门出具合法检疫手续(包括动物检疫合格证明、动物及动物产品运载工具消毒证明)，并选择严格规范消毒的车辆运送。

(4)运抵输入地后，向当地县级动物卫生监督部门报检，并选择相对封闭的隔离场所隔离饲养30 d。

(5)隔离饲养期间应进行疫病监控检测、免疫抗体监测，做好相关观察记录。检疫合格后，方可混群饲养。

**3. 做好引种畜禽的验收核对工作**

(1)在引种所在地，根据合同要求进行个体验收核对。核对的主要内容包括品种及其特征、个体体重、发育状况、种用状况、健康状况、免疫档案、系谱档案、重大疫病抗体监测等。

(2)逐一进行个体检测，对符合种用的种畜禽逐一记录个体耳号，检测量不能少于所需量的 1.5 倍。

(3)将选中的种畜禽耳标与个体系谱档案记录进行核对，查看系谱档案，对有三代血统关系的种畜禽再次剔除。

(4)对免疫档案进行核实，一般查看疾病的免疫情况。对已免疫的要抽取个体血液进行抗体检测，抗体效价是否达到要求，检测量不能少于所需量的 1.2 倍。

(5)对没有接种的种畜禽及时进行补免。

**4. 引种规模的确定**

一方面要考虑经济条件的允许程度，另一方面要考虑小群体带来的近交程度增加的问题。所以要有一个合适的群体含量和近交增量，尤其是种公畜的数量不应太少。一般在良种群中经常保持 50 头以上的母畜和 3 头以上的种公畜，才不至于由于近交系数的增长过快而造成严重的不利影响。

# 任务二　杂交育种计划拟定

## 一、任务说明

通过设计和制订动物杂交育种方案，深入地了解和掌握杂交培育新品种的主要步骤、不同时期的任务和重点，以及主要技术措施。

## 二、任务内容

(1)大量查阅文献资料，在设计杂交育种方案中写清原理和目的。

(2)确定参与杂交畜种、品种及其基础群的数量和质量要求。

(3)确定杂交育种目标。

①总体目标。以培育适应我国饲养环境的畜种为基本方向，在保持某畜种基本体形外貌、无遗传缺陷的基础上，以繁殖、育肥和胴体 3 方面数量性状为改进重点，重视提高和改善畜产品质量。

②具体育种指标有繁殖性状、育肥性状、胴体性状、体形外貌等。

(4)杂交培育新品种的主要步骤。

①杂交。采用引入杂交或级进杂交方法，选配主要采用异质选配。目的是通过杂交，使不同品种的基因重组，杂交后代中出现理想的个体。

②自群繁育。目的是通过理想杂种个体群内的自群繁育，使目标基因纯合和目标性状稳定遗传。主要采用同型交配方法或近交。

③扩群提高。目的是迅速增加其数量和扩大分布地区，培育新品系，建立品种整体结构和品种品质，完成一个品种应具备的条件。主要采用纯种繁育的方法。

(5)杂交培育新品种的注意事项。

①慎重选择杂交的品种及个体。

②杂交要适当，固定理想时要适当采用近交。

③对杂种要严格进行选留和细致培育。

④积极繁育理想型个体、大力推广理想型个体和及时建立品系。

## 拓展学习

## 一、转基因技术

动物转基因技术是指运用基因工程等实验技术手段，对动物基因组进行有目的的遗传修饰，并通过动物育种技术使修饰改造的基因稳定遗传给后代动物的一种生物技术。近年来，出现了慢病毒载体法、转座子介导的基因转移法、RNA 干扰介导的基因敲除法、锌指核酸酶-基因打靶技术。到目前为止，人们已经成功地获得了转基因小鼠、转基因鸡、转基因山羊、转基因猪、转基因绵羊、转基因牛、转基因蛙以及多种转基因鱼。

### (一)转基因动物育种技术

目前，使用的转基因动物育种技术有显微注射法、逆转录病毒感染法、胚胎干细胞法、电脉冲法、精子载体法和体细胞克隆技术等。

#### 1. 显微注射法

显微注射法是 1980 年由 Gorden 等发明的，其原理是通过显微注射仪将外源基因直接注射到受精卵的雄原核内，使外源基因整合到 DNA 中，发育成转基因动物。这种方法的优点是外源基因的转移率和整合效率较高，转基因效率比较稳定，注射基因片段大小不受限制，无需载体，制备相对容易。这种方法的缺点是操作技术复杂，设备昂贵，导入外源基因的拷贝数无法控制，外源基因随机整合到基因组内，常导致宿主 DNA 染色体序列丢失或重排，从而造成严重的生理缺陷。

#### 2. 逆转录病毒感染法

逆转录病毒感染法的原理是将外源基因重新组合在逆转录病毒载体上制成高滴度病毒颗粒，然后用病毒去感染着床前或着床后的胚胎，将外源基因导入动物细胞内。这种方法的优点是单拷贝基因导入，不破坏目的基因，不易发生大的突变，易分析插入位点。这种方法的缺点是导入的目的基因短，需经嵌合途径，试验周期长，可能出现转入病毒基因的复制表达等。目前，逆转录病毒感染法是开展转基因动物育种研究的最有效方法之一。

#### 3. 胚胎干细胞法

胚胎干细胞法的原理是将动物早期胚胎(胚胎干细胞)注射于动物囊胚后可参与宿主的胚胎构成，形成嵌合体，再通过杂交繁育得到纯合目的基因的个体，即可生产出转基因动物。1984 年 Bradley 等用囊胚注射法获得首例小鼠 ES 细胞种系嵌合体，1992 年 Magin 等将小鼠干细胞注入囊胚中获得了生殖腺嵌合的小鼠。这种方法的优点是在克隆的ES细胞被转移到动物胚胎之前，可先把外源重组DNA整合到细胞的染色体组中，然后将这些胚胎干细胞进行筛选，找到理想的ES细胞，使转基因动物的生产效率明显提高。这种方法的缺点是ES建株很困难，需要预先选择和克隆基因转移型细胞，对小鼠来说繁殖嵌合体比较容易产生，但对于家畜来说则有一定难度。

**4. 电脉冲法**

电脉冲法又称电穿孔法，其原理是将供体DNA与受体细胞充分混匀，在外界的高电压短脉冲下改变细胞膜结构，使细胞膜产生瞬间可逆性电穿孔，从而使一定大小的DNA可以通过细胞膜，运送到细胞核。目前，在动物育种中电脉冲法主要用来转化胚胎干细胞。

**5. 精子载体法**

精子载体法是指利用精子作为转移外源基因的载体，通过受精将外源基因带入受体细胞并整合在染色体上的一种方法。目前，人们已利用精子载体法获得了转基因小鼠和许多转基因鱼，显示出了该方法的优越性和良好的应用前景。但精子载体法也存在着许多问题，有待进一步研究解决。

**6. 体细胞克隆技术**

体细胞克隆技术能够培育出与供体基因组完全相同的转基因动物，在基础研究和应用研究方面有重大意义。例如，第一例体细胞克隆动物“多莉”羊的诞生，曾引起了世界性轰动。但是，在基础理论和实验技术上，体细胞克隆技术尚需进一步完善。在我国，施履吉院士早在20世纪80年代初，就提出了乳腺生物反应器的构想，并成功地获得了表达乙肝表面抗原的转基因兔，为通过转基因动物的途径获得药物打下了基础。目前，我国在转基因动物研究领域，已经获得了转基因小鼠、转基因鱼、转基因猪、转基因羊、转基因鸡等，以及具有快速生长能力或抗病能力的家畜、家禽种系。尽管转基因动物的研究已取得了一定成果，但目前转基因动物研究领域尚存在制备效率低的问题。据不完全统计，制备一只转基因小鼠，需40个注射过的受精卵，而绵羊、山羊、猪、牛分别为110个、90个、110个和1 600个，而转基因个体的后代中只有50个表达基因，还存在着不能表达或表达混乱、不能遗传给后代等问题。随着这一技术的成熟，许多问题有望得到逐步解决。

**(二)转基因动物育种的应用**

**1. 生物制药**

1999年Rudolph用转基因动物乳腺生产抗凝血酶血源产品，2000年Nie mann获得了葡萄糖苷酶血源产品。阎喜军等在转基因羊的乳汁中成功地表达了人凝血因子。荷兰Genpharm公司用转基因牛生产乳铁蛋白，预计每年的销售额可达50亿美元。估计可年产20万U人血红蛋白，产值达5 000万美元。从生产开发药物的周期来说，现在从新药的研究到上市需10～15年，而利用转基因动物生产仅需5年左右的时间。若以动物的世代间隔来计算，转基因羊为18个月，转基因牛为25～29个月。我国学者成功研制了乳汁中分泌有活性的治疗血友病的人凝血因子区的转基因绵羊，以及含有治疗慢性胃炎的岩藻糖基转移酶的转基因克隆牛。

**2. 建立诊断和治疗人类疾病的动物模型**

转基因动物作为疾病模型可以代替传统的动物模型进行药物筛选。利用转基因技术可建立敏感动物品系及产生与人类疾病相同的疾病动物模型，这种动物模型应用于药物筛选的优点是准确、经济、试验次数少、试验时间显著缩短，现已成为人们试图进行“快速筛选”的一种手段。例如，随着癌基因的不断发现，越来越多的肿瘤疾病模型被用于药物筛选。Komori 等曾用携带有哺乳动物细胞色素 P-450 的果蝇进行毒性试验，筛选致突变和致癌物质。1995 年 Snyder 等将人 CD4 融合基因导入家兔基因组，成功地制作了可用于研究 HIV-1 感染宿主细胞的动物模型。我国首次应用基因治疗方法治疗疾病是在 1991 年，对血友病患者进行治疗并获得成功。建立用于药物研究和适合基因治疗的转基因动物模型将成为今后发展的重要方向。目前，科学家们利用转基因小鼠建立老年性痴呆症、关节炎、肌肉营养缺乏症、肿瘤、原发性高血压、神经衰弱症、内分泌功能障碍等多种人类疾病的动物模型。

**3. 生产可用于人体器官移植的动物器官**

每年由于可供移植的人体器官不足，成千万的病人因得不到移植器官而死去。因此，异源器官移植有望解决世界范围内普遍存在的器官缺乏问题。

**4. 转基因技术可以用于动物抗病育种**

通过克隆特定基因组中的某些编码片段，对其加以一定形式的修饰后转入畜禽基因组，如果转入的基因能在宿主基因组得以表达，那么畜禽对该种病毒的感染应具有一定的抵抗能力，或者能够减轻该种病毒侵染时对机体带来的危害。其用于遗传育种不仅可以加速改良的进程，使选择的效率提高，改良的机会增多，并且不会受有性繁殖的限制。动物转基因技术在改善肉奶质量、生产生物医药产品以及人类疾病模型的建立，特别是在治疗人类的疑难病症方面都显示出了广阔的应用前景。

转基因动物也可能带来负面效应。最主要的危险来自外源基因整合、运用载体 DNA 和转基因表达所带来的副作用。这些副作用包括诱发基因组多个位置上的突变，转基因整合后造成某些染色体基因的失活、致癌基因的激活，如在应用反转录病毒作为载体时以及转基因的非生理性表达等。尤其值得注意的是，在转基因动物体内的激素超常分泌作用，如人类的生长激素基因在小鼠中的表达可引起小鼠的生长速度提高、乳腺发育提前、母鼠繁殖力降低甚至不育等副作用。

## 二、动物克隆技术

克隆，即无性繁殖，是指不经两性细胞的结合，直接由正常二倍体细胞繁衍后代的方式。同一种克隆细胞或个体在遗传构成上完全相同。根据供体核的来源不同可将其分为胚胎细胞克隆和体细胞克隆两种方法。

在自然界哺乳动物中存在天然的克隆动物，同卵双胞胎实际就是一种克隆，是两性细胞结合后形成二倍体细胞，在卵裂时，某种原因导致两个子细胞发生分离，各自独立地发育成为两个个体。

目前，人工生产克隆动物的方法主要是胚胎分割和细胞核移植。由于胚胎分割技术很难将每一个胚胎细胞准确分离，能够用于克隆的细胞数目有限，而细胞核移植可以产生无限的遗传相同的个体，是克隆动物生产的更有效的方法，故人们往往把细胞核移植称为动物克隆技术。

细胞核移植是将早期胚胎细胞的细胞核或卵裂球，通过融合、激活和体外培养等方法，移植到去核卵母细胞中，构成新合子，然后移植给受体。胚胎克隆的理论基础是胚胎细胞与受精卵一样，都具有发育全能性。

克隆技术可以快速扩大动物群体，保护濒危动物。在医学研究中，利用克隆技术培育器官，避免机体的排异性和器官的大量供应。

## 三、基因编辑技术

基因编辑技术是对生物体基因组 DNA 进行序列特异性修饰的技术，其对 DNA 的修饰有精确敲除、定点插入、替换或诱导突变等，可以使被编辑的生物体性状发生定向改变，并且能够稳定遗传给后代，被广泛应用于生物医药、动物遗传育种、基因工程和植物分子育种等领域。锌指蛋白核酸酶技术、转录激活因子样效应物核酸酶技术、成簇的规律间隔短回文重复序列及相关蛋白 Cas 技术以及单碱基编辑技术是 4 种不同的基因编辑工具。

基因编辑技术的作用机制是具有特异性的核酸酶先识别基因片段上的靶序列，对 DNA 靶向切割后产生双链断裂，然后激活生物体的缺口修复过程，即非同源性的末端连接修复或同源性的重组修复，致使基因片段特定位点的碱基缺失、插入或替换，从而实现对目的基因的精准改变。

在家畜遗传育种方面，利用基因编辑技术进行定点基因编辑，可以大大缩短家畜选育时间，大大缩短育种周期，降低育种成本，迅速增加遗传多样性，还能对物种性状进行改良，进而诱导突变理想性状，且安全性有一定保障。当前，已经产生了许多基因编辑家畜，如抗繁殖与呼吸综合征的基因编辑猪、肌肉生长抑制素基因编辑猪和对结核病不敏感的转基因牛等。这些家畜在瘦肉率、抗病性和其他有利性能方面也得到显著提高。值得注意的是，当前的基因编辑技术(CRISPR/Cas9)还面临着脱靶问题，具有在基因组中诱导脱靶突变的潜力，这些突变也许不会对动物个体的健康产生影响，但仍然不可忽视。借助基因编辑工具，家畜育种将进入新发展阶段，并为人类提供更高质量、更加健康、更低成本的品种及更丰富的产品。

### 思考题

1. 什么是品种？作为品种应具备什么条件？
2. 品种分别按培育程度、主要用途和生产类型是如何分类的？
3. 什么是本品种选育？其基本措施有哪些？
4. 级进杂交与导入杂交有何不同？
5. 如何制订引种方案？

# 项目十一
## 品种资源保护

**素养目标**

1. 增强文化自信和民族自豪感。
2. 培养忧患意识。
3. 提高生态保护的责任感。

**知识目标**

1. 了解畜禽品种资源概况。
2. 了解畜禽品种资源保护中存在的问题。
3. 掌握品种资源的保存方法。

**技能目标**

1. 掌握畜禽资源普查办法。
2. 掌握畜禽系统调查方法。
3. 拟定地方品种保种方案。

### 知识准备

饲养畜禽可为人类提供肉、蛋、奶、毛、皮、畜力及有机肥，是人类社会生活、生产不可或缺的重要资源。自12 000余年前开始驯化畜禽以来，已有40多种哺乳动物和鸟类被人类驯化，但广泛饲养的畜禽只有6种哺乳动物(即水牛、黄牛、山羊、马、猪和绵羊)、4种禽类(即鸡、鸭、鹅和火鸡)。其他如羊驼、牦牛、骆马、鹿等数量稀少，但对人类生活同样具有重要意义。数千年来，上述主要畜禽品种通过人类选择，生产性能不断提高，但与此同时，大量生产性能不高、具有一定特色的地方品种或类群却濒临灭绝，甚至消失。联合国粮食及农业组织(FAO)在1993年统计，约30%的家畜品种资源处于灭亡状态。为此，加强畜禽品种资源的抢救性保护，已得到世界各国的高度重视。

我国自"六五"以来，就将家畜遗传资源的挖掘、鉴别和保护工作列为国家科技攻关项目。1994年颁布《种畜禽管理条例》和《种畜禽管理条例实施细则》，1996年成立了国家畜禽品种遗传资源委员会和国家家畜品种专业审定委员会，先后多次修订公布了《国家畜禽遗传资源保护名录》和《国家畜禽遗传资源品种名录》，对我国畜禽品种资源保护发挥了重要作用。

## 一、品种资源概况

### 1. 世界畜禽品种遗传资源概况

根据联合国粮食及农业组织家畜多样性信息系统（DAD-IS）所公布的畜禽品种资源资料，238 个有提供畜禽品种资源资料的国家或地区，家养动物中的哺乳动物纲及鸟纲物种共 35 个，累计各国品种资源资料达 11 930 个。而且从 1995—2005 年分布国家数和品种资源数量都同步增加（表 11-1、表 11-2），表明世界各国都在不断加强畜禽品种资源保护。

二维码 11-1　品种资源保护概述（微视频　讲师阮国荣）

**表 11-1　不同品种资源在世界分布的国家数及其排列顺序**　个

| 序号 | 品种资源 | 在世界分布的国家数 | |
|---|---|---|---|
| | | 1995 年 | 2005 年 |
| 1 | 黄牛 | 141 | 177 |
| 2 | 山羊 | 117 | 162 |
| 3 | 绵羊 | 105 | 149 |
| 4 | 猪 | 81 | 121 |
| 5 | 鸡 | 71 | 112 |
| 6 | 马 | 88 | 109 |
| 7 | 鸭 | 35 | 55 |
| 8 | 驴 | 42 | 51 |
| 9 | 火鸡 | 26 | 49 |
| 10 | 鹅 | 30 | 46 |
| 11 | 兔 | 0 | 40 |
| 12 | 水牛 | 25 | 38 |
| 13 | 单峰驼 | 19 | 28 |
| 14 | 番鸭 | 15 | 22 |
| 15 | 珠鸡 | 12 | 21 |
| 16 | 鸽 | 13 | 16 |
| 17 | 鹌鹑 | 8 | 14 |
| 18 | 牦牛 | 9 | 10 |
| 19 | 鹿 | 0 | 9 |
| 20 | 鸵鸟 | 7 | 8 |
| 21 | 双峰驼 | 4 | 6 |
| 22 | 骆马 | 5 | 5 |
| 23 | 鹧鸪 | 5 | 5 |
| 24 | 羊驼 | 4 | 5 |
| 25 | 雉鸡 | 2 | 5 |
| 26 | 豚鼠 | 0 | 5 |
| 27 | 犬 | 0 | 5 |
| 28 | 小羊驼 | 3 | 3 |
| 29 | 大羊驼 | 2 | 2 |
| 30 | 鸸鹋 | 0 | 2 |
| 31 | 食火鸡 | 0 | 1 |
| 32 | 孔雀 | 1 | 1 |
| 33 | 南渡鸟 | 0 | 1 |
| 34 | 毛丝鼠 | 0 | 1 |
| 35 | 燕子 | 0 | 1 |

**表 11-2 不同种属的畜禽品种资源数量及其排列顺序** 种

| 序号 | 品种资源 | 品种资源累计数 | | 序号 | 品种资源 | 品种资源累计数 | |
|---|---|---|---|---|---|---|---|
| | | 1995 年 | 2005 年 | | | 1995 年 | 2005 年 |
| 1 | 绵羊 | 1 068 | 2 562 | 19 | 犬 | 0 | 25 |
| 2 | 黄牛 | 998 | 2 562 | 20 | 番鸭 | 7 | 10 |
| 3 | 鸡 | 599 | 1 905 | 21 | 鸵鸟 | 7 | 20 |
| 4 | 猪 | 409 | 1 240 | 22 | 双峰驼 | 7 | 13 |
| 5 | 马 | 455 | 1 197 | 23 | 鹧鸪 | 11 | 13 |
| 6 | 山羊 | 440 | 993 | 24 | 雉鸡 | 9 | 8 |
| 7 | 兔 | 0 | 419 | 25 | 豚鼠 | 0 | 12 |
| 8 | 鸭 | 59 | 349 | 26 | 羊驼 | 6 | 10 |
| 9 | 鹅 | 64 | 238 | 27 | 骆马 | 8 | 8 |
| 10 | 驴 | 81 | 154 | 28 | 鸸鹋 | 0 | 5 |
| 11 | 水牛 | 78 | 150 | 29 | 小羊驼 | 3 | 3 |
| 12 | 火鸡 | 31 | 135 | 30 | 大羊驼 | 2 | 2 |
| 13 | 单峰驼 | 48 | 69 | 31 | 南渡鸟 | 0 | 2 |
| 14 | 珠鸡 | 22 | 61 | 32 | 孔雀 | 1 | 1 |
| 15 | 鸽 | 16 | 54 | 33 | 食火鸡 | 0 | 1 |
| 16 | 鹌鹑 | 24 | 50 | 34 | 毛丝鼠 | 0 | 1 |
| 17 | 鹿 | 0 | 58 | 35 | 燕子 | 0 | 1 |
| 18 | 牦牛 | 13 | 27 | | | | |

**2. 国内畜禽品种遗传资源概况**

我国畜禽品种不仅在数量上多，而且不少在质量上还有独特之处。我国现有畜禽品种资源可分为 5 种类型：原有的地方品种、新培育品种、培育配套系，以及国外引入品种、引入配套系。根据国家畜禽遗传资源委员会公布的《国家畜禽遗传资源品种名录(2021 年版)》，收录的畜禽地方品种、培育品种、引入品种及配套系共 948 个，包括传统畜禽猪、牛(普通牛、瘤牛、水牛、牦牛、大额牛)、羊(绵羊、山羊)、马、驴、骆驼、兔、鸡、鸭、鹅、鸽、鹌鹑等 12 个，特种畜禽梅花鹿、马鹿、驯鹿、羊驼、火鸡、珍珠鸡、雉鸡、鹧鸪、番鸭、绿头鸭、鸵鸟、鸸鹋及非食用的水貂、银狐、北极狐和貉 16 个。

在猪品种方面，经多次普查挖掘、合并归类，目前有 83 个地方品种，大体可分为华北型、华南型、华中型、江海型、西南型、高原型六大类。每个类型中又有许多独特的猪种类型，如产仔特多的太湖猪、耐寒体大的东北民猪、早熟快长的陆川猪、适于腌制优质火腿的金华猪以及能适应高海拔条件且具有特别抗寒、耐粗特性的藏猪等。同时，还有 25 个培育品种，如北京黑猪、三江白猪、苏太猪、军牧 1 号白猪等；14 个培育配套系，如光明猪配套系、华农温氏Ⅰ号猪配套系、中育猪配套系等；6 个引进品种，如大白猪、长白猪和杜洛克猪等；以及 2 个引入配套系，如斯格猪和皮埃西猪。

在牛品种方面，也有极其丰富的品种资源。在我国辽阔的土地上，不仅分布着普通牛、水牛、牦牛、瘤牛和大额牛等 132 个不同种属的牛，其中，普通牛有地方品种 55 个、培育品种 10 个、引入品种 15 个；水牛有地方品种 27 个、引入品种 3 个；牦牛有地方品种 18 个、培育品种 2 个；瘤牛有引入品种 1 个，大额牛有地方品种 1 个。而且还形成了许多著名的地方良种或类型，如产于呼伦贝尔以乳肉兼用著称的三河牛，体高力大、步伐轻快、性情温顺的南阳牛，行动迅速、水旱两用的延边牛，以及湖南的滨湖水牛，江苏的海子水牛，四川的德昌水牛，云南的德宏水牛等大型役用水牛。

在绵羊和山羊品种方面，均有地方品种、培育品种和引入品种，其中，绵羊地方品种 44 个、培育品种 32 个、引入品种 13 个；山羊地方品种 60 个、培育品种 12 个、引入品种 6 个。这些品种中有不少是世界著名的品种资源，如具有特别良好生态适应性的蒙古羊、哈萨克羊和西藏羊，以快长速肥和“大尾”著称的乌珠穆沁羊，我国独特的二毛裘皮羊品种滩羊，繁殖力强、适于舍饲、羔皮品质优良的湖羊等。

在家禽品种方面，我国是品种资源最丰富的国家之一。根据国家品种名录，我国拥有鸡的地方品种 115 个、培育品种 5 个、培育配套系 80 个，还有引入品种 8 个、引入配套系 32 个；鸭的地方品种 37 个、培育配套系 10 个、引入品种 1 个，引入配套系 7 个；鹅有地方品种 30 个、培育品种 1 个、培育配套系 2 个、引入配套系 6 个。其中不乏具有独自特色的品种，如蛋大、壳厚、体形较大的宁都黄鸡、边鸡、大骨鸡等；骨细、肉嫩、味鲜的北京油鸡、惠阳胡须鸡、清远麻鸡等；体小省料、年产蛋达 200 枚以上的仙居鸡；以及生长快产蛋多的北京鸭、体形特大的狮头鹅等。

此外，我国在马、驴及骆驼等家畜中也有不少优良品种和地方类型。如耐粗、耐寒、耐劳的蒙古马和适应山地条件的西南马，都是世界著名的马种；陕西的关中驴和山东的德州驴，都是有名的大形驴种；宁夏的中卫山羊，是我国特有的轻裘皮山羊品种；还有“沙漠之舟”之称的阿拉善双峰驼等。

但是，我国也有一些其他优良的畜禽品种，由于保种措施不力处于濒危状态，甚至严重的已经完全灭绝。如浙江舟山黑牛、海南高峰牛、西南地区的微型马、关中驴、湖羊等已经濒危，而九斤黄鸡、浦东鸡、早胜牛、邓川牛、西藏粗毛羊等则已经灭绝。随着畜牧业经济的快速发展，更多性能一般的地方品种逐渐被一些性能优秀的引入品种和培育品种所替代，这些品种资源亟须采取有效的措施加以保护。

**二维码 11-2　国家畜禽遗传资源品种名录(2021 年版)**

## 二、保种中存在的主要问题

尽管人们对家畜品种资源保护的重要性和迫切性已形成共识，但在保种的具体方法和措施方面，还是存在一些分歧。主要有两种观点，即保存和利用。

偏重于保存观点的人认为，保种的主要目标是长期保存遗传资源，为将来所利用，要求尽可能多地保存纯种，维持较高的遗传多样性，以适应未来难以预料的变化和需求。偏重于利用观点的人则认为，应该直接利用现有遗传资源来改良畜群，保存一些将来有用的具有独特生物性状的后裔，只要这些品种的基因保留在商品群中即可，不十分注重品种本身的保留。

此外，对传统家畜品种和地方品种在长期遗传改良方面的重要性程度的看法不一。也有一部分研究者试图兼顾遗传资源保存的近期利益和长远利益，提出了一些具有实用价值的保种理论和方法。在实际的畜禽遗传资源保护工作中，必须协调处理好以下几个问题。

**1. 保种与选育的关系**

家畜品种的改良主要是针对具有经济价值的生产性能进行的，选择的目的是要打破群体遗传结构的平衡，选择有利的基因，通过近交等手段，不断地提高它在群体中的频率。在畜禽遗传资源保护中，由于保种的目的在于全面地维持群体遗传结构的稳定，它与品种生产性能的选育提高是对立的。一般情况下，必须设立单独封闭的保种群体，在群体内需要遵循群体遗传学理论的要求，避免选择、突变、迁移、近交等系统性因素的影响，同时要尽量降低遗传漂变的作用。

由于大多数地方品种保种群的主要生产性能较低，长期独立地维持一个较大的保种群需要很大的资金投入，由企业进行单纯保种难以维系。为此，需要转变传统的保种观念，采取以保存遗传特性为对象的系统保种方法，则有可能将保种与选育有机地结合起来。

**2. 短期利益与长远利益的矛盾**

家畜遗传资源保存的最根本目的是人类社会能利用这些资源，目前最主要的目的是保存一些生产性能较低的地方品种，以备未来的需要。因此，从短期利益来看，保种是一项经济效益较低的工作。长期的畜禽遗传改良实践表明，随着人类社会的变化、生活需求的改变以及经济、科学、文化和历史等方面的因素，要求人类为了长远的可持续利用自然资源，必须对现有的宝贵遗传资源进行有效的保存。

由于对畜禽遗传资源未来的应用价值目前难以做出准确的判断，所以其长远的经济利益是非常模糊的。为了人类未来的共同利益，必须明确畜禽遗传资源保护工作在很大程度上是一项公益事业，需要政府和社会团体的支持，甚至全球性的国际组织和政府间的合作。否则，只为了追求短期的利益，大量的生产性能较低的地方品种都将不可避免地遭受灭绝的威胁。

**3. 保种任务的区域性不平衡**

现有的畜禽遗传资源是人类在各自的社会和生态条件下经过长期培育形成的，在复杂多变的条件下形成了丰富的、各具特色的地方类群。然而，由于人类社会发展的区域性不平衡，商品经济化的程度不同，地方畜禽品种资源也有很大的差异。在发达国家，由于长期的市场激烈竞争，以追求高经济效益为主要目的，所以大量的性能较低的地方品种相继灭绝，逐渐被少数生产性能优秀的培育品种所取代。例如，奶牛以黑白花牛，蛋鸡以白来航鸡，猪以长白猪、大白猪和杜洛克猪等形成了世界性的主导品种。在大多数发展中国家，由于商品化经济进程相对落后，目前拥有的遗传资源相对丰富，在畜禽遗传资源逐渐枯竭的今天广泛受到全球的重视，要求保护这些资源的愿望越来越强烈。

与此同时，在家畜遗传资源保护的研究和实际执行中，大多数的理论研究者集中在发达国家或地区，而真正承担艰巨保种任务的却是大多数发展中国家或地区。这种区域的不平衡性导致了对家畜遗传资源难以实施有效的保存。为此，迫切需要国际社会的共同努力，在技术、资金等方面给予大力支持，通过全球性合作来保护人类共有的资源。

**4. 保种资金的投入**

一般来说，需要专门进行保护的畜禽遗传资源都是一些生产性能较低的地方品种。单纯的保种是一项耗资多、收益少的工作，这也是制约畜禽遗传资源保护工作最重要的因素。需要设法多渠道地筹措保种资金，才能保证保种工作持续有效开展。保种资金应该从 4 个途径加以筹措：一是政府财政投入，它是进行畜禽遗传资源保护工作的基础；二是国际社会的支持，在这方面以联合国粮食及农业组织作为全球遗传资源保护与利用的协调机构，可以进行国家间有关遗传资源保护方面的经费支持，有利于平衡区域间的矛盾，是发展中国家开展遗传资源保护工作的一个重要资金渠道；三是社会团体或个人的赞助，利用一些社会团体，如一些畜禽遗传资源保护协会，以及热心于这项事业的个人，可以为畜禽品种保护提供部分资助；四是遗传资源的综合开发利用，这是积极主动地开展遗传资源保护的一个重要途径，对于一些具有独特性能的地方品种，通过开发其特有的应用价值，使被动的遗传资源保护转变为良性的遗传资源开发利用。

## 三、品种资源普查

有效保护地方畜禽品种资源应率先要求情况明、家底清，这样才能有的放矢，做到精准保护。

二维码 11-3　品种资源普查（微视频　讲师阮国荣）

改革开放以来，我国先后进行了三次大规模的全国性畜禽遗传资源调查，发现并保护了一批处于濒临灭绝或濒危状态的畜禽品种。

第一次全国畜禽遗传资源调查：为了摸清家底，我国于 1979—1983 年开展了第一次调查，初步摸清了全国大部分地区的畜禽遗传资源家底，出版了《中国家畜家禽品种志》，收录品种 260 个，其中马、驴 45 个，牛 46 个，羊 46 个，猪 66 个，家禽 50 个，驼、兔 7 个。由于工作基础、交通条件、人文地理等因素影响，第一次调查未涉及西藏、四川、云南、甘肃、青海等 5 省（自治区）的青藏高原区域和新疆部分地州县以及部分边远地区。而改革开放后，随着国外畜禽品种的大量引进，地方品种资源日渐消失，2000 年全国畜牧总站发布公告：根据群体数量现状和动态变化趋势分析 8 个品种（或类群）已经灭绝，9 个品种（或类群）濒临灭绝，有 50 个品种（或类群）处于濒危状态。

第二次全国畜禽遗传资源调查：于 2006—2009 年农业部组织开展了第二次全国畜禽遗传资源调查。通过这次调查，查清了 1979 年以来畜禽遗传资源的消长变化，编纂出版了《中国畜禽遗传资源志》，收录畜禽品种 747 个。为此，修订了《国家级畜禽遗传资源保护名录》，确定 159 个地方品种列入名录，国家级保护品种增加了 21 个。2010 年以来，农业农村部对全国畜禽遗传资源情况进行过多次动态摸排，国家级畜禽遗传资源名录也经过几次修订，到 2021 年列入《国家级畜禽遗传资源保护名录》的地方品种达 665 种，培育品种及配套系中猪有 39 种、牛有 10 种、牦牛有 2 种、绵羊有 32 种、山羊有 12 种、马有 13 种、兔有 14 种、鸡有 85 种、鸭有 10 种、鹅有 3 种等。

但是第二次调查没有完全覆盖第一次未涉及的地区。而随着工业化城镇化进程加快、气候环境变化以及畜牧业生产方式的转变，畜禽种质资源群体数量和区域分布又发生很大变化，地方品种消失风险加剧，一旦消失灭绝，其蕴含的优异基因、承载的传统农耕文化也将随之消亡，生物多样性也将受到影响。为此，2020 年中央农村工作会议明确提出，要拿出攻破“卡脖子”技术的干劲，明确方向和目标，加快实施农业生物育种重大科技项目，早日实现重要农产品的种源自主可控。

第三次全国畜禽遗传资源普查：于 2021 年 3 月农业农村部下发《关于开展全国农业种质资源普查的通知》，决定自 2021 年起，利用 3 年时间，在全国范围内组织开展农业种质资源普查，摸清我国农作物、畜禽和水产种质资源家底。其中畜禽普查的任务有五项，分别是：一是开展全面普查。查清原有品种资源是否还存在，存在的品种资源群体数量和区域分布情况，发掘一批新资源，抽查核实普查数据。二是开展系统性专业调查。调查品种资源的保护利用情况，挖掘其文化价值，收集整理研究领域的新成果，开展品种评价，拍摄品种照片。开展品种资源特性评估，主要包括体形外貌描述，测定体尺体重、生产性能、繁殖性能等系列指标。提交品种资源调查报告。三是开展新资源鉴定。对各地发现的新资源，根据有关规定报国家畜禽遗传资源委员会进行鉴定，鉴定通过后由农业农村部统一公布。四是开展抢救性保护行动。评估品种资源状况和珍稀濒危程度，完成省级畜禽遗传资源保护名录修订工作，推动修订国家级畜禽遗传资源保护名录。依托国家和省级畜禽保护单位，加大活体保种和遗传素材保存力度，加快推动遗传素材入库并长期保存，确保资源不灭失。五是全面完成普查工作。完成全国畜禽遗传资源数据库建设，开展数据录入、审核和分析，编写国家畜禽遗传资源状况报告，编纂畜禽和蜂、蚕遗传资源志书。

**1. 全面普查**

(1)普查组织。省级普查机构部署，市级普查机构组织协调，县级普查机构具体实施。以行政村为单位，组织开展畜禽遗传资源普查，逐级审核、上报。

(2)普查范围。《国家畜禽遗传资源品种名录(2021 年版)》列入的 33 种畜禽。其中，传统畜禽 17 种，包括猪、普通牛、水牛、绵羊、山羊、马、驴、骆驼、兔、鸡、鸭、鹅等；16 种特种畜禽，包括梅花鹿、羊驼、火鸡、珍珠鸡、番鸭、水貂等。每个畜种分为地方品种、培育品种及配套系和引入品种及配套系。地方品种是重点。

(3)具体实施。省、市、县组织相应工作小组，通过进村入户，乡(镇)、县汇总，地(市)、省审核汇总，最终报送国家畜禽资源库，形成全国畜禽资源总库。其中，普查人员进村要求不落下一户，如有饲养畜禽，则需登记户主姓名、饲养品种名称、品种类型、群体数量(公、母数)及饲养方式(散养还是集中饲养)；而后再以乡(镇)、县、地(市)、省进行资源信息汇总。

**二维码 11-4 畜禽和蜂资源普查信息入户登记表**

**二维码 11-5 畜禽和蜂资源普查信息登记表**

**二维码 11-6 县级畜禽和蜂资源普查信息汇总表**

**二维码 11-7 市级畜禽和蜂资源普查信息汇总表**

**二维码 11-8 省级畜禽和蜂资源普查信息汇总表**

**2. 系统调查**

全面普查只是掌握国内存在的畜禽品种及类群、饲养数量和模式，但这些畜禽的体形特征、生产性能、产品质量等仍不明确。为此，还需对所普查到的畜禽品种进行深入的系统调查与测定。内容如下。

(1)畜禽遗传资源概况：根据历史档案，查清品种来源与形成历史；明确中心产区与分布区域、群体规模；当地自然生态条件、消长形势、品种评价、资源保护、开发利用及疫病情况等。

(2)畜禽体形外貌个体登记与群体描述：针对不同畜禽品种，在选取一定数量的成年个体，进行包括毛色、肤色、从头到脚各部位的体形外貌特征登记基础上，再进行群体体形外貌描述。

(3)畜禽体尺体重测定：根据畜禽品种不同，选取一定数量的成年家畜进行包括体重、体高、体长(体斜长)、胸围、腹围、管围等体尺测量。成年家禽则测量体重、体斜长、龙骨长、胸宽、胸深、胸角、骨盆宽及胫长、胫围等。

(4)畜禽生长发育及育肥性能测定：针对不同畜种测定指标不一。猪的生长发育要测定初生重、断奶重、保育结束日龄与体重、120 日龄体重及上市体重与日龄等，育肥性能测定育肥期日增重、料重比。牛要测定育肥期日增重。羊要测定初生重、断奶重、6 月龄和 12 月龄体重。家禽(肉用和兼用品种)的测定时间为初生至 13 周龄，从第 0～13 周，每 2 周测定一次体重，测定时间点包括第 0 周(初生)、第 2 周末、第 4 周末、第 6 周末、第 8 周末、第 10 周末和第 13 周末，若当地上市日龄高于 13 周龄，则增加上市周龄的测定。

(5)畜禽屠宰与肉质测定：屠宰性能主要测定产肉指标，包括宰前体重、胴体重、皮重(猪)、骨重、瘦肉重、肥肉重以及背膘厚、眼肌面积等，从而得到屠宰率、瘦肉率(猪)或净肉率(牛)等，羊增加测定胴体脂肪含量(GR 值)、背脂厚及尾重；肉用家禽除屠宰率、净膛率外，还要测定胸肌率、腿肌率和腹脂率。肉质测定主要包括肉色、滴水损失、肌肉 pH、大理石纹、肌内脂肪含量及嫩度等。其他用途的畜禽则根据其主产品进行相关指标测定，如奶牛测定产奶量、乳蛋白率、乳脂率，蛋禽测定蛋重、蛋形、蛋壳、蛋白及蛋黄等。

(6)畜禽繁殖性能测定：根据畜种不同，测定指标也各异。如猪在个体产仔性能，如总产仔数、活产仔数、初生窝重、断奶窝重、断奶头数等登记的基础上，还需进行公母猪性成熟日龄、初配日龄、初产性能、经产性能等群体性描述；牛登记初情期、初配与初产年龄、发情周期、妊娠期、产犊间隔等；家禽测定开产日龄、开产体重、蛋重、产蛋数量、育雏成活率、育成存活率、种蛋受精率、受精蛋孵化率等。

(7)畜禽遗传资源的影像材料：为形象生动地呈现地方畜禽品种资源，要求所有畜禽品种均要拍摄能反映品种特征特性的成年公母标准个体照片、群体照片和视频材料。

(8)畜禽种质资源精准鉴定采样：为构建畜禽种质资源精准鉴定的分子身份证，所有《国家畜禽遗传资源品种名录(2021 年版)》所列地方品种(含类群)和引进品种、2021 年新鉴定的地方品种均需进行采样，样本为畜禽耳组织或全血，耳组织采集 1～2 g 或 0.5 $cm^2$，全血根据畜种不同，采集 1～5 mL。采样方法按照全国畜牧总站制订的《畜禽种质资源精准鉴定项目采样工作方案》进行，所采集样品统一发往国家基因库。

二维码 11-9 猪遗传资源系统调查表

二维码 11-10 牛遗传资源系统调查表

二维码 11-11 羊遗传资源系统调查表

二维码 11-12 鸡遗传资源系统调查表

二维码 11-13 水禽遗传资源系统调查表

## 四、保种方法

二维码 11-14 畜禽遗传资源保护方法与利用途径（微视频 讲师阮国荣）

畜禽遗传资源保存主要有活体原位保种和异地生物技术保种2种方法。

**1. 活体原位保种**

活体原位保种是畜禽遗传资源保护的传统方法，是为了在整体上保存一个品种的遗传结构稳定。其主要方法是通过在品种原产地建立保种场和划定保护区的方式，对该品种在进行利用的同时开展资源活体保存。

（1）划定保护区：在地方品种原产地或分布区域划定保护区，并建立养殖基地。一般来说，养殖基地只能饲养受保护的畜禽品种，不能饲养同畜种的其他品种，严防群体混杂。

（2）建立保种场：在保护区内应建立保种场，并且要求在场内有足够数量的保种群。所谓足够数量，一般是要求家畜每世代近交系数增量为0.5%～1%，家禽则为0.25%～0.5%。例如，保种群在100年内近交系数不超过0.1。第一，在数量上。猪、羊、禽等小家畜的群体有效含量应为200头（假设世代间隔为2.5年），同时公母比例为1∶5；牛、马等大家畜的群体有效含量应为100头（假设世代间隔为5年），公母比例为1∶8。所谓群体有效含量，是指在近交增量的效果上群体实际头数所相当的“理想群体”的头数，而理想群体是指规模恒定、公母各半、没有选择、迁移、突变，也没有世代交替的随机交配群体。群体有效含量与公母比例关系密切。同样数量的群体，公畜数量越多，群体有效含量越大；相反，公畜数量越少，有效含量越小。因此，建立保种群应保留一定数量的家系。第二，在交配制度上。在保种群体中实行避免全同胞、半同胞交配的不完全随机交配制度，或采取非近交的公畜轮回配种制度，以降低群体近交增量，也可以采用划分亚群，并结合亚群间轮回交配的方式。第三，在留种方法上。实行各家系等量留种。在每一世代留种时，实行每一公畜后代中选留一头公畜，每一母畜后代中选留相同数量的母畜，并且尽量保持每个世代的群体规模一致，减少保种群体出现“瓶颈效应”。第四，适当延长世代间隔。保种与育种不同，育种希望加快选育进展，尽可能缩短世代间隔，而保种要求维系稳定，延长世代间隔，可以降低群体近交系数增量。第五，保种场内包括饲养管理在内的环境条件保持相对稳定，避免任何人为因素导致基因结构变化。

为保障被保护畜禽品种不因突发情况出现生存危机，降低资源灭失风险，2019 年农业农村部提出在新建、改扩建保种场的基础上，要加快备份场建设，全面落实国家和省级保护品种主体责任，实现应保尽保。这对全国畜禽遗传资源保护起到极大推动作用。

活体原位保种的优点是能快速扩充种群数量，可以对品种进行生产性能测定和开发利用，使得畜禽遗传资源得到可持续发展；其缺点是维持成本较高，必须有强大的财力来保证。

**2. 异地生物技术保种**

异地生物技术保种主要通过建立畜禽遗传资源基因库的方式，以超低温冷冻技术来实现遗传资源的长期保存，是活体原位保种的重要补充方式。目前，主要包括配子或胚胎的冷冻保存、DNA 保存和体细胞保存 3 种方法。

(1)随着生物技术的发展，尽管超低温冷冻保种方法目前还不能完全替代活体原位保种，但作为一种补充方式，仍具有很大的实用价值，特别是对稀有品种或品系，利用这种保存方法可以较长时期地保存大量的基因型，免除畜群对外界环境条件变化的适应性改变。生殖细胞和胚胎的长期冷冻保存技术，费用和可靠性在不同的家畜中有所不同，一般情况下，超低温冷冻保存的样本收集和处理费用并不是很高，特别是精液的采集和处理是相对容易和低廉的，而且冷冻保存的样本也便于长途运输。对生产性能低的地方品种而言，这种方式的总费用要低于活体原位保存。利用这种方式保存遗传资源，必须对供体样本的健康状况进行严格检查，同时做好有关的系谱和生产性能记录。

(2)DNA 基因组文库作为一种新型的遗传资源保存方法，随着分子生物学和基因工程技术的完善，可以直接在 DNA 分子水平上有目的地保存一些特定的性状，即基因组合，通过对独特性能的基因或基因组定位，进行 DNA 序列分析，利用基因克隆，长期保存 DNA 文库。这是一种最安全、最可靠、维持费用最低的遗传资源保存方法，可以在将来需要时，通过转基因工程，将保存的独特基因组合整合到同种，甚至异种动物的基因组中，从而使理想型性状重新回到活体畜群。

(3)体细胞的冷冻保存可能是成本最低廉的一种方式，但是需要克隆技术作为保障。1996 年英国报道成功的克隆羊“多莉”，以及随后相继报道在鼠、兔、猴等动物的体细胞克隆成功事例，2000 年以来我国也先后成功进行了羊和猪的克隆。这些技术的逐步成熟，为畜禽遗传资源保存提供了一条新的途径。利用体细胞可以长期保存现有动物的全套染色体，并且将来可以利用克隆技术完整地复制出与现有遗传素质完全一致的个体。即使现有的特定类型完全灭绝，将来也可以利用同类，甚至非同类动物个体作为“载体”，重新恢复。到目前为止，这种方式还不能真正用于畜禽遗传资源的保存。

总之，随着现代生物技术的进步，以胚胎移植为核心发展起来的新技术等已经应用于遗传资源保存，而且因该方法不受地域、疫病和生态环境条件的限制，对濒危品种或突发紧急状况需要进行抢救性保种的品种，更能起到有效的保护作用。

## 五、品种资源的开发与利用

畜禽品种资源的保存最终都是为了利用，对一些目前尚未得到充分利用的畜禽品种资源，需要进一步发掘其潜在的利用价值，特别是一些独特性能的利用，并且要不断地开拓新的畜禽种质资源。一般而言，畜禽品种资源可以通过直接和间接两种方式加以利用，但无论哪种方式，都应该保持原种的连续性，即必须维持保种群的持续保种，在品种杂交利用中尤其要注意不能无计划地杂交，更不能在保种群进行杂交。

**1. 直接利用**

对具有较高的生产性能，或者在某一性能方面有突出生产用途的地方良种以及新育成的品种，它们对当地的自然生态条件及饲养管理方式有良好的适应性，可以直接用于生产畜产品。我国有一些独特的地方品种，如药用的乌鸡、肥肝鸭、裘皮用的湖羊、阿尔泰肥臀羊、烤鸭用的北京鸭、适于腌制火腿的金华猪等。

**2. 间接利用**

对于生产性能较低，作为商品生产经济效益较差的大多数地方品种，可以在做好资源保存的同时，创造条件来间接利用。主要利用方式有 2 种。

一是作为杂种优势利用的原始素材。在杂种优势利用中，对母本的要求主要是繁殖性能好、母性强、泌乳力高、对当地条件的适应性强，许多地方良种都具备这些优点。对父本的要求，主要是有较高的增重速度和饲料利用率，外来品种一般可用作父本。由于不同品种的杂交效果不一样，杂交利用之前应进行杂交试验，以确定最好的杂交组合，进而配套推广使用。

二是作为培育新品种的原始素材。地方畜禽品种一般都有肉品品质好、抗逆性能强的特点。在培育新品种时，为了使育成的新品种对当地的气候条件和饲养管理条件具有良好的适应性，同时改善新品种的品质，通常都需要利用当地优良品种或类型与外来品种杂交，进行系统选育得到。

# 任务实施

## 任务一　保种方案的拟定

### 一、任务说明

保种方案是保种措施实施的依据，为此，任何畜禽遗传资源保护均应拟定完善的保种方案。通过本任务的学习，掌握保种方案的拟定要素，提高拟定保种方案的能力。

### 二、任务内容

一个完整的保种方案应该包含以下几个方面。

**1. 品种现状**

(1)形成的历史背景：描述当地自然生态与人文环境条件，以及对品种形成的影响。

(2)产地分布与数量：描述品种原产地及分布地过去和现在的饲养数量，及消长情况。

(3)品种的特征特性：包括体形外貌、生产性能(根据畜种不同，分别描述繁殖、生长、肉质，或产蛋、产奶等)，特别是品种具有的独特性能。

(4)目前开发利用的情况：包括相关产品开发和杂交利用情况。

二维码 11-15　品种资源精准测定——猪(上)
(微视频　讲师阮国荣)

**2. 保种目标与任务**

采取什么措施，到今后什么时间使群体规模达到多少，需要保护的品质特征、生产性能指标等。

二维码 11-16　品种资源精准测定——猪(下)
(微视频　讲师阮国荣)

**3. 保种方式**

(1)保种场：明确保种场及备份场的位置、群体规模，尤其是公母数量、比例，尽可能多地保存家系血统。

(2)扩繁场：明确扩繁场的位置、群体规模。扩繁场种源必须来自保种场。

(3)保护区：划定保护区，明确保护区内可饲养保护品种畜禽，种源来自扩繁场，不得引入其他同品种畜种进行杂交。

**4. 保种场技术措施**

(1)配种制度：实行避免全同胞、半同胞交配的不完全随机交配制度，或采取非近交的公畜轮回配种制度。

(2)选种方法：实行各家系等量留种。

(3)世代更替：明确种畜禽的年度更新比例，尽可能延长世代间隔。

(4)饲养管理：明确饲养标准，保持相对稳定。

(5)健康管理：生物安全措施及免疫保健程序。

**5. 资金筹措**

针对保种场建设与运行，需要确定资金数量，计划资金来源。

**6. 开发利用**

根据保护品种的特征特性，提出开发利用的计划与设想。

## 三、任务准备

(1)通过网络或图书资料，查询本地畜禽资源品种。

(2)通过网络或图书资料，查询本地的自然生态与人文环境条件。

(3)通过网络或图书资料，查询学习有关地方畜禽品种资源保护的文献 5 篇。

## 四、任务报告

结合自己家乡的畜禽品种资源，选取一种畜禽，拟定一份《×××品种保种方案》。

## ________品种保种方案

**一、品种现状**

(1)形成的历史背景：

(2)产地分布与数量：

(3)品种的特征特性：

(4)目前开发利用的情况：

**二、保种目标与任务**

**三、保种方式**

(1)保种场：

(2)扩繁场：

(3)保护区：

**四、保种场技术措施**

(1)配种制度：

(2)选种方法：

(3)世代更替：

(4)饲养管理：

(5)健康管理：

**五、资金筹措**

**六、开发利用**

报告拟稿人：

时间：

# 拓展学习

## 一、品种资源保护与开发利用的相关政策

(1)《中华人民共和国畜牧法》经第十三届全国人大常委会第三十七次会议修订通过，自2023年3月1日起施行。

(2)《农业农村部办公厅关于印发农业生产"三品一标"提升行动有关专项实施方案的通知》(农办规〔2022〕20号)——《畜牧业"三品一标"提升行动实施方案(2022—2025年)》。

(3)《农业农村部办公厅关于加快推进种业基地现代化建设的指导意见》(农办种〔2022〕11号)。

(4)《农业农村部办公厅关于扶持国家种业阵型企业发展的通知》(农办种〔2022〕5号)。

(5)2021年1月4日，《中共中央 国务院 关于全面推进乡村振兴加快农业农村现代化的意见》。

(6)关于公布《国家畜禽遗传资源品种名录(2021年版)》的通知(畜资委办〔2021〕1号)。

(7)国务院办公厅印发《关于促进畜牧业高质量发展的意见》(国办发〔2020〕31号)。

(8)2020年5月，中华人民共和国农业农村部公告第303号，公布《国家畜禽遗传资源目录》。

(9)《国务院办公厅关于加强农业种质资源保护与利用的意见》(国办发〔2019〕56号)。

(10) 2018年12月，《农业农村部办公厅关于加强地方猪遗传资源保护工作的通知》。

(11)《农业部关于促进现代畜禽种业发展的意见》(农牧发〔2016〕10号)。

(12)2006年6月，农业部公布《畜禽遗传资源保种场保护区和基因库管理办法》。

## 二、畜禽品种资源保护与开发利用的成功案例

(1)多路并进！绩溪重塑"黑猪"品牌，2022年1月11日，安徽日报农村版. http://www.moa.gov.cn/xw/qg/202201/t20220111_6386664.htm.

(2)朱海洋.浙江诞生首批体细胞克隆猪.农民日报，2020-11-28(5).

### 思考题

1. 我国地方畜禽品种一般以品质优良著称，却为何越来越少？
2. 为什么保种群的建立要求公畜越多越好？
3. 简述对畜禽遗传资源保护和开发利用的看法。

# 参考文献


[1] 徐相亭.动物遗传繁育.北京:中国农业出版社,2018.
[2] 钟孟淮.动物繁殖与改良.4版.北京:中国农业出版社,2019.
[3] 欧阳叙向.家畜遗传育种.3版.北京:中国农业出版社,2019.
[4] 岳文斌,杨国义,任有蛇,等.动物繁殖新技术.北京:中国农业出版社,2003.
[5] 张周.家畜繁殖.北京:中国农业出版社,2001.
[6] 刘榜.家畜育种学.2版.北京:中国农业出版社,2019.
[7] 王铁岗.动物遗传育种基础.北京:化学工业出版社,2009.
[8] 朱士恩.家畜繁殖学.6版.北京:中国农业出版社,2015.
[9] 徐相亭,秦豪荣,张长兴.动物繁殖技术.2版.北京:中国农业大学出版社,2011.
[10] 李婉涛,赵淑娟.动物遗传育种.4版.北京:中国农业大学出版社,2021.